饌
工广

梦境密语

[英]大卫·丰塔纳 著 梁冠男 译

1000

DREAMS

1000 种梦的解析

中国友谊出版公司

图书在版编目（CIP）数据

梦境密语 / （英）大卫·丰塔纳著 ；梁冠男译. ——
北京 ：中国友谊出版公司，2022.4（2025.1 重印）
ISBN 978-7-5057-5432-4

Ⅰ．①梦… Ⅱ．①大… ②梁… Ⅲ．①梦—精神分析
Ⅳ．①B845.1

中国版本图书馆CIP数据核字(2022)第035326号

著作权合同登记号 图字：01-2022-3170

书名	**梦境密语**
作者	[英] 大卫·丰塔纳
译者	梁冠男
出版	中国友谊出版公司
发行	中国友谊出版公司
经销	新华书店
印刷	唐山富达印务有限公司
规格	710毫米×1000毫米　16开
	25.25印张　200千字
版次	2022年8月第1版
印次	2025年1月第2次印刷
书号	ISBN 978-7-5057-5432-4
定价	98.00元
地址	北京市朝阳区西坝河南里17号楼
邮编	100028
电话	(010) 64678009

版权所有，翻版必究
如发现印装质量问题，可联系调换

电话　(010) 59799930-601

"智者曰，人生如梦……我们醒而睡着，睡而醒着。"
——米歇尔·德·蒙田，《随笔集》

目录 | *Contents*

序言 *Introduction*

"如果，你睡着了？如果，在沉睡中，你做梦了？如果，在梦中，你去往天堂，摘下一朵奇异而美丽的花？如果，你醒了，这朵花就在你手中？啊，那么……"

——塞缪尔·泰勒·柯勒律治（1772—1834）

回想我的一生，一直痴迷于做梦。小时候，梦境通往另一个神奇的世界，我相信在普通的日常生活之外，一定有更多奇妙的存在。我和小伙伴们聊天，发现他们同样着迷于那个世界，我们经常彼此分享梦中的冒险（大部分听起来仍然栩栩如生）。大家的梦里无所不有，有童话般的情节，动物们会说话，愿望都成真了；也有令人害怕的噩梦，甚至血淋淋的场景。我很幸运，大部分的梦都是令人愉悦的，带领我越来越深入（长大后才知道的）神秘的无意识。

梦境有时是如此的丰富多彩，我在大学开始学习心理学之后，仍然坚信梦是人类精神生活中极其重要的部分，梦中蕴含了无数复杂的信息，可以透露我们深藏的希望和恐惧，有时还可以给予我们指导和建议，这些是清醒的有意识的大脑所想不到的。我研究了弗洛伊德和荣格的著作，了解了梦如何帮助心理医生理解病人的问题，并为如何解决病人的问题提供宝贵的线索。

后来，我又研究了佛教、印度教和其他东方宗教，发现东方文化赋予梦更加重大的意义，甚至通过梦境洞悉身体死亡后意识的去处。我逐渐学会，怎么控制一个人的梦，怎么醒后详细记录梦里的一切，怎么影响梦的内容，怎么有意识地做梦

（所谓"清醒梦"），等等。

我对梦研究得越多，越意识到科学理论的不足，有些科学家认为人类做梦就像计算机关机时转存无用的信息。尽管如此，还是要承认科学的进步，即使解释不了做梦的原因，至少帮助我们理解其背后的某些机制。如今我们已经知道，每个人，从婴儿到老年人，几乎每晚都会做梦，而那些声称自己不做梦的人，只不过是不能记住自己的梦罢了。现代的研究者们公认做梦对我们的心理健康至关重要，却没有一种理论能够解释梦的丰富性与多样性。

我自己办过很多梦的研讨会，用梦辅助研究人的心理，在这个过程中我发现，很多人觉得做梦很有意思。梦打破了现实世界的所有规则。在梦里，老人可以返老还童，年轻人可以一夜白头；生活中的失败和失望，都可以重新弥补；飞翔和穿越时空不仅可能，甚至轻而易举；人和物体都会变形，甚至可以一瞥天堂中的景象。

所以，虽然我希望这本书能对你有所裨益，但最重要的是希望你会觉得有趣，每天晚上打开这本书，踏上奇妙而神秘的梦境之旅吧！

大卫·丰塔纳

梦 的 本 质

The Nature of Dreams

　　夜幕降临，人们进入深沉而平静的睡眠，世界上似乎只有黑暗，但是我们惊奇地发现，十之八九的人都会做梦。虽然很多人忘了大部分或全部梦境，但实际上，我们睡眠的五分之一时间都在做梦。弗洛伊德、荣格和其他先驱们研究了人的无意识，证明我们梦到的并不是杂乱的精神"噪音"。梦不仅不是毫无意义，反而构成了生动的精神世界，反映了我们内心最深处悸动的心事。从某种意义上说，梦是一扇窗户，让我们看见最真实、最全面的自我。

梦的历史

Dreams through History

纵观历史，人类一直在试图解释梦的意义。奇妙的梦中景象引人入胜，丰富的象征含义显而易见，从古至今的人都在研究梦，借此洞察现实的生活，并为未来提供线索。

人类最早的古文明认为，上天通过梦传达神谕。公元前 4000 年末的亚述和巴比伦，留下了刻有楔形文字的泥板，上面记载着祭司和国王的梦，罪恶之神的信使扎卡在梦里发出警告。《吉尔伽美什史诗》是人类已知最古老的史诗，用阿卡德语在泥板上记录了美索不达米亚地区的苏美尔国王吉尔伽美什的英雄事迹。史诗里充满了对梦的描述，很多是对危险或胜利的神谕；吉尔伽美什的挚友恩奇都在噩梦中坠入了"尘封之地"，死后的灵魂被困在永恒的黑暗里。

古老的犹太传统和现代的解梦理论一脉相承，认为做梦者的生活状况和梦的内容同样重要。巴比伦人尊犹太人为解梦者，在公元前 6 世纪宣召以色列先知但以理，

为尼布甲尼撒国王解一个梦，他准确预言了国王即将遭遇的七年疯狂（《但以理书》）。古埃及人也很尊崇犹太人的解梦传统，约瑟被他的兄弟们卖往埃及为奴，却从贫民一跃成为国之重臣，正是因为约瑟为法老解梦，准确预言了未来的七个丰年和七个灾年（《创世记》）。

古文明

古埃及人在中王国时期（公元前 2040—1786 年）把解梦方法整理成系统，他们的方法（记录在切斯特比蒂莎草纸上）在现代的解梦理论中仍有共鸣。梦被理解为和现实相反的意义：看似快乐的梦

反而预兆了灾难，看似可怕的噩梦反倒意味着吉兆。个人梦中的象征符号也被解析，或者通过字词发音上的相似性，或者通过类似现代的联想方法。

当时的人们相信梦中的信息既来自善灵也来自恶灵，睡前喝草药或念咒语，梦中就可以吸引善灵、威慑恶灵。因此人们提前准备好，然后在寺庙中入睡，醒来就可以向祭司描述梦境，请祭司为自己解梦。

古希腊人广泛借用了古埃及人的方法，建造了三百余座神庙，以此来传达神谕。凡人进入神庙，受到睡神修普诺斯的催眠，他扇动双翼使人入睡。一旦人们陷入沉睡，梦神摩耳甫斯就开始和信徒们交流，在梦中向他们传达警告和预言。很多神庙还成为著名的治愈圣地。

病人睡在神庙里，期盼医神阿斯克勒庇俄斯的降临，使身体的病痛得到救治，有时能够马上痊愈。做梦时病人的四周都是无毒的黄蛇，传说医神召唤这些圣蛇来到神庙，在病患熟睡时舔舐他们的伤口，从而治愈伤病。蛇杖——缠绕着两条蛇的节杖——在西方文化中，

> ### 梦幻时代
>
> 在澳大利亚土著神话中，创世纪时代被称为梦幻时代。人们认为在原始时代，祖先穿越澳洲，塑造了大陆地形，决定了社会形态。梦幻时代是世界发端，也是另一种时空维度，和现在的世界平行共存。
>
> 梦幻时代作为一种存在，土著人民仍然可以通过穿越大陆或者仪式进入。在圣地会发生梦幻时代的片段，参加者片刻之间化为祖先，再现他们走过的旅途。

至今仍被广泛用作医疗的象征。

公元前4世纪，古希腊哲学家柏拉图对梦的看法不再神秘，认为生者做梦是人性使然。他认为有些梦可能是神的旨意，大多数梦则是他在《理想国》中所说的"人类的兽性在睡眠中抬头"。他把梦视作人类兽性的骚乱，除非"控制良好的灵魂"用理性代替本能，这时梦反而能使人"前所未有地接近真理"。他的观点预见了2000多年后弗洛伊德的理论。同时，他的弟子亚里士多德也预见了20世纪的科学理性主义，认为梦只是人类感官的反映。亚里士多德认为梦里的景象就像水里的倒影：水面平静时，倒影清楚明了；水面搅动时（也就是思想被情感干扰时），

倒影就变得扭曲，梦也就毫无意义。睡前思想越平静，梦中的收获就越多。尽管有这些先哲的告诫，但是大众仍然信仰梦里的预兆，关于神谕的梦广泛传播，据说影响了罗马的历史：汉尼拔的大军翻越阿尔卑斯山，恺撒占领罗马，都是在梦里受到了神谕的鼓励。

公元前 2 世纪，博学家阿特米多鲁斯·达尔狄安诺斯（他在莎士比亚戏剧《恺撒大帝》中有两次神秘而短暂的出场）辑录前人智慧编撰成五本有巨大影响的著作，合集命名为《解梦》（由希腊语的"梦"阐发而成的一个新词）。这些古文明大多收藏在尼尼微国家图书馆①。

虽然他对梦的很多解析现在听起来很古怪，但阿特米多鲁斯的一些观点却非常现代。例如，他强调个人情况的重要性，在解梦时作为首要因素；他还观察了梦中性符号出现的频率和性质。在他的著作中，如果梦里出现一面镜子，对男性做梦者代表女性化，对女性做梦者代表男性化，这一点预见了荣格的原型理论：阿尼玛与阿尼姆斯。

---

① 尼尼微国家图书馆是世界上最早的图书馆，由亚述巴尼拔国王（公元前 668-627 年）建成，也被称为"亚述巴尼拔图书馆"，公元前 612 年亚述被新巴比伦消灭，都城尼尼微陷落被焚毁，直到 19 世纪考古学家挖掘出遗址，证明了传说中的城市的存在，并发现了人类最早的图书馆，里面收藏的几万册泥板书因为特殊的材质在战火中幸存下来。

东方传统

东方传统对梦也有很丰富的见解。总体而言，东方更重视做梦者的精神状态。中国的哲人认为意识分为不同的层次，解梦时不仅要考虑做梦者的身体状况、生辰八字，还要考虑天气时令。古中国传统认为人睡着后意识离开了身体，在精神世界里自由漂荡：如果突然把正在做梦的人叫醒，意识回不到身体，后果非常危险。

印度传统中的先知，也认为意识分为多个层次，人在不同时间会有不同的状态：清醒、做梦、无梦与入定，即顿悟之后的极乐状态。《阿闼婆吠陀》是包含哲理的古老文集，汇合了公元前1500-1000年间的古印度文化，其中有一篇教授解梦，认为人如果做了一系列梦，只有最后一个是重要的：这种说法暗示梦是循序渐进的，可以解决问题或增进智慧。印度传统也强调个人梦中意象的重要性，集合成了一个广泛的符号系统，其中包括神祇和恶魔的特征符号。印度人认为有些是普遍符号，有些是个人符号，这一点预见了弗洛伊德和荣格的理论。

伊斯兰教和基督教传统

在西方世界，自从阿特米多鲁斯之后，对于梦的研究几乎没有进展，因为他的著作被公认为解开了梦的谜题。但是中东的阿拉伯人，在东方文化的影响下，继续探索梦的世界，积累了各种解梦字典和丰富的解梦经验。穆罕默德原来并不识字，在梦中得到了真主的启示，诵读出了《古兰经》，创建了伊斯兰教，从此以后梦在正统宗教中也占据了重要的位置。《古兰经》中还有记载，大天使加百列降临在穆罕默德的梦中，带他骑上一匹银白飞马，从麦加飞到耶路撒冷，在一块圆石上登霄夜游七重天，一路上遇见了基督、亚当和四位福音先知，最终进入极境乐园，聆听真主的教诲。

梦中的神谕在基督教早期一直被信仰，在公元4世纪还成为大主教们的教义之一，比如圣约翰·克里索斯托、圣奥古斯丁和圣杰罗姆。但是，基督教的教义逐渐脱离了解梦和预言。《新约》中的梦直接被视为上帝对信徒和创教者的指示。预言成为多余的，因为未来都在上帝手中。到了中世纪，教堂甚至剥夺了普通信徒梦到神谕的可能性，因为上帝的指示只传达给教堂和教职人员。13世纪时，神学家圣托马斯·阿奎那撰写了集大成之作《神学大全》，提出梦应该被完全无视。后来马丁·路德发起宗教改革，和罗马天主教决裂，创立了新教教会，认为梦至多反映了人类的原罪。

然而，解梦传统仍然深植在广大民众中，不可能被轻易消除。从15世纪开始，印刷术在欧洲迅速普及，出现了大量解梦词典，大部分源自阿特米多鲁斯的著作。尽管这些词典还很简单，却发挥了很大的作用，把解梦从先知和教士的特权转移到大众个人手中。

18世纪的科学理性主义认为梦没有什么意义，解梦不过是一种原始迷信，但是人们对梦的兴趣愈加浓厚。随着浪漫主义的兴起，梦在文学和艺术中开始成为重要的主题，以威廉·布莱克和歌德为代表的诗人和作家们，反对理性主义宣扬的主张，强调个人的重要性和想象的创造力。

19世纪和20世纪

19世纪的欧洲，即使哲学家们也开始承认梦应该被当作严肃的心理研究，比如约翰·戈特利布·费希特（1762—1814）和约翰·菲力德力赫·赫尔巴特（1776—1841）。在这样的时代背景下，西格蒙德·弗洛伊德（1856—1939）在19世纪末革新了梦的理论。

1899年，弗洛伊德出版了《梦的解析》，成为梦的研究史上的里程碑。他是一位神经病学家，在临床治疗中发现神经症的病因在于无意识，后来经过长时间的自我分析，他坚信通过梦可以进入无意识。弗洛伊德认为，人的无意识或本我主要是与生俱来的本能冲动，其中大部分是性本能，通常都被压抑在意识之下。他认为大部分梦只是愿望的满足，或者是被压抑的想法得到发泄，因为睡眠时自我对意识放松了控制。他还认为做梦保护了我们的睡眠，防止内心的愿望和欲望把我们唤醒。

瑞士心理学家卡尔·古斯塔夫·荣格在1909—1913年与弗洛伊德密切合作，但是逐渐不再赞同弗洛伊德对梦中符号的泛性论。荣格自己对梦的见解、对意识运作的认识，都和弗洛伊德的观点形成鲜明的对比（很多心理学家认为他才是正确的）。越来越多地，荣格让自己本性中非理性的一面（在童年的幻想游戏中曾经有充分的表现）显露出来，经过一系列的自我发现之后，他发展出了影响深远的新理论"集体无意识"——人类头脑中由遗传保留的无数象征符号，超越男女性别，超越所有文化，出现在一切人的梦里和幻想里。集体无意识的主要内容是"原型"，在世界各地神话、宗教和符号系统中都有共通的形象和主题，在一切人的梦里都有最普遍的意义。

虽然现在涌现了很多解梦的新技术，增补了弗洛伊德和荣格开创的领域，但弗洛伊德的精神分析学和荣格的分析心理学至今仍然是心理研究的核心理论。20世纪后半叶，对梦的研究又出现了重大突破：1953 年，科学家发现了快速眼动睡眠，证明梦多发生在这一阶段。这又指示了科学研究的新方向。为了建立完备的梦

自己的睡殿

在古希腊，修普诺斯神庙被奉为睡殿，人们专程到这里入睡，在梦中接受神谕或治疗。你也可以建造自己的睡殿，把卧室布置成特别的环境，引导自己做有意义的梦——卧室不仅是用来睡觉，还可以成为奇妙的睡殿。

调节氛围 卧室请用柔和的灯光，床上请用轻柔的布料。上床躺下后，周围应是柔和的光线，而不是吊灯刺目的白光。想象一下梦的精灵在黑暗中，正准备进入你的梦乡。

放轻音乐 在卧室里播放轻音乐，伴随音乐进行冥想，或者放松地慢慢沉思。如果做不到，可以想象宁静的风景，你在里面很快乐、很平静。

自己预想 躺在床上，充满希望地畅想未来——你可以自由地穿越时空。第二天早上检查自己的梦境，看看里面是否有命运的线索。

的科学理论，我们还要走很长的路。与此同时，通过梦的研讨会和其他分析方式，我们正在建立起梦的实例资料库，以备未来科学研究之用。

荣格对梦的研究

Jung on Dreams

卡尔·荣格是研究梦的心理学家先驱，在梦的研究史上没有人比他更有启发性。他革命性的著作用神话和想象解析梦的意义，揭开了梦境最深处的奥秘与诗意。

卡尔·古斯塔夫·荣格（1875-1961），分析心理学创始人，出生于瑞士的巴塞尔，在当地大学取得医学博士学位后，在苏黎世河畔的古斯纳特开业，大半生从事精神病学的临床治疗。荣格在 1909 至 1913 年与弗洛伊德密切合作，主张神经症和精神病的病因在于无意识，认为梦可以揭示精神问题的根源。但是荣格最终和弗洛伊德分道扬镳，因为他在不同病人的妄想和幻觉中发现了共通的主题，这不可能只是每个病人自己的无意识，一定是来自某个共通的根源。不仅精神病人的妄想有着惊人的相似性，他还发现普通人的各种各样的梦也有着关联，而这些相似的关联在全世界的神话主题中都有呼应。

荣格学识渊博，他比较了各种不同宗教、神话和符号系统，研究了中世纪的炼金术，更加坚信相似的共通主题跨越了不同文化、贯穿了人类历史，于是他推出了全新的理论："集体无意识"。集体无意识遗传在一切人的头脑里，为人类的精神世界提供了源源不断的源泉，由此产生了共通主题的各种不同神话。荣格把来自集体无意识的神话主题和原始形象命名为"原型"。原型作为象征符号，在世界各地的神话和传说中反复出现，也会出现在人们内心最深处、最有意义的梦里。

荣格早期通常被视为弗洛伊德的热烈追随者，最后才从弗洛伊德手中分裂出来。然而实际上，早在见到弗洛伊德之前，1907 年，荣格就已经开始发展自己的体

系了；虽然在 1913 年后，他仍然对弗洛伊德的学说多有赞誉，但从一开始两人之间就有一定程度的分歧。

为弗洛伊德作传的欧内斯特·琼斯写道"荣格偏好玄虚学、占星术和神秘主义"，但也清楚说明了导致二人分裂的根本原因，即荣格反对弗洛伊德的泛性论，这点分歧严重影响了解梦的含义。荣格认为梦中出现的性符号有着更深层的象征意义，而弗洛伊德则是从字面上诠释为真正的性行为。对荣格而言，"巨梦"（也就是来自集体无意识的梦）不是暗指个人欲望的密码，而是通往神秘世界的大门，那里是"全人类巨大的历史宝库"。

荣格和弗洛伊德的分歧还在于，解梦时探索无意识所用的方法不同。荣格反对弗洛伊德的自由联想，支持使用直接联想。荣格批判自由联想，因为它让人的思想随心所欲，联想到一系列与梦中原始意象无关的事物，结果经常和梦的含义相去甚远。使用直接联想时，荣格会一直集中在梦本身，防止病人的思想太过分散，而是一次又一次地回到原始意象上。荣格承认自由联想也会通向有价值的心理发现，但是这些发现和梦中蕴含的信息经常毫无关系。你打开字典随便选中一个单词，一样可以展开自由联想。

荣格主张，精神分析不是为了发现人们过去的黑暗秘密，一再地探究童年受到的心理创伤，而应该是自我发现和自我实现的过程。荣格相信通过了解神话主题中的集体无意识，我们会逐渐整合人格中不同甚至对立的方面，在生命的各个阶段都能开发出最大的潜能。

弗洛伊德总是试图缩小解梦范围，用

刻板的理论预设含义。荣格却支持放大梦中的象征符号，把符号放在更广阔的神话和象征语境中，用想象力探索出更深层次的意义。

经过大量研究，荣格发现个人梦中的符号和中世纪的炼金术竟然有着千丝万缕的联系。炼金术并不仅是现代化学的神秘前身，还是无意识研究的先驱。一样都是转化的过程，前者把各种物质熔炼成稀有的黄金，后者把各种冲突整合成完整的人格。

荣格把炼金术比作西方宗教和哲学之下的暗流，正如意识之下的梦："就像梦补偿了清醒意识下各种冲突的需求，炼金

客观与主观

荣格认为分析梦中的事物有两种基本方法：客观与主观。客观分析是指直接理解字面含义。如果你梦到堕落的姐妹，没有工作，无所事事，依靠家人和朋友生活，那这个梦可能就是指姐妹的某些行为让你觉得焦虑。但是，如果用主观分析，梦中出现的每个人都代表着做梦者的一方面。在这样的解读下，姐妹可能代表你自己希望逃避社会责任。还有一个更生动的例子是梦到被人追打，隐含的信息可能是做梦者自己的攻击冲动。荣格说明主观分析的结果会让病人更难接受。心理医生应该鼓励病人承认主观分析出的事实，帮助病人更加深入地了解自己的内心。后来出现的完形疗法拓展了主观分析，甚至应用到了梦中的无生命物体上。

术也弥补了基督教各种对立的派别。"

荣格发现不仅梦的符号和炼金的成分不谋而合，炼金过程本身也象征着他的分析心理学体系乃至人类精神的发展过程。为了追求神奇的自我转化，炼金术士们要把各种对立成分融为一体，白与黑、硫与汞、热与冷、日与月、生与死、阳与阴等，最后创造出了魔法石。同样的融合法则也环绕着圣杯传说。

荣格发现，炼金术中这些复杂的转化，正是对人类心理的一种隐喻，男与女、阿尼玛与阿尼姆斯、意识与无意识、物质与精神等，在人类的精神里终将合为一体。荣格借鉴了炼金术中的一个术语，将这个过程称之为个体化。

与弗洛伊德专注于童年经验不同，荣格更强调人的现在，认为人生的每一个阶段都在发展变化，即使人到老年也能继续成长和自我实现。精神分析和梦的分析的目的就是让人进入个人无意识和集体无意识，不是为了揭开过去的黑暗秘密，而是为了发现和整合自我的每一方面，最终达到精神的完整。在这个整合的过程中，人要让自我冲突的各个方面达到和谐，反而实现了宗教对个人的精神作用。荣格总结很多病人的治疗经验，发现这种作用和弗洛伊德所说的性本能或攻击本能一样强大。宗教对个人的作用，并不在于信仰和教条，而是集体无意识的一种表现，鼓励人类追求精神和爱。

情结

"情结"意为"情感、观念的综合体"，由荣格定义成"无意识之中的一个结"，指一群无意识感觉与信念形成的结，造成了人们精神上的困扰，表现出来的行为很难理解。荣格在职业生涯早期就发现了证明情结存在的证据，20世纪初，他在苏黎世大学的词汇关联实验中注意到，受试者的行为模式暗示着此人的无意识感觉与信念。他认为，任何情结的核心都是一个共通的经验模式，称为原型。通常来讲，我们都可能对自己的母亲或父亲、兄弟或姐妹产生情结。情结本身并不一定有害，但是当情结与自我意识冲突甚至失衡时，就会破坏我们原本的心理意图，损害日常生活中的记忆、梦境和精神健康。情结甚至会取代控制我们意识的自我，严重有害我们内心的平衡。

现在的心理医生也经常会和病人一起分析梦境，发现某种情结的根源，这是需要双方共同前进的精神探索之旅。

弗洛伊德对梦的研究

Freud on Dreams

西格蒙德·弗洛伊德至今仍是颇受争议的人物。支持者们认为他浩繁的著作不止囿于科学范畴，更堪称是人类史上伟大的文学作品，充满了巨大的想象力。他大胆而深入地探索了人类的精神世界，他的学说令人不安却又发人深省，在梦的研究史上影响深远。

1899年，西格蒙德·弗洛伊德（1856-1939）出版了他的经典著作《梦的解析》，书的开头是革命性的宣言："我将证明有一种心理学技术能够使梦获得解析。"这句话诞生了现代的梦的心理学。

《梦的解析》出版后的前六年只卖出了300多册，直到如今已经畅销了无数版本，这部里程碑式的著作彻底改变了我们对自己的认知。弗洛伊德出生在摩拉维亚的弗莱堡（现捷克共和国），在维也纳师从著名神经生理学家艾内斯特·布吕克，取得医学博士学位。在布吕克的影响下，弗洛伊德相信决定论，认定世间的一切都遵循因果法则，这也影响了他日后对梦的研究，认为梦也有着严格的因果关系。

后来，他前往巴黎向知名的神经病学家 J.M. 沙可学习医用催眠术，在这一

自由联想

自由联想是弗洛伊德提出的著名方法，可以用来解析你最近做的任何一个梦。

请先回想脑中最清晰的一个梦。早上刚醒来是试验这个方法的最佳时间。拿出一支笔和一张白纸，最好准备一个梦的笔记本，打开一张空白页。

梦里可能蕴含着各种各样的意义，把你梦到的每一个重要的人、物品和场景写下来，围绕这些关键词展开自由联想，每次只从你写下的其中一个词开始。让你的想象力随意漫游，想到什么就立刻写下来，随便写在纸上的任何一个地方，不要检查写得对不对，也不要做任何修改。从第一个词开始，跟随自由联想的思维，让一个词或意象引发下一个词或意象。最后你想到的可能离一开始的词很远，但是直觉会告诉你什么时候停下来。然后再回到下一个关键词，开始新一轮的联想。

举个例子，如果梦里出现一辆自行车，那么自由联想出来的可能是：自行车，脚蹬，鞋子，靴子，警察，权威。

自由联想的心理机制是暴露人的无意识。一旦开始自由联想，你已经主动放下了心理防线，只有在这种状态下你才可能有意外的发现。你可能会突然想起了一个词或者一段回忆，让你觉得灵光一现豁然开朗。

如果没得到什么结果也不必担心。但请一定要再试几次，或者复习几遍第一次写下的笔记，看看是不是漏掉了什么隐藏的意义。

时期他从对生理的研究转向对心理的研究，认为神经症不是由生理原因而是由心理原因导致的。回到维也纳之后，他发展出了自由联想疗法，试图确定哪些心理原因导致了人的精神问题。他用自由联想疗法治疗了很多神经症病例，发现病因大都在病人的意识之下，而且多数和童年受到的感情创伤有关，小时候得不到社会和家长的认可，尤其是性本能受到过伤害，成年后的心理就可能压抑甚至扭曲。这些实践经验让弗洛伊德充分认识到了无意识的重要性，他随即对自己展开了长时间的自我分析，在不断剖析自我的过程中，更加坚定梦可以打开意识之下隐藏的世界。

弗洛伊德有一句名言——"梦是通往无意识的大路"，而且相信自己已经解开了关于梦的所有谜题。虽然他的很多结论引发了争论，但是弗洛伊德率先解答了我们一直存在的这些问题：梦的意义和目的是什么？梦到底想让我们认知什么？无意识里隐藏着什么？无意识对我们的精神生活有什么样的影响？

弗洛伊德对梦的所有理解都建立在他的精神层次理论上。他多年来研究自己和病人的梦，发现人的精神分为"初级过程"和"次级过程"，做梦时的无意识是初级过程，清醒时的意识是次级过程。初级过程缺乏组织性和协调性，充满了本能的各种冲动，每种都在要求满足。弗洛伊德认为初级过程把无意识里的本能、欲望和恐惧转换成了梦中的各种象征符号，这些符号没有类别、时空、对错之分，彼此之间的联系不受任何限制，因为无意识不受逻辑、道德和社会规则的限制。相比之下，次级过程则要遵循逻辑规则，正如语言要遵循语法规则。

弗洛伊德指出，由本能充斥的无意识就像原始社会的混沌世界，具有原始性、动物性和野蛮性，每一种本能都在暗中躁动，要求直接或间接的满足。他创造了一个词——"本我"（拉丁语原意为"它"），形容人的这种原始状态，"一切都是遗传下来的……与生俱来"。也就是说，自从人类起源开始，这些原始冲动就是生命的内驱力，尤其是生存本能和繁衍本能。

在弗洛伊德看来，"我"分为本我、自我、超我。本我在最底层，控制着人的无意识，梦是本我表现出来的幻想形式，或者说是本我的愿望与冲动的满足。但是梦不能直接展现这些混乱的本能，因为这样会惊醒做梦的人。无意识的本能让人恐慌，内容经常是反规则，甚至可能有害心理健康，因此它们在梦里只能表现为象征符号。

人在清醒的时候，自我控制着意识，也就是人格中基于现实而较为理智的部分，严格遵守后天习得的道德规范，防止本我的原始冲动表现出来。然而，一旦人睡了，自我放松了对意识的控制，本我就会凸显出来，各种冲动泛滥在我们的头脑里。为了不让泛滥的本我惊醒沉睡的自我，人的大脑产生了一种机制，弗洛伊德称之为"审查"，即把本我的各种冲动转换成干扰性较小的形式，把梦的内容转换成无害的象征符号，这样就保护了做梦者的睡眠。梦的这种运作方式和神经症很像，都是努力维持自我的平衡，不让人被焦虑和本能击垮，把它们转换成自我能接受的形式。

如今对弗洛伊德的很多批评，都围绕他的精神层次理论。弗洛伊德认为只有无意识里的欲望、本能等被"初级"驯服和压制，人才能有理性、道德与自我等"次级"功能，就像人在黑暗森林中披荆斩棘，才能到达光明开阔的空地。现在的研究者认为，初级过程到次级过程并没有这么艰难，它们之间不是彼此斗争，而是和谐共存。

弗洛伊德的伊玛之梦

1895 年，弗洛伊德做了个著名的梦，也是他详细解析的第一个梦。该梦关于年轻的寡妇伊玛，她是弗洛伊德家的世交，弗洛伊德当时正在为她治疗"歇斯底里的焦虑症"。

梦：弗洛伊德梦见他在一间很大的厅里接待伊玛和一些其他客人。他把她带到厅的一角，责备她不按他的"方法"解决焦虑问题："如果你仍然觉得痛苦，完全就是你的错了。"她说嗓子、胃、肚子都疼得要命，让她觉得"窒息"。弗洛伊德一惊，马上检查她的嗓子，怕万一漏掉什么器官上的原因，结果发现一大块白斑，还有"一些非常显眼的弯状构架"，与"鼻梁骨"相似。M 医生又检查了一遍，检查结果与弗洛伊德一致。弗洛伊德认为这是注射引起的炎症，可能是用了不干净的注射器，注射的医生是奥托，也是弗洛伊德的熟人。M 医生认为伊玛很快会得痢疾，然后毒素就会消除。

解析：在对该梦进行详细的分析，并就梦的关键部分自由联想时，弗洛伊德意识到这是愿望满足的梦。在梦里，弗洛伊德首先责怪伊玛不遵医嘱而病痛不减，他又觉得病痛的原因可能是某种器官上的原因，这表明他有一种潜在的愿望，希望能够逃避精神分析治疗无效的责任，另外他还害怕他可能混淆了精神问题和身体问题。他得出结论，即"伊玛的疼痛不是我的责任，而是奥托的。奥托曾说过我没有治好伊玛的病，因此我对他怀恨在心。这个梦给我机会报复他，把责任推给他"。在弗洛伊德愿望满足的梦里，伊玛的"病痛"不是因为他的精神治疗无效，而是因为奥托给伊玛注射时使用了不干净的注射器而造成的。弗洛伊德很为伊玛的治疗着急，这一点是以 M 医生这个角色作为象征的。弗洛伊德曾因误诊致使一位病人得了致命的疾病，他同 M 医生说过此事。伊玛喉咙里的白斑让他想起白喉，想起了他女儿害白喉时他经历的痛苦；鼻梁骨让他想起了他在治疗中使用可卡因，而造成了一个好朋友的死亡，他一直对这件事耿耿于怀。弗洛伊德对这个梦的解析表明，一个梦里可以蕴含多种多样复杂的意义。

　　弗洛伊德认为，梦的内容分为显意和隐意。显意是梦的表面情节，经常前言不搭后语，隐意才是无意识真正要传达给意识的信息。为了避开大脑的审查，显意要把隐意隐蔽起来，其中有两种主要的方法。第一种是凝缩，即两种或几种形象在梦里凝缩成一个象征。例如，病人梦中出现了老人，弗洛伊德解析为一方面象征他们的父亲，另一方面则象征弗洛伊德本人，也就是他们的精神分析医生。凝缩不是靠逻辑而是靠联想，显意里两种形象合并为一，表明病人对二者的态度相似。

　　第二种方法是移置。和凝缩一样，移置也靠联想，把一种形象在梦里转换成另一种形象，就像语言里的隐喻一样。弗洛伊德的一个病人梦到一只满帆的船，斜桅从船头向前伸出，弗洛伊德自然把它解析为梦的移置：船象征病人的母亲，鼓起的船帆象征母亲的乳房，向前的斜桅象征病人想象中强势的母亲也有阴茎。

　　为了绕开显意中的凝缩与移置，弗洛伊德提出了自由联想。从梦里的一个意象开始自由联想时，我们的思路要么永无止境地走下去，要么就突然遇到障碍停下来，这时候无意识里的问题就会暴露出来。无论自由联想的结果是什么，这个过

狼人之梦

1910 年，一位富有的俄罗斯没落贵族谢尔盖·潘克耶夫，被介绍给弗洛伊德做精神治疗。他的治疗过程持续了很多年，帮助弗洛伊德发展出了精神分析理论。弗洛伊德最后推论出，潘克耶夫强迫性的受虐倾向，起源于童年的创伤。弗洛伊德之所以得出这样的论断，是因为解析潘克耶夫小时候的一个梦，这个梦困扰了他一生。

梦： 他梦见寒冷的冬天，他躺在靠窗的幼儿床上，窗户忽然打开了，他看见外面的老胡桃树上坐着几只白狼，它们的尾巴像狐狸那么长，耳朵像狗一样竖了起来，正在直直地盯着他。因为害怕被狼吃掉，他尖叫着醒了过来，保姆跑过来安抚他。但是那个画面那么逼真，很长时间之后他才明白那只是一个梦。后来，他说让他印象最深刻的，是狼群一动不动地盯着他。

解析： 弗洛伊德解析该梦认为，潘克耶夫在幼儿期目睹过父母性交，在幼儿看来几近暴力的性交动作，发现母亲缺失男性生殖器，让他受到了严重的心理创伤。打开的窗户象征小潘克耶夫睁开的双眼；白狼象征父亲；狼群一动不动，反向象征剧烈的性交。

程都让我们踏上了通往无意识的"大路"，直达深藏在本我里的本能和欲望，也就是弗洛伊德所说的梦的根源。

弗洛伊德提出的另外一个概念是二次加工，即当我们试图回想做过的梦或向别人描述我们的梦时，会有意无意地改动梦到的事件和意象。弗洛伊德解梦时会注意病人有没有"修改"自己的梦，好让梦听起来比实际上更加连贯更有条理。

弗洛伊德认为所有的梦都起源于原始混乱的本我，这种观点遭到了强烈的反对，关于梦的来源的其他理论开始广泛传播，比如梦是人在白天想到的事情的残念，或者是对生活中近期发生的事情的反应。因此，1920 年代，在与荣格及其他

心理学家就梦的来源和意义发生争论后，弗洛伊德修改了他的理论，把梦按来源分为"上""下"。下面的梦来自无意识，"被压抑的本我通过这种梦影响醒后的生活"；上面的梦来自白天的经历，"这种梦强化了生活中被自我阻止的部分"，也就是说，日常生活中自我不能接受的部分，又被压抑进了本我。

弗洛伊德主张，我们清醒时的很多行为也是由无意识里的本能驱动的。当我们在白天正常生活时，自我压制了本我，通过压抑、否认、投射等防御机制，把社会规范所不能接受的本能冲动压抑在意识之下。自我不断地努力安抚本我，让它相信不是所有的冲动都会被意识完全无视。但是如果自我对本我安抚不足，或者一直防御本我更多的进攻，无意识里积压的本能冲动和隐藏的心理创伤就会爆发，喷涌而出进入我们的意识，导致全面的精神崩溃。

即使我们能够避免这种最坏的后果，也要浪费大量的精力，处理自我与本我的冲突，导致强迫症、抑郁症、焦虑症等神经症，严重损害我们的心理健康。

但是，借助精神分析医生的帮助，把本我的冲动有技巧地诱导进意识，让意识看到并理解它的需求，我们就能避免自我与本我的冲突，防止本我的毁灭性力量。要实现这一目标，弗洛伊德认为梦的解析必不可少。

弗洛伊德把梦分为三种。最基本的是愿望满足的梦，比如孩子们经常说起的梦，没有显意、隐意之分。梦里没有伪装任何隐藏的含义：梦到巧克力或玩具熊，就是想满足对巧克力或玩具熊的愿望，特别是被家长拒绝后，这种愿望会更加强烈。第二种梦的含义也显而易见，只是更加出人意料，因为清醒状态下的我们不会把梦里的场景当作愿望。例如，梦见和一支海军陆战队一起跳伞空降到战区，现实生活里我们从来没想过的事情。第三种梦的含义最耐人寻味。显意都令人迷惑，情节离奇毫无逻辑——例如，我们认识的人在奇怪的场景里做出不可理喻的行为。为了解开这种梦的谜题，我们必须深入探究自己的动机，即使解析的过程可能让我们不安。

弗洛伊德让我们认识到，梦里的愿望被伪装、隐藏或压抑成了无数种方式，做梦的人第二天早上醒来，几乎不能理解其中真正的含义。例如，情感的渴望被转换成完全不同的场景，磨去了危险的棱角，变得无比柔软。一个成年人因为在生活中缺乏关爱，产生了浓厚的怀旧心理，渴望回到小时候母亲温暖的怀抱，在弗洛伊德看来，可能会梦到大量高糖高热量的蛋糕。

很多人对弗洛伊德的解梦方法持怀疑态度，他们的批评主要集中在泛性论，即弗洛伊德对性的过分强调。比如，现代心理学家多数已不再认可"俄狄浦斯情结"，弗洛伊德命名的恋母情结，指儿子天生爱慕母亲而仇视父亲。相对应的恋父情结称为"厄勒克特拉情结"，指女儿生来爱慕自己的父亲，在心理学上的影响力不如前者。

弗洛伊德学派至今仍然极为重视无意识里的性欲。他们反驳说，很多人之所以认为弗洛伊德的理论令人不安，是因为他们的无意识里隐藏着令人不安的真相。

俄狄浦斯

俄狄浦斯是希腊神话中著名的悲剧人物，无意中犯下了乱伦大罪。因为德尔菲神殿的神谕预言他将弑父娶母，俄狄浦斯一出生就被遗弃了，一位牧羊人救了他，科林斯国王和王后收他为养子。多年以后，他在一次口角中杀了一个陌生人，死者正是他的亲生父亲拉伊俄斯。后来，他破解了人面狮身的女妖斯芬克斯的谜语，拯救了忒拜人民，被拥立为忒拜国王，娶了原王后伊俄卡斯忒，即他的亲生母亲。忒拜在他的统治下繁荣昌盛，突然遭遇了一场瘟疫，俄狄浦斯向神祇请示，才发现自己犯下了杀父娶母的大罪。预言应验，伊俄卡斯忒自杀，俄狄浦斯自瞎双目。这个故事在心理学上正是源于无意识——梦的根源所在。

皮尔斯和鲍斯对梦的研究

Perls and Boss on Dreams

　　虽然他们的著作和理论非常具有启示性，但无论弗洛伊德还是荣格都未能揭开梦的全部秘密，很可能未来也没有人做得到。尽管如此，20世纪还是出现了大量的研究，大大提高了我们对梦的认知，其中最有代表性的是皮尔斯和鲍斯。

弗雷茨·皮尔斯的研究

　　美国精神病学家弗雷茨·皮尔斯（1893-1970）被誉为完形疗法之父。完形疗法认为人类本质乃一整体，每个人生活中的现实、感知和行为不是各个分离的部分，而是一个具有意义的整体。

　　与荣格和弗洛伊德一样，皮尔斯强调梦有象征意义，但他认为我们梦里出现的每一个人和每一个事物，都是我们自己和现在生活的一种投射。皮尔斯认为，梦代表着生活中的未完事务或过去的"情感空洞"；梦的内容来自做梦者的个人经历，而不是本能或集体冲动。

　　皮尔斯主张，解梦时角色扮演比自由联想或直接联想更加有效也更加准确。他的方法是让做梦者依次扮演梦里的每一个意象，甚至代替无生命物体说话，有时还会注意物体在梦里的位置，最大限度地分析隐藏的意义。

　　例如梦到火车穿过树林，做梦者最后可能会发现，比起作为中心意象的火车，火车下的铁轨或者火车经过的树更能反映自己的情感状态。皮尔斯建议，表演树被火车落在后面时在想什么，或者火车在铁轨上面碾过时，铁轨会说什么。

　　这样的角色扮演把解梦完全交还给了做梦者。分析师可以给建议，但是梦是做梦者的个人财产，不能由外人强加意义。

　　尽管皮尔斯坚持由个人解梦，但他的

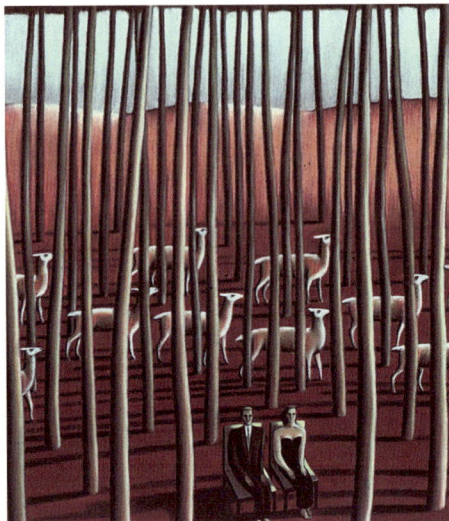

方法与荣格和弗洛伊德并没有大的分歧。荣格和弗洛伊德都认为梦里的意象象征着做梦者自己的某些方面，解梦时也可以用角色扮演补充自由联想或直接联想。然而，皮尔斯的方法的问题在于，做梦者可能会被自己的表演诱导，却迷失了梦的真正含义。虽然皮尔斯相信自己可以发现并避免这种情况，但其他的实践者未必能有他的专业眼光。此外，皮尔斯的方法对第一层梦和第二层梦很有价值，却低估了梦中象征符号的共通意义，尤其无视荣格所提出的集体无意识的关键作用。

梅达特·鲍斯的研究

瑞士精神病学家梅达特·鲍斯（1903-1990）把梦和存在主义联系在一起，开创了存在分析学。存在主义主张，每一个人都有意或无意地自由选择了自己想成为什么样的人。因此，鲍斯提出，梦并不是复杂的象征语言，而是直接体现了人存在时的选择。

鲍斯用自己的方法对梦进行临床研究，发现不用进行象征解析，梦也可以给人提供心理帮助。一直以来我们都在探寻梦的象征意义，反而会错过梦真正想表达的意思。如果说荣格和弗洛伊德让我们专注于更深的第二层梦和第三层梦，鲍斯的研究则让我们意识到了第一层梦的重要性。

鲍斯解梦时不用任何联想，而是让梦自己讲故事；不用关于无意识的理论，而是让我们看见"眼前存在什么"。

例如，在他的一个实验中，鲍斯给五个女人（三个健康人、两个神经症患者）——催眠，让她们梦到一个赤裸的男性，他和她们正在相爱，想和她们发生性行为。三个健康女人都按照设定的情形做了一场春梦，两个神经症患者的梦却与性无关，反而感到焦虑，其中一个梦到一个身穿制服的士兵，差点拿枪击中她。鲍斯分析前三个梦里没有任何象征意义，只是做梦者欲望的表达。有关士兵的梦也没必要进行象征解析，因为在患者担惊受怕的狭窄世界中，男人都被当作一种威胁。

如果因为这种对第一层梦的存在分析，就否定第二层梦和第三层梦的存在和重要性，那是大错特错。类似这样的实验中，梦的场景是被实验者设定的，而不是来自做梦者自己的无意识。荣格学派和弗洛伊德学派可以进一步解析，指出有些元素确实来自患者的无意识（爱人转换成了士兵，阴茎转换成了枪），再深入研究下去可能就会发现患者神经症的病因。比如，由这些意象展开联想会发现，梦里隐含了被压抑的性欲与阿尼姆斯原型，或者士兵和枪象征着权威和做梦者自己的自毁倾向。

梦的作用

The Function of Dreams

  梦是来自我们大脑深处某种创造源泉的一个启示，还是只是我们白天生活中的想法和图像的一种残影？梦是打开我们心底最深处秘密的一扇窗，还是只是我们应该无视的一些精神垃圾？

  1953 年，美国生理学家纳撒尼尔·克雷特曼和他的学生尤金·阿瑟林斯基，一起发现了快速眼动睡眠，从此之后现代科学对梦的研究转向了生理层面。他们在"睡眠实验室"发现幼儿在睡眠中闭合的眼睑后面不时会出现快速眼球转动，于是他们开始观察成人睡眠，并用脑电图扫描器记录人的脑波，结果发现快速眼动的同时，脑波形态也出现了相对应的变化。他们把睡眠的这一阶段命名为"快速眼动睡眠"。他们接下来的发现更是震惊了科学界：几乎所有在这一阶段被叫醒的受测者都异口同声表示——在醒来之前他们正做着鲜明的梦，这在梦的研究史上是重大的科学突破。

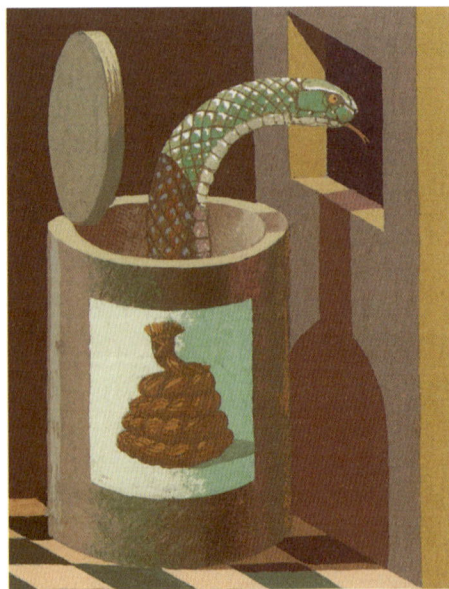

  进一步的研究发现，快速眼动睡眠之外，睡眠分为四个明显的阶段或层次，每一个阶段都有独特的身体活动和脑波形

快速眼动睡眠

快速眼动睡眠也被称为"异相睡眠"，因为这一阶段的脑电波、肾上腺素水平、脉搏频率和耗氧量与人清醒时相似，只是肌肉几乎完全松弛，睡着的人很难被叫醒。大部分的梦都发生在快速眼动睡眠期。

20世纪60年代，研究者们发现异相睡眠不足会导致人在白天疲劳乏力、暴躁易怒、记忆力下降、注意力不集中等。受测者们被刻意剥夺异相睡眠，一进入快速眼动期就被叫醒，结果，在接下来测试的几晚，人体自动补偿了比平常更多的异相睡眠时间。如果人因为疾病或其他原因，被完全剥夺了睡眠时间，那么异相睡眠甚至会出现在清醒的时候。人体如此需要异相睡眠，可能也与精神需要做梦有关。

最近的研究发现，人在异相睡眠期间做的梦比在睡眠的其他阶段做的梦更加生动。研究结果还发现，异相睡眠期间的快速眼动与梦里的事件可能是同步的，也就是说大脑不能完全区分梦里的画面和现实的生活。同样的道理，大脑可能也会用现实影响梦里的感知：人在睡眠时受到的刺激，例如水、声响（闹钟或人声）、光线，都可能被收进梦里，"合理化"成梦的内容。

但是，无论梦里的感觉对大脑来说多么真实，我们的身体也不会再现梦里的动作和感情。在异相睡眠中，人的肌力几乎全部丧失，只有眼部肌肉可以根据梦里的事件做出生理反应。科学研究已经证明，在梦最生动的时候，大脑会分泌一种抑制剂，阻止肌肉收到相关的神经冲动，因此，我们不会因为梦里的感官刺激而产生任何身体反应。

也许正是因为这种有效的肌肉麻痹机制，我们在梦里才会想跑却动不了，想叫却发不出声音，想走脚却被陷进沙子、泥沼或水里。

态。一个人入睡后的前 15 分钟，会由浅入深地依次进入第 1、2、3 阶段，到第 4 阶段持续大约一小时，这时人的身体是最放松的，脑电波也最平缓。然后由深变浅依次回返，当返回到第 1 阶段时，身体通常会变换睡眠的姿势，这时便会出现第一次快速眼动睡眠，大约持续 10 分钟。然后又进入另一个睡眠周期，由浅入深再由深变浅，间以快速眼动睡眠，如此循环往复，一夜共有 4-7 个周期，后来很少再达到第 4 阶段的深度睡眠。每次快速眼动睡眠的持续时间会逐渐加长，眼球运动的频率和速度也会加快，最后一次可长达 40 分钟。

关于我们为什么睡眠有很多种理论。

一些科学家从进化论的角度分析，睡眠是身体的一种策略，可以保存体力，减少食物摄入。另一种观点认为，原始人在晚上最脆弱，为了躲避动物的捕食，我们的祖先选择了睡眠，为了提高生存机会。生理学理论认为，睡眠是为了让身体休息并进行自我修复，人体在睡眠时会分泌出特殊的激素，比如孩子在晚上睡眠时就会分泌出更多的成长激素。

可以肯定的是，睡眠确实是大脑的休息时间。大脑常态释放血清素和去甲肾上腺素等，用来向肌肉传递神经冲动，在睡眠时都暂停释放了。实验中被剥夺了几个晚上睡眠的受测者，白天会表现出暴躁易怒、记忆力下降、注意力不集中等症状，

继续被剥夺睡眠的话，甚至真的会晕倒。尽管理论上人必需睡眠，但有些人只需要很少的睡眠，某些追求灵修的人，晚上不是真的在睡眠，而是在进行深度冥想。历史上还有极为罕见的病例，有人头部受伤后几乎不再睡眠。

虽然在生理层面上我们已经知道或推断了睡眠和做梦的身体机制，但是当我们深入心理层面研究梦的作用时，却陷入了更深的迷惑。自从 1953 年发现了快速眼动睡眠，科学家们把梦放进了实验室，对梦进行严格的科学实验，运用现代科技进行分析，但是还是没能解答 20 世纪前半叶弗洛伊德和荣格提出的问题：做梦是为了保护睡眠，还是睡眠是为了做梦？

科学界基本同意我们做梦是有目的的，但对梦的目的是什么却不一而论。然而，心理学界自 19 世纪以来已有公论，认为梦是为了让我们认识到无意识里的某些重要方面。

弗洛伊德认为梦是来自无意识的加密信息，为了表达被压抑的欲望和本能。荣格发展了他的理论，提出集体无意识，即人类心理最深层积淀的普遍性精神，其中的原始意象是神话、传说和宗教等的创作源泉，也会出现在一切人的梦里。虽然本书的理论基础是弗洛伊德和荣格的学说，但我们不妨也探讨一下其他观点，比如"精神垃圾说"，这种学说认为我们做梦是为了整理和丢弃多余的精神垃圾，梦的作

垃圾或金子？

"精神垃圾说"的理论依据在于，科学家倾向于把过程与内容分开。这种学说一度分散了研究界对于梦的内容的极度关注。

其实，任何一个人只要持续一段时间记录自己做过的梦，都不难发现梦有明显的内在连贯性，就像自己内心的一段秘密历史。遗憾的是，主张"精神垃圾说"的研究者们认为对梦的回忆是无用的，阻止自己研究梦的内容，于是无视了最明显的证据——正是梦的内容本身，证明精神垃圾说是错误的。

用很重要，内容却是无用的。

有些科学家认为大脑的工作有选择性，仔细检查白天生活中充斥的大量信息，把有用的信息分类储存起来，把无关紧要的信息丢掉。根据这种理论，大部分的分类处理过程发生在白天，很多无用的信息当时已经被丢弃了。但是，大脑还需要一个时间集中处理那些白天积压的信息，于是，在晚上我们的睡眠时间里继续工作。科学家把这个过程比作计算机主机在晚上"脱机"工作，检查硬盘和程序，调整空间升级程序，写入有价值的新数据，把多余和无用的信息彻底删除或者放入回收站。然而，有

些被分类和丢掉的信息碎片进入睡眠中的意识，由多余的联想连成一堆混乱的图像，也就是我们通常所说的梦，这就是所谓的"精神垃圾说"。

针对精神垃圾说，有几种令人信服的反驳。首先，精神垃圾说认为梦的内容完全没有意义，这是明显错误的。科学研究已经表明，梦对我们的心理甚至生理健康至关重要，对于解决心理问题也是极有价值的辅助方法。虽然梦看起来杂乱无章，但经过专家的细致分析会发现，梦里蕴含着丰富的意义（有时看似矛盾，但的确有意义），可以反映做梦者的心理状态。其次，梦也有"清醒梦"，可见大脑在梦里并没有"脱机"，有时在梦里可以保持清醒的意识（甚至可能在梦里一直都有意识）。再次，没有证据表明回忆并研究自己的梦的人，比不关注梦的人心理健康状况更差。实际上，事实完全相反，关注梦的人反而心理更健康。最后，尽管大多数梦的意义确实难以理解，但是不可否认的是，有些梦多年以后在我们的记忆里仍然栩栩如生，就像真实生活里发生过的一样。

既然梦里确实蕴含了无意识传递给意识的重要信息，为什么我们会遗忘梦里经历过的大部分事情呢？关于这个问题有几种理论，其中一种认为与我们觉醒的方式有关。我们现在不像原始社会的祖先一样，因为外界的危险突然惊醒，而是在安全的床上逐渐觉醒过来，在这个从睡到醒的过程中，大部分的梦被遗忘了。另一种理论认为，我们睡眠的时间太长了，无梦的睡眠时间抑制了对梦的记忆。在梦的研讨会上，人们常说在陌生的环境里睡眠（睡眠会时断时续）或者睡在更硬的床上时，对梦的记忆比平常更加清晰。

还有一种理论认为，我们头脑本身的杂乱性、分散性和无组织性也阻碍了对梦的记忆。谨遵教义的印度教和佛教信徒，西方神秘传统的追随者们，由于长期强化训练专注与冥想，在睡眠中会拥有完全清醒的意识。

但是，最经典的理论还是来自弗洛伊

德，他认为梦的遗忘的主要原因是有些梦让我们太痛苦。根据弗洛伊德的理论，梦的遗忘和做梦者个人的生活方式无关，是大脑的审查机制直接导致了对梦的遗忘，这种自我防御机制为了保护清醒的意识，把无意识深处大量混乱的意象、本能和欲望转化成了可以接受的语言，所以对梦的部分遗忘是为了保护我们自己。

符号引言

在我们深入研究梦的内容和意义之前，首先要了解梦里最基本的语义单位：符号。

梦里蕴含的信息通常表现为符号，也就是很难用语言表达的想法、观念和感情。正是因为符号的大量存在，才使梦看起来那么神秘甚至荒谬，但是一旦我们开始解开符号的象征语言，就会发现梦里蕴含着无比深奥的意义。梦表达我们感情的方式，在现实中只有艺术能与之媲美，比如诗歌、绘画和音乐。

梦来源于无意识，用符号表达意义，在语言出现之前，人类也是用符号表达无意识。符号里面有很多个人符号，是从做梦者的个人经历中创建出来的。但是，也有很多是普遍符号，来自集体无意识的共通经历。这些普遍符号经常与动物或自然有关，例如，在很多文化里鸟代表自由，火代表毁灭和净化，水代表生命。

在研究梦的过程中，我们逐渐理解了符号的象征意义，它带领我们越来越深地进入无意识，让我们踏上了令人兴奋（有时令人不安）的自我发现之旅。在这一路上我们会遇到各种各样的符号，它们的意义取决于我们的愿望、恐惧和心事。

我们在梦里收到的很多信息来自日常生活中的希望、担心和忧虑。研究表明，不同性别的梦内容有所不同，女性的梦通常集中于家庭事务，而男性的梦经常关乎家庭之外。然而，很多其他的梦来自更深

的意识层面。本书后半部分将具体说明解梦的方法，在尝试它们之前，先问问你自己：每一个你记得的梦可能在表达什么信息？比如，你梦到遇见一个陌生人，进入一家商店，或者砍倒一棵树，这样的梦在表达什么？

从广义上来说，梦里多是可能的未来，而不是真实的现在。类似上面的梦可能在暗示你希望扩大视野，或者在寻找新的办法和机会。有时候梦也会提醒我们未知的危险，或者警告我们三思而后行。无论如何，有一点是确定的：梦很重要，绝对不能无视。

如何提升睡眠质量

尽管有些人声称睡眠受到打扰时更容易做梦，但大部分人普遍认为，更好的睡眠质量有利于更好地做梦。请按照下面的建议，保证你的睡眠平静而不被打扰，你的梦也将会更加丰富。

· 睡前不要喝酒或服用安眠药，否则会抑制快速眼动睡眠。睡前也不要喝茶或咖啡，可以试试用热牛奶和蜂蜜来助眠。

· 入睡之前清空你的思绪，不要再想白天的事情，不要让愤怒或怨恨干扰你的睡眠。

· 如果你有睡前看书的习惯，请保证阅读的内容平静而令人沉思，比如不要看惊险小说。

· 让你的卧室成为宁静的乐土，保持干净整洁，睡前灯光也要柔和。

· 早睡早起。

· 有意识地放松你的身体，睡前使全身肌肉先紧张再彻底放松。

梦的过渡状态
States of Transition

　　我们有时会觉得梦是一片片的碎片，这是因为我们记住的是醒前瞬间即逝的梦。在快速眼动期密集而生动的梦之外，我们睡眠的开始和结束都是一闪而逝的梦，这种梦的过渡状态发生在睡眠和觉醒的边缘。

　　弗雷德里克·迈尔斯（1843–1941）是英国研究无意识的先驱之一，他把梦的过渡状态分为"睡前"和"醒前"，即入睡之前的梦和觉醒之前的梦。这两种过渡状态都是碎片化的，且转瞬即逝，就像刚想起来的一段回忆，转瞬间就忘了。两种过渡的梦都是一系列短暂、神秘、美妙的意象。

　　人开始睡眠后，大脑会产生稳定的 α 脑波，标志着身体进入放松状态；脉搏和呼吸开始放慢，体温也降了下来。然后，α 脑波开始减弱，睡着的人进入睡眠的第一阶段，这时人的头脑里会瞬间充满奇异的幻象，这就是睡前过渡状态的梦。与其称之为梦，不如称之为幻觉更为准确，因为它们不同于在睡眠更深阶段的梦，既没有叙事的复杂性，也没有情感的共鸣。俄罗斯哲学家 P.D. 邬斯宾斯基曾经写道，"金色的火花和小星星……［变成了］一排排的黄铜头盔，罗马士兵在街上列队行进"，他描述的正是睡前的奇妙幻象。

　　现在对睡前幻觉的研究集中在视觉幻象上。典型的睡前幻象没有固定的形状，

睡前幻觉

　　试试直坐着小睡一会儿，不要躺下。当你开始打盹时，头猛然向前一倾，你就会醒过来。这是跨越睡眠边界的好办法，可以体验到睡前幻觉。

比如一波一波的颜色、花纹或图案，却有着奇异的对称性或规律性。有时还会出现奇特的创作，不仅用做梦者的母语，还会用外语甚至是想象中的语言。做梦者的眼睛像摄像机一样拉近又拉远，原型的面容时有时无，神秘的形象忽隐忽现；幻象有时是倒立的，有时是反面的，就像在镜子里看到的一样。

醒前幻觉发生在觉醒的过程中，所见到的幻象和睡前幻觉相似，但有些可以持续到做梦者清醒后一小段时间。勒奈·笛卡尔，被尊为西方现代哲学奠基人的法国伟大思想家，经常记录他刚醒过来时看见"房间里散落着点点火花"；还有作家描述在醒前幻觉中看见床边有人在跳舞，或者窗外延伸出了超现实的异域景色。

睡前幻觉和醒前幻觉中不只有视觉，还有听觉。有人听到了对即将到来的灾难的警告，有人听到了只言片语的神秘对话，听到的声音那么清楚，好像说话的人就在房间里。除此之外，还有触觉和嗅觉，有时还会是各种感官的混合体验，做梦的人同时可以看到一个幻象，听到零碎的对话，闻到看不见的花园里飘来的花香。难怪在古文明和中世纪，人们相信这样的奇异梦境是来自上天的神谕。

现在的研究试图解释睡前和醒前这种

类似昏睡状态的幻觉体验，认为人的意识漂浮在清醒和睡眠的过渡状态时，自我仍然在发挥作用。睡前之所以会出现视觉幻象，是因为意识失去了与现实世界之间的联系，思维无法快速适应这一变化，于是自我试图恢复对意识的控制。另一种观点认为，这些幻觉体验正是自我的反面对照。

印度教和佛教的冥想大师曾说，为了达到深度冥想的状态，人必须舍弃自我才能顿悟。当冥想者从意识的一个层次深入到下一个层次时，他会看见类似睡前幻觉的视觉幻象，这些神秘的意象和曼荼罗的圆形图，鼓励冥想者继续更深入的自我探索。这些意象和清醒时的记忆毫无关系，只能来自最深层的创造性的无意识。睡前幻觉还是超现实主义艺术家们的重要灵感

醒前幻觉

20世纪90年代末期，美国新泽西州的研究者乔治·吉莱斯皮，长期详细记录了自己的醒前幻觉。有时他刚醒还没睁开眼时，会看见一个平面的格子图案。如果他把眼睛睁开，这个图案会在他的视野里持续一到两秒。如果他一直闭着眼睛，就可以仔细研究这个图案的细节，最长的时间长达十分钟。有意思的是，吉莱斯皮和他的一位同事都发现，这个格子图案是静止的，把眼球从一边转到另一边，可以完整扫描出整个图案。关于这项研究还有待继续。

来源，比如萨尔瓦多·达利和勒内·马格里特。达利为了引发睡前幻觉，甚至拿着勺子和锅坐着打盹，一入睡勺子就会掉进锅里把自己吵醒，这时他的头脑里就充满了奇异的意象。

美国心理学家安德里亚斯·曼劳马蒂斯提出，睡前幻觉和醒前幻觉都是为了减轻人们的焦虑，把做梦者从日常生活中的考验和紧张中解放出来，有利于个人成长和发展。不同于快速眼动期梦中复杂的叙事和感情，梦的这两种过渡状态放松了对思维的限制，让做梦者可以快速浏览自己

无意识里的内容，就像翻阅一本插图书一样。因此，做梦者在意识层面体验了通常在无意识深处进行的创造性的精神过程。

在清理深层存储的材料宝库的过程中，大脑产生了创造性的精神领悟，从无意识进入意识层面一闪而过。

探索睡前梦

虽然睡前梦的幻象转瞬即逝、难以解释，但如果你训练自己的大脑，它们几乎可以随时出现。

一开始的练习是为了让你自己慢慢习惯这种梦的过渡状态，你可以舒服地坐在沙发上，开着电视或广播。放飞你的思想，把一半的注意力放在正在播放的节目上，剩下的思想随意漫游。如果你发现自己开始打盹了，要把更多的注意力放在电视或广播上，用这种外界刺激把自己控制在清醒的边界之内。你会发现漫游的思想浮动在意识的不同层面，在听见节目的凌乱片段的同时，眼前出现了生动的奇异景色，或者想起了你几乎已经遗忘的一段古老的记忆。这是开始体验睡前梦的一种有效方法。

为了更深地进入睡前梦境，你需要学会放松的警觉。当你上床闭上眼睛后，把精力集中在眼睑后面的空间。保持注意力一直集中在这里，思想开始漫游后也要慢慢回归到这一点上，然后耐心等待幻象的出现。

如果你觉得做这样的练习很容易睡着，那么可以用一种冥想的方法来保持警觉。想象一个旋转的光圈，在眼睑后面或者在心上，让幻象从光圈里穿越出来。

另一种方法是你自己让幻象出现，而不只是等待它们来临。当你快要睡着时，想象你想要看见的画面，或者按顺序默念字母表。这些有意识的画面经常会转化成相关的几何图形，或者它们自发脱离了你的想象，变成了看似随意的无关意象。

通过探索和体验睡前梦，你并不能了解自己隐藏的焦虑和欲望——那是快速眼动睡眠中的梦的意义。但是，这样的练习可以让你熟悉大脑的运作机制，同时也可能享受到奇妙的幻觉体验，就像在梦中欣赏北极光一样。

清醒梦
Lucid Dreaming

睡眠中的大脑不会质疑梦中的怪诞是否真实，因此，我们觉得梦中经历的一切像真的一样，尤其是骇人的噩梦。然而，在所谓的"清醒梦"中，我们知道或者逐渐知道，我们正在做梦，于是，也就不会被惊醒。

很多人都经历过清醒梦，也许不止一次。想象一下你在做梦，你在别人家的地下室里，发现了一本古书。你知道你不应该在那里，但是你看见了那本古书，你抵抗不了想要打开它的诱惑，你想看看里面写了些什么，或许它能解答你对生命的一些疑问。不知为什么，你知道自己在做梦，可梦并没有因此结束。你决定打开那本书。你读了一句，惊叹于其深奥的哲理。你决定背下来这句话，等醒过来之后马上写下来。你很清楚这是一个特别而重要的梦，也许能改变你的一生。你感到了一种控制力，在梦里能做出清醒的决定。最后，你真的醒了。回想这一切，你知道自己在梦里一直都是清醒的。但是，你想不起来那句让你深受启发的话了，毕竟那只是一个梦。

清醒梦如此令人兴奋，我们鼓励大家多经历这样的体验。实际上，在一定程度上，我们可以训练我们的意识，进入梦的这种状态，并控制我们自己的梦。但是，这样的训练需要完善的准备和长期的练习。

英国的研究者西莉亚·格林率先指出清醒梦和非清醒梦主要的区别。通常的非清醒梦里叙事混乱、不合逻辑，但清醒梦里却不是这样；而且，清醒梦里的记忆极其精确，我们也许想不起来古书里的那句话，但是我们能够准确地回想起地下室里是什么样子，甚至记得古书封面的每一个细节。在清醒梦里，做梦者和清醒时一样可以记忆和思考，甚至可能感觉不到睡眠和清醒的区别。当然，最重要的是做梦者知道自己正在做梦。

　　通常情况下，梦里的这种清醒是突然意识到的。一个普通的梦的背景或事件有些不大正确或不合逻辑，突然之间做梦者就意识到了这是在做梦。随之而来的是各种感官的异常兴奋，术语称作"思想扩展"，让梦里的体验更加清醒。颜色特别鲜艳，物体无比清楚。最奇异的是做梦者能够控制梦里的事件，决定自己去哪里和做什么，用梦里的环境做各种实验。

　　然而，令人不解的是，无论做梦者在梦里的能力有多大，谁也不能完全控制清醒梦里的经历。例如，做梦者决定在梦里去属于自己的热带岛屿，但到达之后发现这个岛和现实中第一次见到一样陌生而新奇。"清醒梦"一词由荷兰医生弗雷德里克·范·伊登在 1913 年创造，他描述清醒梦是"一个虚假的世界，巧妙地模仿了现实世界，但总有瑕疵之处"。他以自己的一个清醒梦为例，他在

梦里想打碎一只酒杯，用尽了各种办法都打不碎，可片刻之后再看，那只酒杯已经碎了，"就像一个演员错过了出场提示"。

有些宗教赋予了清醒梦神秘的色彩。在印度教和佛教传统中，冥想大师们在有梦或无梦的睡眠中一直都保持清醒，所以他们的所有梦都是清醒梦。藏传佛教说，清醒梦是宝贵的练习，让我们可以控制来生——死后的世界在很多方面都和梦境相似。通过进行这种练习，我们最终可以超脱生死轮回。实际上，藏传佛教认为梦的主要目的就是让我们在晚上有机会练习这种控制。

灵魂出窍

有的人训练自己体验清醒梦，是为了能够让意识离开身体，也就是所谓的"灵魂出窍"。在清醒梦中，人的意识漫游在"精神世界"——由思想和想象创造的世界。然而，在灵魂出窍时，我们的意识还是停留在现实层面，清楚也知道物质的存在，包括看到自己的身体。但是，灵魂出窍和清醒梦之间的界限经常模糊不清。

以色列·加拉蒂是西方神秘学和炼金术倡导者，他在书中写到一个高级的练习者"晚上不再沉睡"，而是一直保持清醒，"梦里的一切都是持续不断的、自由流动的意识流"。有些教派甚至建议，在梦里掌握先机可以影响现实中的行为。有些印度神秘主义者宣称，大师可以随意控制梦境，同时出现在几个地方，这种控制首先想象一个地方，然后用"梦体"去到那里，别人就可以看见这种实体。

在所有的文化里，无论新手还是大师，对梦境的控制能力都来自现实中高度的精神控制力。在做清醒梦时，无意识没有在意识之下宣泄弗洛伊德式的创伤，也没有显露被压抑的智慧，而是和意识建立起了有效的沟通和合作。清醒梦是二者的共同创造，因此，做梦者对梦境有意识的控制越多，对自己的认知也就越深入。

在梦里清楚地知道甚至决定梦的过

程，做梦者不仅深入了自己的无意识，且有意识地决定面对其中隐藏的恐惧、欲望和能量。做清醒梦时，我们不再逃避梦里黑暗而神秘的力量，也不再害怕梦境边缘阴影里的怪兽，因为我们掌握着控制权，可以任意召唤这些心魔，然后正面对抗它们，我们清醒地知道它们只是梦，根本没有必要害怕。只要我们勇敢挑战，这些心魔就会消失，因为梦里和现实中一样，最大的恐惧就是恐惧本身。通过对抗无意识里的这些心魔，做梦者不仅能减轻它们带来的恐惧感，还可以利用这些之前害怕的内心能量。

尽管清醒梦对于外行而言只是大脑"戏弄"我们的一种恼人把戏，但实际上清醒梦既令人愉悦又有治疗效果，还可以增进我们的自我认知。经过训

假醒

和清醒梦相连，或者说是在通向清醒梦的过程中，有时会出现令人不安的假醒梦。假醒梦里的一切和清醒梦一样生动清晰，只是做梦者不知道自己正在做梦，而是相信自己已经醒了，还可能梦到醒后大量的细节，起床、洗漱、吃早餐、出发去工作——片刻之后真的醒过来了，才发现这些行为其实全都没有发生。于是在现实中又要把梦里的一切重复一遍。

练进入高级阶段后，我们可以用清醒梦进行全新的自我检查。比如，我们可以在梦里有意识地创造一扇门，在门后面我们预见会发现什么导致了现

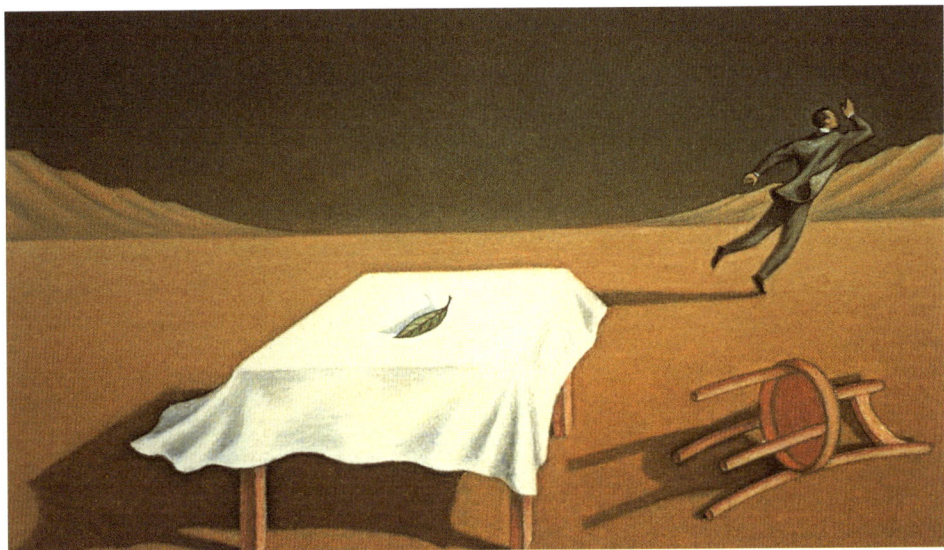

实中的某种行为或困境，或者至少会发现相关的线索或符号。通过控制梦境，我们打开了这扇门，发现了现实中找不到的答案。另一种方式是想象一位智者，我们在清醒梦里可以向他或她寻求建议，及时解决生活中的问题或困境。这种形象是我们自己的无意识里的智慧的化身，他或她披露的信息充满了真实性和深刻性，是我们清醒时的意识所想不到的。

如果在梦里能保持持久的清醒，我们就有了选择权，我们可以问自己：我要走哪条路？我能说服这个人放下武器吗？在屋顶上空飞翔是什么感觉？在超现实的清醒梦里，我要和这些鱼中的哪一条一起跳舞？这种方法有很强的治疗效果，能够探索我们的想象力和好奇心，测试我们对某些事件的反应，训练我们对梦境的控制力。

在现实中，有高度的精神控制力的人们，更有可能体验到清醒梦。引发清醒梦的最佳方法就是训练精神控制力。冥想和创造性想象等常规训练都有利于引发清醒梦。另外还有几种具体的方法可以尝试一下。你可以在睡觉之前仔细研究一件物品。当这个物品出现在梦里的时候，你会突然意识到正在做梦，或者想象一个简单的动作，比如在公园里散步或倒一杯咖啡，在白天想象得越频繁越好，这样晚上在梦里

看到这个动作时，你就会意识到自己正在做梦。

最简单的方法就是"自我暗示"。白天反复对自己肯定这个简单的保证：晚上睡着了，你会知道自己正在做梦。这个暗示本身就足以让你在梦里保持警觉。

信念和自信都是有力的精神工具，但最有力的工具还是耐心。请不要急进，也不要灰心，如果一开始的尝试没有成功的话，请满怀希望地坚持下去。

如何做清醒梦

对很多人来说，清醒梦就像是圣杯或魔法石，是梦生活的终极目标。下面的这些技巧也许能帮助你学会做清醒梦。

定期冥想

在冥想中发展出来的自知可以延伸到梦里，让你知道自己正在做梦。这种自知经常来自梦里的一些反常现象，例如，人会飞，动物会讲话，或其他不合逻辑的事情。创造性想象也是一种有用的方法，尽量生动地想象你要做的梦，让清醒梦在心理上更容易达到。

仔细观察

在白天一直告诉自己，晚上梦里有任何异常，你一定会注意到。为了加强这个方法，你可以在清醒时做现实检查，比如，随时问自己，你怎么知道这一刻自己不是在做梦（如因为你刚接了一个电话，和你的兄弟有过非常现实的详细对话）。

设定信号

在白天反复告诉自己，你会在晚上的梦里看到自己的双手，这就是你知道自己在做梦的信号。不断对自己肯定这个信念，你一定要真的相信这个信念，这样你的无意识才可能领会这个信念，在晚上的梦里真的让它实现，你在梦里看到设定的信号，就会知道自己正在做梦。如果你愿意用其他信号，也可以用任何东西代替，比如你的前门或餐桌。

消除压力

焦虑会干扰你做清醒梦的能力，所以在卧室里请用柔和的灯光，睡前还可以小声放点轻音乐。如果你用蜡烛渲染气氛，上床之前请务必熄灭。

假装萨满

你躺在床上入睡之前，可以想象自己是一位萨满，为了集体要在梦里完成一项使命。

出于研究和实验需要，科学家们发明了各种各样的仪器来辅助控制梦境。有一种仪器捆在做梦者的手腕上，一旦检测到快速眼动睡眠，就会释放轻微的电击，不足以惊醒做梦的人，但会让人瞬间意识到自己正在做梦。卧室里显然不可能用这样的仪器，但是如果你能通过控制自己的精神引发清醒梦，你就创造了属于自己的精神仪器，那是任何科学仪器都比不上的。

梦的时间维度

　　清醒梦的研究还解决了梦的时间维度问题：梦里经历的是正常的时间长度，还是普遍以为的梦里把时间压缩了？美国加州斯坦福大学的斯蒂芬·拉伯格多年专注于清醒梦的研究，他提前安排好梦里的事件，然后让有技巧的志愿者做清醒梦，用眼球运动讯号标出清醒梦的进程，结果发现清醒梦中的时间与真实的时间相差不大。梦里也许删减了事件之间的间歇，但只有这样，梦能才提前完成任务。

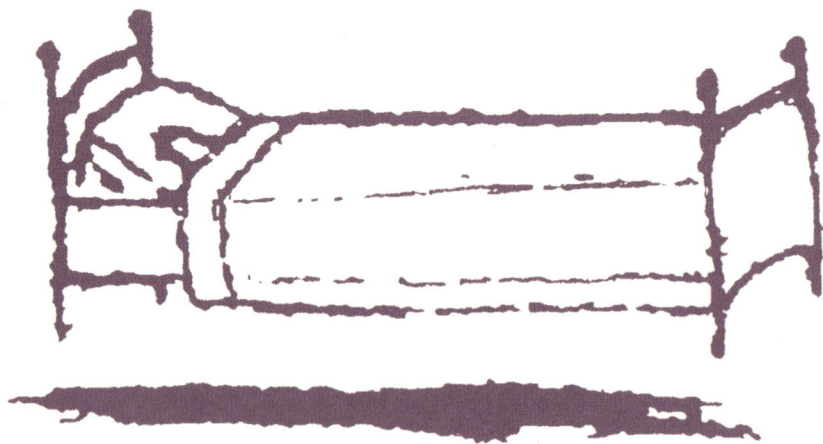

梦的三个层次

The Three Dream Levels

弗洛伊德把人的精神分为三个层次：意识、前意识、个人无意识。荣格又补充了第四个层次：集体无意识。相应地，梦也分为三个层次。

为了理解梦的本质，我们首先应该知道，不同的梦来自意识的不同层次。

然而，意识的不同层次并不是生理上的客观存在，而是心理学家对大脑不同功能的心理学名称。弗洛伊德首创了精神层次理论，把人的精神分为意识和无意识，又把无意识分为两个层次：前意识和个人无意识。后来，荣格补充了第三个更深的层次，命名为集体无意识。梦让我们知道并了解每个层次的意识，对增进我们的自我认知至关重要。

无意识的三层结构中最浅的一层是前意识。知识、想法、回忆、轻度的焦虑、被完全认可的动机和野心，都储存在无意识的这一层，清醒时的意识和睡眠中的梦都可以随时进入前意识。反映前意识内容

梦的分类

梦不仅可以分为三个层次，还可以有很多其他分类。这是一个有趣的练习，你可以研究自己的梦的日记，把你的梦按下面的分类分成不同的组，也可以创造出自己的分类方法。

· 过去 / 现在 / 未来

· 欲望 / 恐惧 / 意图

· 自己是做梦者 / 自己是梦里的角色

· 陌生的世界 / 认识的人变成陌生人 / 陌生的感情

· 动作梦 / 情绪梦

· 大部分超现实 / 部分超现实 / 现实

· 温和 / 强烈 / 中性

的梦被称为第一层梦。第一层梦反映了我们清醒时的事件和心事，解析出来的含义也很直接。大脑总是会回想最近发生的事，第一层梦就是这种回想倾向的延伸。

但是，不能因为第一层梦总是集中于白天生活中的平常事件，我们就误认为它们都没有意义。实际上，我们梦到的一切内容都是有意义的，如果大脑选择了普通的生活主题，而不是更深的心事，那也是有原因的。也许第一层梦是在用低调的事件来暗示更难直接表达的第二或第三层梦的含义。比如，你最近拨错了电话号码，

人格结构理论

人的精神结构恰如一座冰山。最上层浮在水面上的是意识，只占冰山很小的部分；水面下的部分占了冰山大部分，是深不可测的无意识。下面是历史上对无意识的概述，及弗洛伊德影响深远的人格结构理论。

现在我们一般认为无意识是由弗洛伊德和荣格发现的，但其实早在他们之前这个概念就已经出现了。公元前2500到前600年的古印度《吠陀》里就提到了一种深层意识。公元16世纪的欧洲有一位著名医生帕拉塞尔苏斯，他的见解更接近于现代心理学对意识的理解。在描写精神疾病症状时，他写到意识也可以致病，"可能是因为疯狂的想象，相信的人就会受影响"。

不同于这些先驱者，弗洛伊德发现了人类精神的黑暗面，里面充满了不安的冲动和恐惧。以精神层次理论为基础，他发展出人格结构理论，把人格分为本我、自我和超我。他的观点在当时引起了公愤，被认为是对童年的诋毁。然而，他的理论如今已经成为现代精神病学的支柱。

本我：本我即原我（词根是拉丁语的"它"），是一种与生俱来的动物性的本能冲动。我们刚出生时，当我们饿了、冷了或渴望关注，本我就通过哭闹来满足任何需要。本我按快乐原则行事，它唯一的要求就是满足我们的欲望。它是原始的、混乱的、毫无理性的。

自我：自我（即我们自称的"我"）是从本我中分化出来的一部分，通常在出生后的前三年形成。它按照现实原则行动，既会考虑别人的需要，也知道自私、冲动和马上满足从长远来看反而会损害我们的利益。自我是我们清醒时的意识，用理性的方式面对现实。婴儿的自我尚未成形，所以很薄弱，对于坏的记忆不会压抑，只能完全忘记。

超我：超我通常在五岁左右形成。它是精神的道德成分，是儿童在生长发育过程中社会尤其是家长的道德赏罚活动中形成的。超我对维持整个社会的秩序必不可少，但是，太严厉的超我要求会让人产生内疚，并压抑本我的本能冲动。

做梦又梦到了这件事，它可能是在暗示你更深层的无意识里的焦虑，广义来讲是你没能用真实的自己和别人沟通，具体来讲可能是在和某个人的沟通上出现了问题。从这种意义上来说，只要你用足够的思考和想象力去理解，看似无关紧要的第一层梦就透露了更深的第二层梦。

无意识的第二层是个人无意识，每个人的无意识都是独一无二的，但不能随时进入清醒的记忆。弗洛伊德把这一层里的人格称为本我，也就是原始的、动物性的自己，当我们清醒时，本我被意识里的自我控制住了。本我充满了被压抑的欲望、情感和冲动，还有几乎被遗忘的创伤和记忆深处不可触及的其他经历。

第二层梦里经常隐含这些被长期遗忘的记忆和私事。梦里的场景和事件通常和现实生活完全不一样。做梦者可能会发现自己在一个不合理的场景，扮演一个奇怪的角色，和陌生人做意想不到的事情，完全不像是自己的性格。梦里的神秘气氛萦绕在记忆里，好像迫切需要你解析其中的含义。

我们的个人无意识里都存储了独特的

一套符号，正是这些符号构成了第二层梦的语言。梦里经常把各种禁忌话题用隐喻掩饰成可以接受的形式，从而让我们能够面对隐藏的需要和欲望。比如，我们发现梦里的自己做出了正常生活中想象不到的、令人极度不安的暴力或性欲行为。类似这样的情景是本我的重要表达方式，因为日常生活中，自我为了维持内心平衡和行为正常，强迫我们控制并隐藏了本我的各种冲动。

无意识的第三层是荣格命名的集体无意识，他把它比作"全人类巨大的历史宝库"。这里存储着人类的普遍原型，也就是"巨梦"或者第三层梦的象征符号。这样的梦用象征性的神话表达人类普遍的恐惧和欲望，因为神话也来自集体无意识。我们大多数人都不太会做"巨梦"，但是当我们真的做了这样的梦，它们会对我们造成巨大的影响。它们的主题都很深奥，比如灵魂、生死、爱情、牺牲、改变和英雄精神。通常来讲，这一层梦里的符号都有普遍的联想意义，想要得到最好的诠释，需要研究全世界不同文化传统里的神话和传说的共通符号，这种方法荣格称之为"放大"。

"巨梦"一般发生在人生关键的过渡阶段，比如，在青春期的阵痛中，或生儿育女后，或更年期开始，或经历丧亲之痛时。

人们经历这三种不同层次的梦的频率和比例相差很大。那些经常做冥想等精神训练的人，或者开始了一段时间精神分析的人，往往会做更多第三层梦。不同的起床和睡眠节奏可以改变你做梦的类型，不妨尝试一下看会不会发生。例如，你可以设置闹钟，在晚上不同的睡眠阶段把你叫醒，每一次醒过来都在笔记本上写下对梦的回忆。你可能会发现，最生动和最有意义的梦发生在早晨临起前，但通常却想不起来了。

预言梦

Prophetic Dreams

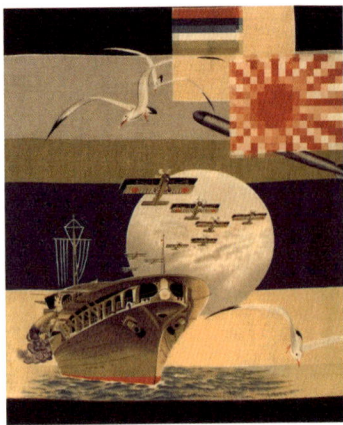

梦可以提供命运的线索，小到个人，中到部落，大到国家，这是自古以来长久流传的观念。历史上还曾用鸟的飞行轨迹或动物的内脏来预测未来。但是梦的预言更加诗意，也更能引起共鸣。

梦能用违背正常逻辑的方式传达消息或信息吗？很多人都本能地认为有这样的超常梦。心灵感应的梦是所谓超常梦的一种，已经在临床上得到证实。在美国纽约布鲁克林的迈蒙尼德医疗中心有一个著名的实验，一些志愿者集中精力看既定的画面，另一些志愿者同时睡觉。在快速眼动期叫醒睡觉的人，他们报告做梦的结果在统计学上十分惊人，梦明显被既定画面影响了。

另一种众所周知的超常梦是预言梦。即能预见未来发生的事。很多人都梦到过即将发生的灾难，最典型的是 1912 年泰坦尼克号沉没和 1914 年日本偷袭珍珠港。科学无法解释梦的这种预知能力，但历史上记载了很多可信的实例。

关于预知和预见的梦，最引人注目也是最奇怪的实例是，对赛马一无所知的人们通过梦成功预测了比赛结果。但有一个耐人寻味的附加条件，那就是赢得的钱必须用于慈善用途。不止一位做梦者反映，他们把钱用在了自己身上，结果丧失了这种预言能力。

英国有一位退休公务员兼电气工程师哈罗德·赫伍德，在坚持冥想训练时意外获得预言能力，连续梦见多次赛马比赛冠军，其中包括全英赛马日程表上的关键比赛。另一位成功预测赛马冠军的是爱尔兰的吉尔布拉肯勋爵，他在短期内梦到了九次赛马比赛冠军，后来成为伦敦一家日报

预言灾难的梦

预言梦的实例记载主要集中于预见未来的灾难。但是，并非所有梦里的灾难最后都变成了现实，下面这两个例子是百年一见的重大灾难。日常生活中也有很多记录，人们因为做了心神不宁的梦，没有按照计划出行，却因此救了自己的命，避免了在错误的时间出现在错误的地点，比如，有人临时决定不去上班，结果当天路上有恐怖袭击。

预言梦大多关于个人：做梦者自己被牵涉进了某种情形，在梦里有了超常的直觉，突破了日常认知，预见了明确的警告——不要上那艘船，不要上那班飞机。然而，也有一些预言梦和做梦者自己没有直接关系，好像是某种社会良知在发挥作用。大卫·布斯梦到美国史上最惨重的空难，就是一个沉痛的实例。

泰坦尼克号沉没

1912 年 4 月，当时世界上最大的客轮，宣称永不沉没的泰坦尼克号，在首航中撞上了冰山，沉没在北大西洋，损失了上千条生命。这场令世界震惊的大灾难，很多人都在梦里预见到了。一个美国商人临时取消了航程，因为他在内布拉斯加州的妻子非常逼真地梦见了这场灾难。一位母亲的几个女儿都梦到了她在水里挣扎，其中一个女儿后来才得知母亲已经上了那艘船。后来报告了多达几百个类似的梦和其他预言，其中十多例被证明属实。

大卫·布斯的十个梦

1979 年，俄亥俄州辛辛那提的租车行经理大卫·布斯连续做了十个梦，都关于一场空难，他感觉非常不安，于是联系了联邦航空管理局，但是他们没有理会他的预言。他在梦里看见一架美国航空公司的飞机向右倾斜，机身翻转向下，最后撞落地面。布斯做的最后一个梦就在空难发生当天——芝加哥附近一架美国航空 DC-10 坠落，机上所有人员遇难，地面上也有人伤亡，共计死亡人数 274 人。布斯后来因此成为一位受争议的通灵人。

的赛马记者。塞尔玛·莫斯博士是美国的一位研究者，她收集了很多关于赛马的梦，其中有一个女人连续四个月梦到冠军

得主，最多的一次一周之内梦到了四次。蒙塔古·厄尔曼在纽约布鲁克林迈蒙尼德医疗中心创立了做梦实验室，他记录的一

个实例是，一个男人连续三晚梦到了赛马比赛的冠军和亚军。

自人类历史有书面记载以来，梦的预言能力一直被奉为古老的信仰。在很多古文化中，有人梦到了即将到来的洪水、侵略、瘟疫或者一代王朝的覆灭，所有人都极为尊崇和重视梦里的预警。因为得到了事前的警告，做梦的人就可以成功避免这些灾难，比如重现调整作战计划，或者像诺亚一样，建一艘方舟在大洪水中存活下来。

现代人深受欧洲科学理性主义传统的影响，一般对这样的梦持怀疑态度，但是关于预言梦的故事仍然相当普遍，尤其是涉及做梦者自己的家人或朋友。第一个持续研究梦究竟能否预知未来的人是约翰·威廉·邓恩。邓恩是英国的一位航空工程师，1902 年他做了一个梦，预言了马提尼克岛的培雷火山爆发。在梦里，他知道火山即将爆发，急忙告诉法国当局灾难马上就要来临，4000 余人将在火山爆发中丧生；随后，他惊讶地在报纸上看到，火山真的已经爆发了，不过标题上的死亡人数不是 4000 而是 40000。后来邓恩醒来才明白，他并不是预见了火山爆发的灾难画面，而是在梦里预见了报纸报道并误读了死亡人数。

后来经历的一系列预言梦让邓恩意识到，不可能用巧合来解释他如此频繁、有

时还相当逼真的预感。他坚持写了 30 多
年做梦日记，记录下来他的梦，以及一些
朋友的梦，这些记录让他逐渐有了更为大
胆的想法。

邓恩相信梦可以随机利用未来的事
件，同样可以选用过去的事件，在时间里
自由来回，有时还会把未来和过去融合在
一个梦里。1927 年，他出版了《时间实验》
一书，阐述了他复杂而详尽的物理理论，
显然和科学逻辑是相悖的。

1971 年，蒙塔古·厄尔曼、史坦利·库

皮尼和纽约迈蒙尼德做梦实验室一起合作，第一次在实验室条件下设计出一种方法来研究预言梦。他们的实验对象是马尔科姆·贝森特，英国一位很有天赋的敏感做梦者，他曾记录过自己做的很多预言梦。在他入睡之前，实验者告诉他第二天早上会有"多感官的特别起床方式"，实验者在多种可能性中随机提前选定。他入睡之后，实验者在每一个快速眼动期叫醒他，记录下他做过的梦，再请独立的第三方判断他所做的梦和第二天的"特别起床方式"是否一致。一共进行了两次分别的实验。第一次持续了八个晚上，其中贝森特成功做了五次预言梦；第二次持续了十六个晚上，但只有一半用于实验，他的成功率还是五次。

这些实验的结果在超心理学研究史上是空前成功的。在1966至1972年间，迈蒙尼德实验室共对十二人做过实验，九个得到了肯定的结果，其中的一些梦非常

有意义。

在20世纪70年代至20世纪80年代，迈蒙尼德做梦实验室还做了一系列实验，测试梦里更广泛的超感知觉，比如传心术和预见力。这些实验用艺术名画当作对象，志愿者在一个房间里睡觉，同时一位"施动者"在另一个房间或建筑里，集中精力看一幅随机选中的名画，努力把画面"传送"给正在做梦的人，让画面进入他或她的梦里。实验结果非常惊人，心理学家们宣布在一共十二次的实验里，平均准确率高达83.5%，远远高于平常所说的1/250000。

研究者们还搜集了很多明显关于泰坦尼克号沉没的预感梦。1966年，在英国威尔士的艾伯凡，一座煤矿塌陷把140人活埋在了地下，史上称为艾伯凡矿难。矿难发生后，英国媒体追溯报道了很多预感梦，在社会上产生了广泛的影响，直接促成了1967年英国预感局和美国中央预感登记处的成立。

俗称的"告别梦"，也就是梦到亲友死亡，也并不罕见。其中最知名的一个实例是亨利·斯坦利，他在美国内战的夏伊洛战役中被俘，梦到在4000英里之外的英国威尔士，他的姨妈意外死亡了。1865年，美国总统亚伯拉罕·林肯梦到了自己的死亡。在梦里，他在"死一样寂静"的白宫里，听到远处传来"伤心的哭泣"，于是他向传来哭泣声的方向走去，经过的每一

个房间都很熟悉，灯都亮着却没有一个人。最后他走到了东厅，看到里面停放着一具死尸，尸体的面部被盖着，身上穿着葬服。他问正在哭泣的人们谁死了，却听到："总统死了，他被暗杀了。"人群爆发出悲痛的大哭，把他从梦里惊醒了。几天之后约翰·威尔克斯·布斯在剧院用枪暗杀了林肯总统。

梦到比赛结果

　　测试预言梦的一个很有意思的方式，就是尝试预测体育比赛的冠军。当然，做这项练习时请不要下注赌博。这个练习基于哈罗德·赫伍德发现的一套排除法。这个方法适用于多方参加的体育比赛，比如赛马或赛车；不适用于预测双方比赛的结果，比如足球和篮球，总会有一方赢另一方输。不过即使是双方的比赛，你也可以尝试用这个方法，看看你的梦能否帮你预测，在淘汰赛或联盟中哪支队伍会获胜，或者谁会是本赛季最佳射手。

1. 列两个表

　　选一场一两周之后的比赛，给每个参赛者一个编号数字，然后随机把所有参赛者分成两组，分别列在两个表上。上床之前，看看两个表，想着那些名字和数字。把一个列表放在床的左边，另一个列表放在床的右边。

2. 检验第一个梦

　　第二天早上醒来后，试着回想一下梦里是否暗示或含有一个名字或数字。或者想想梦里是否侧重了"左"或者"右"，选中的一边列表里可能就有最后的冠军。记下你的结论。

3. 重新列表

　　第二天晚上，把所有参赛者重新再分配到两个列表里，但是代表每个参赛者的数字不能改变。重复第1步和第2步，记下你做的梦的新结论，再把所有列表混在一起。

4. 重复上述过程

　　每天晚上重复上述过程，慢慢你就能把某一个参赛者分离出来，无论是名字或数字出现得最多，或者最经常出现在被选中的列表上。

5. 跟随直觉

　　在你的梦里寻找任何可能的线索或信号。如果你发现某一个名字或数字在梦里有强烈暗示，那么就没有必要再继续列表了。

梦 的 语 言

The Language Of Dreams

　　当我们在早上醒来时，记忆中的梦境稀奇古怪，常常让我们觉得并不重要。晚上梦到的荒谬画面、身份不明的陌生人、住在邻居衣柜里的猴子、没有方向盘的汽车，与白天的清醒生活怎么可能有关系呢？然而，梦的语言就像一门外语。我们不明白它的含义时，梦里的奇怪意象对于我们就没有意义；但是，一旦我们开始探索梦的语言和语法，一个充满意义的新世界就向我们打开了。

象征符号

Symbolism

梦里的符号是视觉比喻，象征物品、记忆、情感、想法、焦虑、希望、志向、挫败，甚至有时候象征我们自己或其他人。它们可以变化成任何能被意识接受的形式：无生命物体、音乐片段、一处风景、一个事件。符号是理解梦的语言的起点。

符号是梦的语言中的"单词"：每一个符号象征一个想法、一段记忆、一种情绪、一刻领悟，等等，都来自做梦者的无意识。但是，不同于任何一门外语中的单词，很多梦的符号的意义因人而异。况且，和任何一门外语相反，梦的语言没有固定的语法，只是把各个语义单位用奇特的逻辑方式连接起来，必须经过仔细研究才能被正确地梳理和理解。

从根本上来讲，梦代表着无意识和意识之间的一种个人语言，虽然我们可以学会很多梦的符号的基本意义，但是我们并不能确定已经完全理解了它们以及它们之间的联系，除非我们结合自己独特的生命经历来研究它们。无论梦里的符号看起来多么怪异或可笑，梦既然选择了它们，就是因为只有它们能够传达预期的信息。即使是最不起眼的符号也可能揭开一段深刻的记忆，或者揭示我们现在的状态或未来的可能。

在清醒的生活中，符号一般代表某个具体的意义，例如，十字架代表基督教，鹳鸟代表生育。但是梦里的符号不是外延意义而是隐含意义（也就是说，它们的意义不是具体的，而是暗示性的），想要把它们解释成清醒的意识能理解的意义，不仅需要注意梦里的语境、情绪和场景，还要重视做梦者的个人情况。每个人都有一套属于自己独一无二的符号系统。

通常来讲，第一层梦和第二层梦，分别来自前意识和个人无意识，所用的符号大部分都和做梦者有某种特定的联系，或者来自白天生活中的日常场景。很多符号有通用的元素，但有些符号只对做梦者自己有特殊的意义。例如，对大多数人来讲，树代表着保护和丰收，但是如果做梦者小时候从树上掉下来过，那么梦里的树可能象征危险、黑暗、触犯了被禁止的冒险行为后的愧疚。

虽然第一层梦或第二层梦的符号意义在字面上很明显，但是它们也可能蕴含着强烈的个人感情，对某些做梦者来说有特别的意义。例如，狂怒的象征符号，在某个人梦里是一位生气的农夫，因为曾经有一位农夫拿枪威胁过他，说他擅闯私人土地；在另一个人的梦里则是一个中国谜语，曾经在一个漫长的暑假里，她因为解不开这个谜语而深感挫败。第一层梦和第二层梦里的符号不仅可以来自做梦者的直接经历，还可能来自生活周边的很多次要方面，比如书、戏剧或电视节目（即使它们对于清醒的意识几乎没有直接影响）。梦像强盗一样"抢劫"了我们的记忆银行，只要符合它的直接目的，就会立刻占用相关主题。我们也可以把梦比作一位混合媒介的拼贴艺术家，他只专注于研究手中五颜六色的调色板，胡乱翻找垃圾箱和废物材料，把各种碎片混合起来，直到拼贴出

发现符号

既然符号在梦里有这么重要的作用，任何对梦有兴趣的人都可以在开始解梦之前，先让自己熟悉象征符号的特征。下面的一些练习可以帮助你发现生活中的符号。

日常比喻

请留意你和别人在日常语言里用到的比喻（相似或相像）。你可能在某场考试中"低空飞过"，或者在某人那儿"碰了一鼻子灰"。在经历了辛苦的一天后，你可能感觉"散架了"。想想这些比喻的字面意思，想象字面上的画面，例如，你感觉累得散架了，可以想象自己的身体散落成了碎片。

视觉信息

观察人们是怎样通过视觉传达信息的，比如别人的着装，室内装饰，等等。例如，玫瑰形的胸针代表着美、爱情、浪漫主义，或者象征着更深的想法：生如夏花，片刻灿烂后开始凋谢。玫瑰还是爱情的信物，也许胸针还代表着爱慕。同样地，如果你在壁炉台上摆了一小尊佛像，你可能想让世界知道你善于沉思，有深刻的精神生活；或者你欣赏东方文化的神秘氛围。

商品广告

请注意商品的包装、商标、广告，例如，汽车、相机、香水、洗发露。分析每一件商品：名称的构成、商标的形象、广告的语境。在这种探究过程中，你会遇到树、花、动物、城堡、溪流、日出、日落和很多其他事物。想想为什么这些事物会和某一种商品联系起来。

电影

研究电影里的符号，场景、灯光、颜色。曾经有一位评论家分析了整部《卡萨布兰卡》，研究黑与白、光与影的象征意义。电影和梦境很相似，这样的思考会让你更熟悉梦里的世界。

正确的图案。

　　相比之下，第三层梦里的符号通常有普遍意义，因为它们来自全人类的共通经验。梦里的原型对我们来说都是一样的，它们进入意识的变化形式也是一样的。第三层梦的难题并不在于解析符号的意义，而是在于现代人不愿意承认，在清醒的头脑之外，梦里也蕴含着智慧宝库。

　　弗洛伊德和荣格对于符号的认识有着根本性的分歧，这也是他们分道扬镳的原因之一。弗洛伊德认为，梦之所以用符号把性欲和其他被压抑的欲望转化成可以接受的形式，是为了保护做梦者不被打扰、不被惊醒。他还赋予了梦里的符号固定的意义，比如，枪、匕首、门、洞穴都象征着性器官，无论它们出现在什么语境里，

都代表着我们的动物本能。然而，荣格却把梦里的意象当作信号，而不是符号。荣格认为符号的实质"是无意识想被意识感知到的内容，但是意识不能领会它们的意义"。而另一方面，信号代表着对梦里的意象的一种固定解释，是意识已经知道的一种意义。把梦里的意象当作信号，否定了探究更深意义的可能性，把更深的意义压抑进了无意识，因此，不是缩小反而扩大了无意识和意识之间的距离。

弗洛伊德认为像阴茎的符号就代表阴茎；荣格却认为是"创造性的神力，治愈和繁殖的力量"。多数研究符号的心理学家和人类学家更支持荣格的创造性方法。美国神学家约瑟夫·坎贝尔曾说过，"意识不能创造或预测一个有效的符号，也不能预知或控制今晚的梦境"。

和信号不同，一个符号可以有各种各

样的意义，虽然都是同一主题的不同方面，但每一种意义都可以分开解读。因此，一个人的梦里出现了枪，分析出来的意义可能有：毁灭、男性生殖力、雷鸣闪电，或者做梦者小时候用过的玩具枪，他曾用它吓唬小伙伴交出糖果。这四种意义都反映了权力这一共同主题，但是它们代表了权力的不同用途：毁灭、做好事、做坏事，或者加强孩子去威胁和掠夺别人的冲动。

梦里的各种符号经常奇奇怪怪又毫无联系，我们一般认为它们和我们的生活没有关系。比如，梦里出现了迷宫、木偶、野兽或者不想要的礼物等普通意象，我们不禁会纳闷：它们和我们的生活有什么关系？为了理解梦里的符号的意义，我们必须耐心地不断尝试，看这些比喻如何体现了我们的个人情况。解

析梦里的个人符号，要结合你的生活历史和最近的经历：火可能象征毁灭，但也可以代表新生，比如一段新的恋情；城堡可能象征安全，但也可能代表孤独感。只有诚实面对自己的内心反应，你才能得到准确的解析。

同时，也要考虑符号在梦里出现的语境：爱人送的花和敌人给的花意义完全不同。符号的意义还可能因为意象的外表而改变，比如颜色、质地、大小。粉红色的狗和黑色的狗意义不一样，空花瓶和有花的花瓶意义也很不一样。最后，想想符号之间的联系，寻找互补的意义：火车、匕首和蛇都和阴茎有关；圆、星星、水和寺庙则都关于精神追求或需要。

本书后是解梦名录，包括常见符号的解析意义，你可以从这里开始学习解梦。但是，请记住，这种名录只是通用提示。不要拘泥于入门名录中的字面描述，每一个人都有可能发现自己梦里的符号的真实意义。把你自己当成一位侦探、解码人、黑暗之地的探索者，或者精神世界的考古学家，用充分的技巧和想象力把无数碎片复原成一个整体。

解析梦里的符号：一个实例

下面描述和分析的这个梦展示了如何解析符号的象征意义。做梦者是一位男性，是一家大公司集团的销售主管。他一直梦想成为一位小说家，但现在大部分时间都在写高效的误导性的广告宣传材料。

做梦者描述自己的梦

"我在一家理发店排队等待。那里又小又暗，墙上有棕色的油漆，有种肮脏的感觉。排在我前面的有两个男人，坐在我的右边，但是理发师先叫了我。我有点生气，想着他可能是想讨好我。

"我坐在了椅子上，却突然发现，理发店里只剩我一个人了。我面前的镜子很旧，上面的镀银因为潮湿已经脱落，我在镜子里看不到自己。然后我发现自己站在外面，看着一些商店的橱窗。我想我是在找剪子给自己剪头发，但是没找到。我听见了嘶嘶的声音，自言自语道：'气球破了。'"

解析梦里的符号

做梦者把自己去的理发店形容为"肮脏的"，却在里面得到了徒劳的虚荣。理发师的行为像身边其他人一样对他给予了过多的赞扬和关注，这直接象征着他作为广告撰稿人的工作环境。

那两个沉默的男人本应该在他之前被叫到理发师的椅子上，但是错过了自己的顺序。这可能象征着内心深处潜在的自我，他本应该优先重视自己成为作家的潜在天赋，但是却没有机会施展。

他在镜子里看不到自己的脸，这象征着他缺乏自我认知。他让真实的自己消失了，他已经被职业生活中的虚假和欺骗包围了。

他仔细看商店的橱窗，象征着他在外面寻找自己，其实他更应该从内心里面寻找自己。找剪子可能暗示着他意识到需要控制自己的虚荣。最后气球破了的意象，既隐含着幻想的破灭，也象征着泄气的自尊心。

梦的语法

The Grammar of Dreams

20世纪的心理学先驱者告诉我们，梦不是一堆杂乱随机的事件和感觉，而是遵循着内在的逻辑，反映了我们内心的心事。那么，梦的逻辑是如何运行的呢?

在弗洛伊德的开拓性著作出版之前，科学家们认为梦完全是杂乱无章的，不可能有逻辑。但是，弗洛伊德拒绝承认这样的传统观点。他用微妙而充满想象力的奇思妙想，发现了梦的很多奇特的逻辑方法，梦的语言通过这些语法，把深奥的信息从无意识传达给清醒的意识。在他的著作里，他向我们展示了梦怎样扭曲时空，颠倒事件的顺序，混合遥远的过去和眼前的现在，无视物质和同一性的物理定律;于是在梦里一个东西变成了另一个东西，或者从略微不同的角度观察，突然有了其他东西的特征。

在弗洛伊德和荣格革新梦的理论之前，哲学家们一致同意19世纪德国心理物理学家西奥多·费纳希的主张:"梦就

连接超现实

下面的这个练习可以增加你对超现实的敏感度，超现实是梦里必不可少的元素。

1. 想三个无关的东西，分别象征你生活中的三个不同的部分，比如你的工作、休闲时间和主要的人际关系。

2. 试着想一个超现实的故事，把你生活中的三方面连接起来，一定要用上这三个东西。把这个故事想象成一个奇怪的卡通片，像电影的制片人一样，在你的头脑里上演剧情梗概。

像是把一个理智的人大脑中的心理活动放进了一个傻子的大脑里。"他的这种说

法其实不过是解释了古罗马时代哲学家们对梦的逻辑的论断，古罗马政治家和学者西塞罗曾说过，"梦里的一切都是我们想象不到的那么荒谬、那么复杂、那么反常"。一位不出名的德国哲学家在1875年写道"梦里可笑的矛盾与自然和社会法则格格不入"，四年之后他的一位同事断言"在这种疯狂的活动中不可能找到任何固定的规则……梦就像万花筒一样瞬息万变，让人困惑不已"。

让理智的哲学家们困惑的不只是梦里的意象本身的"无意义"内容，还有梦里的意象连接在一起的方式，明显缺乏逻辑思维或更高的精神作用。1877年，一位作家写道"梦像日食一样遮蔽了精神世界中逻辑思维的所有关系和联系"，因此不可能"符合思考或常理"。

弗洛伊德把梦里的意象彼此之间缺乏相互联系比作一个句子缺失连词——正是"和""或""当""如果""因为"等连词构成了不同概念之间的逻辑联系，也为我们的语言赋予了很多连贯性。

然而，弗洛伊德主张，事物之间的联系不只可以用连词，还可以用其他方法，就像艺术一样。他认为"梦看似疯狂，自有其道理，也许像丹麦王子 [哈姆雷特] 一样，只是假装疯狂"。虽然梦里的联系不遵循语言和哲学的理智逻辑，但是也许它们遵守一种更加间接的逻辑原理，只是为了故意掩饰梦的真实意义。

梦这种令人困惑的本质反映了梦的来源超出了清醒意识的整体范围。梦可能是对外面的世界发生的事件的一种反应，也可能来自做梦者的内部世界，表达了做梦者内心深处埋藏的心事和感觉；还可能是满足愿望的一种方式，或者是为了突出做梦者日常生活中的未竟感情。

在这些复杂的过程中内含的矛盾和冲突，自然也反映在了梦的语法和句法上。梦的语言经常神神秘秘，断断续续，零零碎碎。梦里可以扭曲时间，把过去和现在、熟悉和陌生混合在一起，还可以用独有的精神"魔法"实现神奇的转化。就像某些类型的电影一样，梦里的画面经常淡入淡出，一个场景神奇地融入了另一个场景。无生命物体可以自由移动，还可能说话，甚至变得很有威胁性。

人或动物会飞，或者人像狗一样吠叫，或者人裸体走在人群里。在这样复杂甚至奇怪的语境里，必须深入研究才能理解梦的意义。

弗洛伊德通过大量临床经验，总结出梦里的意象相互联系，主要通过四种连接方法。第一种是同时，在一个场景里同时出现多个意象或事件。第二种是连续，梦里的意象或事件按顺序出现。第三种是转化，一个意象变成了另一个意象。第四种是相似，主要通过间接或直接联想显示出来，弗洛伊德认为这是最频繁和最重要的连接方法。梦通过联想用第四种方法，比

如一个东西在某些方面像另一个东西，或者让人想起或唤起了对另一个东西的感情。很多这样的相似联想在意识层面被遗忘或压抑了，让我们很难理解其中的联系，但是通过恰当的解梦技巧，它们就会显现出来。在破译它们的过程中，精神分析医生不仅发现了梦的逻辑方式，也理解了梦里深奥而微妙的意义。

为了理解梦的逻辑方式，我们不妨举一个常见的梦作为例子：梦见你的衣柜里有别人的衣服。从一方面分析，这个梦可能是一种愿望的满足，反映了做梦者羡慕别人的某些品质，通过拥有别人的衣服，我们自己也获得了别人的某些特质。但是，从另一方面分析，这个梦也可能暗示了做梦者的憎恶，某些陌生的东西或人侵入了我们私人的空间，让我们产生了带有几分羡慕的嫉妒心理。相似的梦还有在自己床上发现了别人的衣服：我们理所当然地认为这个梦的意义也很相似，但是还有一点不同，衣服不是整齐地叠好，而是乱扔在床上，需要我们自己收拾。与衣柜相比，床更是私密空间。因此，这个梦（也要考虑梦里的语境）可能反映了衣服的主人干扰了我们的生活。

自弗洛伊德以来，研究者们还发现内部一致性在梦的逻辑里也很重要。分析第一层梦和第二层梦（分别来自前意识和个人无意识）显示，每个人都自自己独特的方式保持这种内部一致性。

内部一致性最常见的形式是"相对一致性"，这是由美国研究者卡尔文·霍尔和弗农·诺德比命名的，指的是一段时间内在一个人的梦里，一些意象出现的频率表现出了相对的规律。比如，在某个人的梦里，家具、身体部位、汽车、猫出现的频率呈递减顺序；在另一个人的梦里，女性比男性出现更频繁，室外场景比室内场景更加频繁。这一年和下一年做的梦相比，这种频率规律保持了惊人的一致性。

内部一致性另一种重要的形式就是象征符号。无论梦的内容对清醒的意识来说多么费解或奇怪，它选择了一些相关符号来表达特定的信息，某些符号获得了做梦者更多的关注，那么在接下来一个又一个梦里，这些符号很可能会反复出现，直到特定信息被做梦者完全领会。

原型
Archetypes

　　原型是全人类的共通主题，荣格也称之为"神话主题"，它们来自集体无意识，以象征形式反复出现在世界各地神话、符号系统和每个人的梦里。

　　詹姆斯·希尔曼是美国的一位研究者，他创立了现代原型心理学，他把原型比作"精神运作的最深模式"：它们是"灵魂的根源，主宰了我们的人生观和世界观……这些显而易见的形象是不证自明的真理，是人类精神生活和心理理论的最终归宿"。

　　假如我们的精神世界是一座宏伟的宫殿，不了解原型就如同被关在了几个房间里，永远不会看到我们精神生活的创造源泉。

　　大多数情况下，梦到原型会让我们感觉到，从自身之外的某个源泉获得了智慧。这个源泉就像是真理的宝库，是我们的精神里从未开发过的领域，我们必须承认它是重要的存在。

　　在"巨梦"里，原型会表现为象征符号或者化身为人形，比如男神与女神、男英雄与女英雄、善灵与恶灵、传说中的生物，都是我们的意识最熟悉的形象。但是，荣格强调，我们不能只认定某一个原型，因为每一个原型只是我们完整本性的一个碎片。我们的集体无意识里有很多原型，把它们整合才能实现个体化。

　　原型梦最可能出现在人生关键的转折点，比如刚上学、少年时代、青春期、初为人父、初为人母、中年危机、更年期、人到老年。它们也可能出现在生活动乱的迷茫期，推进做梦者的个体化和精神成熟。荣格认为原型梦有特殊的功能，可以帮助做梦者塑造自己的未来。他建议做梦者问自己，为什么会做这种梦，发现其中潜在的影响。原型是我们精神能量的化身，它们出现的梦就像是路标，指明了未来发展的方向。

我们已经知道，原型在梦里会表现为很多不同的形式，可能是象征性的符号，也可能是真实或神话形象。至少，化身为人形的原型是最容易被识别出来的。

荣格发现社会各个阶层的人都会做原型梦，其中最多的是两种人："在内心与世隔绝的人，没有人能理解他们的想法"和在个体化进程中远远领先的人。但这两种极端人群做的梦的内容却大不相同：与世隔绝的人会梦到个人的问题，有完整人

格的人会梦到超个人的主题，比如生与死、永生不灭和存在的意义。

但是，荣格也警告说，如果原型梦的内容与做梦者清醒时的想法和信念明显相互矛盾，或者即使是纯粹的神话内容却缺乏是非条理，那么说明集体无意识与现实生活存在严重分歧，反而会让做梦者产生抵抗和压抑心理。这样的心理障碍必须及时处理，才可能有进一步的发现。

梦里的原型对于我们发现自己"真实的本性"极为重要。在自己的梦里寻找原型并学会识别原型，我们就能建立起一座桥通向自己的无意识。每一个原型都是神

话联想的一环。如果我们识别出一个原型，就能把其他原型带进梦里，越来越深地探索集体无意识的创造力。

根据新荣格主义分析师爱德华·惠特蒙特和西尔维娅·佩雷拉的经验，如果我们的梦里出现了日常生活中不可能出现的元素，我们就已经进入了原型的世界，"神话与魔法的王国"。虽然很多梦在不同程度上打破了现实世界的限制，但是如果我们在梦里发现自己进入一个变形的世界，遇到了特别奇异的人，例如比真人高大、魅力非凡的男人或女人，身受致命伤却毫发无损的英雄，穿透上锁的门的黑影，逃跑中变成了树的人，我们就有理由怀疑自己面对的正是原型。

原型梦中的景象和经历经常充满戏剧性、包罗万象却又不由自主，用惠特蒙特和佩雷拉的话说"一种超自然的力量让做梦者心生敬畏"。原型梦可能发生在遥远的历史或文化古迹，象征着做梦者超越了清醒感官和心理经验的边界。原型梦会让做梦者感觉到这个梦很重要，促使做梦者在

梦里发现"建议、启蒙、警告，或超自然的帮助"。最明显的是，原型梦具有荣格所谓的"宇宙性"，即梦中的经历有时间或空间的无限感，例如以极快的速度跨越了很远的距离，在太空中像彗星一样飞行，在地球上空飘浮盘旋；或者感觉自我无限扩大，超越了狭隘的个人，包容了世间万物。宇宙性在梦里也可能表现为占星术或炼金术的符号，或者死亡或重生的经历。

很多原型梦中都有神奇的旅途或征程，比如对圣杯的追寻，象征着做梦者对自己本性的寻找。童话里也经常有同样的主题，一个年轻的英雄必须踏上旅途去往陌生的国度，在路上发现了自己的男子气概或真实的本性，回来屠杀了恶龙或者拯救了被困的少女。如果梦里出现这样的主题，通常象征着进入无意识的旅途：做梦者试图寻找并整合精神中不完整的部分，最后达到心理上的自信和完整，实现自己的个体化。

有一种常见的原型旅途是海上夜航，英雄被怪兽吞入腹中。正如《圣经》中约拿在鲸鱼腹中三天三夜最终逃生一样，英雄最终从内部战胜了怪兽逃出生天，这种梦境象征着做梦者在无意识的深渊里重获生命的能量，战胜了无意识里的冲动，重获对清醒行为的控制。

其他原型旅途，比如向着朝阳航行，象征着重生和转化。原型梦里还可能出现洗礼和其他仪式，比如逃出洞穴重见

天日，或者炼金术中的原型符号，比如凤凰涅槃浴火重生，象征着做梦者获得了自由，毁灭过去重新创造未来。类似凤凰这种神话中的生物本身并不是原型，但是在梦里可以作为原型的化身。例如，梦里出现斯芬克斯，象征着大母神原型的狡猾智慧；印度教中的迦楼罗（鹰头人身的金翅鸟），象征着智慧老人原型的强烈净化能量。但是，龙被荣格视为一个原型符号，它有大母神原型的集体甚至社会属性，英雄必须杀死龙才能获得自由。

尤其具有超自然性质的一种原型是精神，也就是物质的对立面，在梦里表现为无限、无垠、无形。精神在梦里还可能表现为鬼魂或者亡灵的拜访，它的出现通常象征着物质世界与精神世界的矛盾。接下来将详细介绍主要的原型。

游向星空：原型梦的一个实例

做梦者是一位大学教授。她拥有受人尊敬的学术地位，但是她的声誉可能受损，因为她日益着迷于神秘学和灵修。

做梦者描述自己的梦

"我在大海里游泳，上岸后走到沙滩上，站在淡水淋浴下。水冲洗了我的背面，还没冲洗正面时，我突然发现自己站在一个客厅里。我还穿着泳装，身上的水滴在了地毯上。客厅里有几位穿戴讲究的女人，不以为然地看着我。下一刻我飘浮了起来，一直飞到房顶上空。当时是晚上，天上的星星看起来比平时更大更亮。我伸出一只手去触摸星星，有一瞬间真的抓住了一颗。我想把它放进口袋里，但是我还穿着泳装。有一个声音说'放在你的胸下'，我正寻思着要怎么做，突然就醒过来了。"

分析梦里的原型

这个梦之所以是原型梦，最不合理的元素包括：沙滩变成了客厅，做梦者飘浮到了房顶上空，并且触摸到了天上的星星。

她在大海里游泳，暗示着她想深入无意识的欲望。但是后来她用淋浴清洗身上的海水，象征着她想"净化"在游泳中发现的任何自知。她只成功了一部分：她只清洗了她的背面，让大众看到的一面是"干净"的；但是她的正面，只有她自己看到的一面，没有得到净化。

沙滩突然变成了客厅，她身上的水滴在了地毯上，都让她意识到在虚假的环境中她不能做真实的自己，尤其是在同事们不以为然的目光中，在梦里表现为那几位穿戴讲究的女人。

然后她飘浮了起来，穿越房顶飞到了上空，她看到了满天星星并抓住了一颗，这象征着她自己达到了更高的精神状态。她习惯性地想把星星放进口袋里，直到醒来还不知道怎么放在"她的胸下"，这象征着她不知道如何把更高的自我融入清醒的生活中。

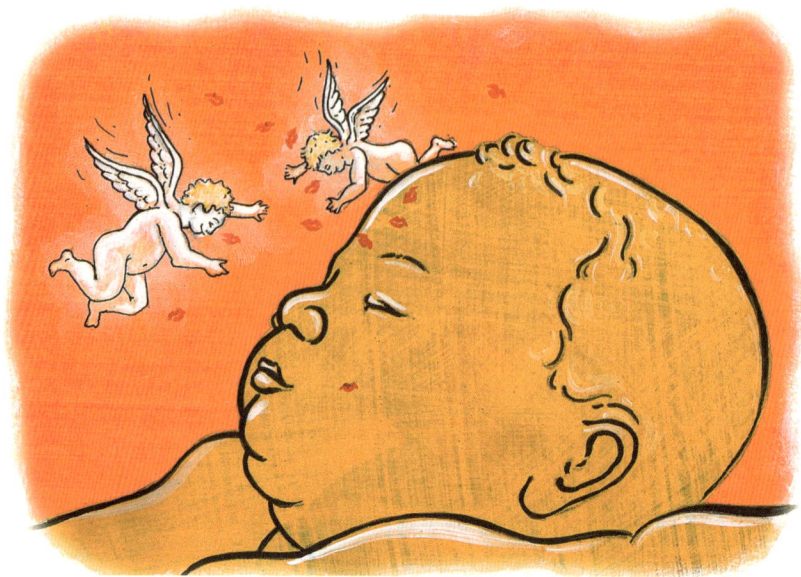

人格面具

人格面具是指我们自己展现给外面的世界的形象，为了适应社会生活，我们戴上了某种面具。人格面具本身是有益并可控的，但是如果我们过度认同人格面具，甚至把真实的本性与社会角色相互混淆，人格面具就会变得十分危险。然后，人格面具会出现在我们的梦里，表现为稻草人或流浪汉，或者荒凉的风景，或者被社会排挤。梦到赤身裸体通常象征着人格面具的丢失。

阿尼玛与阿尼姆斯

荣格通过大量研究和临床经验发现，每一个人身上都潜在完整的人性，即男性与女性的双性特征。阿尼玛代表着男人身上的"女性"特征，比如情绪、反应和冲动；阿尼姆斯代表着女人身上的"男性"特征，比如承诺、信念和灵感。更重要的是，作为本性里"不是我"的化身，阿尼玛和阿尼姆斯相当于普绪科蓬波斯，也就是灵魂引导者，引领我们认识到不被认可的潜在本性。

在神话里，阿尼玛表现为女神或极为美丽的女人，例如雅典娜、维纳斯和特洛伊的海伦；阿尼姆斯表现为男神或英雄，例如赫尔墨斯、阿波罗和赫拉克勒斯。如果阿尼玛或阿尼姆斯用这些高贵的神话形象出现在我们的梦里，或者表现为其他有影响力的男人或女人，这就意味着我们亟须整合内心的男性与女性特征。如果这种需求被忽视了，这些原型可能就会向外投射，表现为寻求理想的爱人，或者对伴侣或朋友提出不切实际的要求。如果我们任由它们控制无意识，男人就会变得过于多愁善感和情绪化，而女人会变得残酷无情和过于固执。但是，一旦个体化的进程开始，这些原型就会成为向导，带领做梦者越来越深入内心世界。

智慧老人

智慧老人（或老妇）是荣格所谓的神力人格，是成长与生命力的原始源泉的象征符号，这种神力既能治愈也能毁灭，既能吸引也能排斥。在梦里这种原型可能表现为魔术师、医生、教授、牧师、老师、父亲，或者其他权威人物，通过他们的存在或教导传达出，做梦者可以追寻更高的精神层次。

但是，像巫师或萨满一样，这种神力人格只是半神性的，既可能带我们进入更高的精神层次，也可能让我们远离更高的精神层次。荣格本人一生很享受和自己的神力人格共处：他为他取名腓利门，经常和他一起讨论一起生活。

恶精灵

恶精灵是一种反英雄原型，被荣格称为"上帝的猴子"。它是动物和神性的精神混合体，在全世界各地的神话和梦里都表现为猴子、狐狸、野兔、小丑，等等。

荣格把它比作炼金术士摩丘锐斯，能够自由变形，喜欢狡诈的玩笑和恶意的恶作剧。恶精灵有时被看作阴影的一部分，看似在自嘲，其实同时也在嘲笑自我的装模作样及原型投射——人格面具。

在梦里，恶精灵是邪恶的角色，会扰乱我们的计划、暴露我们的策略、破坏我

们做梦的乐趣。像阴影一样，恶精灵是一个多变的符号，随意变形，来去自由，不可消灭。当自我因为自己的虚荣、过大的野心或错误的判断而陷入危险的困境时，恶精灵经常会出现在梦里。它野性未驯、不分是非、无法无天。

虽然恶精灵也许会破坏我们的梦境，但是它也会用悖论挑战我们，揭露物质的荒谬性，可以间接有助于我们的成长。

阴影

荣格把阴影定义为"一个人不想成为的那一面"。每一个实体都有一个影子，荣格认为人的精神也不例外："不幸的是，总体而言，一个人比不上自己想成为或想象

成为的那个人。"根据荣格的理论，我们越是压抑自己不想成为的那一面，把它从意识里隔离出去，反而越没有机会阻止它"在清醒的某一刻"爆发出来。

隐藏在被文明教化的虚假外表下，阴影可能会让我们表现出自私、暴力、野蛮等行为。它以贪婪和恐惧为养料，向外投射为仇恨心理，使人迫害弱势群体，把别人当替罪羊。在梦里，阴影一般表现为和我们同性别的人，经常是充满威胁性、噩梦一般的角色。因为阴影永远不可能被完全消灭，它在梦里的角色经常是刀枪不入，追赶我们跨越各种艰难险阻，最后进入死胡同或者恐怖的地下室。它也可能在梦里化身为兄弟姐妹，或者偶然遇见的陌生人，让我们看到不想看的东西，听到不想听的话。

阴影是自主的、霸道的、强迫性的，总会激起我们强烈的情感，比如恐惧、愤怒或愤慨。但是荣格坚持认为，阴影本身不是邪恶的，只是"有些低级、原始、不适应和令人尴尬"。它出现在我们的梦里，意味着我们需要更加关注它的存在，并且付出更多的道德努力来控制它的黑暗能量。我们必须学会接受并整合阴影，因为它提供的令人不快的信息，实际上对我们是间接有益的。

圣童

圣童代表着再生力，引领我们走向个体化。这个原型符号象征真实的本性和完整的精神，而不是被限制和限制性的自我，用荣格的话说，自我"只是一小块意识，漂浮在[隐藏的]无意识的大海之上"。在梦里，圣童通常表现为幼儿或婴儿。它无比纯洁而脆弱，但是神圣不可侵犯，并且拥有变形能力。在梦里遇见圣童，可以让我们脱离不断膨胀的自我感觉，意识到自己已经离本性和理想有多远。

然而，弗洛伊德认为，梦里这种象征性的母亲形象，并不是抽象的原型，而是真正代表了做梦者与自己母亲的关系。弗洛伊德通过观察发现，大多数梦里包括三个角色——做梦者本人，一个女人和一个男人，连接这三个角色的最常见的主题就是嫉妒。弗洛伊德认为，梦里的女人和男人代表做梦者自己的母亲和父亲，象征着某种程度的俄狄浦斯情结或厄勒克特拉情结，即男性的恋母情结和女性的恋父情结。

大母神

大母神的形象在人类的心理和精神成长中起着极为重要的作用。它普遍存在于梦里、神话和宗教里，既来源于我们童年的个人经历，也来自人类的共通原型，一方面代表爱护、抚育、成长、孕育，另一方面代表主导、贪念、诱惑、占有。

大母神的能量不仅神圣、优雅、纯洁，而且阴暗而神秘（来自大地之下），还和农业相关：大地之母被奉为丰收之神。大母神原型总是好坏参半，所代表的女性的神秘力量表现为很多形式：最高贵的是圣母，最令人着迷的是苏美尔女神莉莉丝和蛇发女妖美杜莎，还有神话和传说中的各种女巫女妖。

英雄

英雄是内心觉醒的本性，代表对内心成长与发展的追求，在梦里出发去寻找真正的理解。英雄面对的任务经常表现为需要大量技巧和勇气的身体挑战，而且必需阿尼姆斯、阿尼玛或智慧老人的帮助。这种原型也可能是反英雄——他坚持了错误的理想，经历了一系列徒劳的冒险，最后获得了荣誉，但是没有成功。当你在梦里遇到了身体或心理挑战（打败对手、攀岩、解谜语等），你可能就会梦到英雄。

解析原型

原型在集体无意识和梦境里无比重要。做梦者也许不能识别它们，但是它们的出现常常带来强烈的感知——我们在梦里遇见它们时，会感觉到内心强烈的共鸣。

我们遇见的任何原型既有共通的普遍意义，当然也有来源于个人经历的主观联想意义。为了理解原型梦的深层意义以及与个人的具体关联，荣格提出了一种解析的方法"放大"。这个方法是指研究原型出现的各种神话，并且考虑它们和个人生活具体的联系。

在日常生活中多阅读神话故事并反思，是一种很好的准备练习。荣格认为希腊神话尤其适合西方人，当然你所在文化中的神话传统。例如，凯尔特、埃及、印度神话，或者欧洲民间传说，对你都同样适合。有些神话好像在直觉上特别适合你的个人情况，但是实际上全都来自集体无意识的巨大宝库，只是在某种程度上和你的经历产生了共鸣。你越熟悉全部神话系统，就越容易进行放大解析。

放大解析实例

荣格对原型梦的放大解析通常蕴含多层深奥含义。例如，你梦到了一位骑士骑在马上，首先"自然放大"可能想到领导权和战斗。然后，你可以探索"文化放大"，可能暗示着骑士是信仰的守卫者——也许象征你对自己能力的自信。最后才是"原型放大"。你可能会联想到帕西法尔，中古传说中亚瑟王的圆桌骑士之一。他遇到了腿部受伤的渔夫国王，并且见到了圣杯，但是他没认出来圣杯，也没有问该问的问题，如果他当时问了，国王的腿就能痊愈。后来他意识到了自己的错误，誓志重回圣城找到圣杯。他和另外一位骑士护卫加拉哈德爵士，最终找到了圣杯，完成了圣杯之旅。反思这个故事，你可能会开始思考，在你的生活中曾经在追寻中失败过一次，最后却帮助别人一起取得了成功。

古希腊神话

开始运用荣格的放大方法解析你的梦之前，第一步的准备工作就是让你自己熟悉古希腊神话。这些神话构成了叙事性的戏剧整体，各种各样的原型人物及经历经常有所关联，不同角色——既有人类也有神灵，在彼此的故事里互相穿插。请阅读罗伯特·格雷夫斯的名著《希腊神话》，详细了解各个故事的概况。

两次伟大的征途

伊阿宋和奥德修斯的两次征途包含了丰富的原型意义。它们在某种程度上都起源于人类共通的主题：危险的旅途——无论是返乡之旅（奥德修斯的坎坷经历），还是追寻宝物（在伊阿宋的故事里，寻找的是金羊毛）。但是这两次征途的意义不只在于结果，而且还在于英雄们在途中的经历——恶龙、巨人、勾引男人的女子、丑恶的独眼牧羊人、巫师等等。比如，女巫美狄亚爱上了伊阿宋，帮助他取得了金羊毛；宝物由恶龙守护，美狄亚用自己的声音引诱恶龙，把毒药洒进了它的眼睛里。

赫拉克勒斯的十二项任务

另一个英雄人物是赫拉克勒斯，他因力大无穷而闻名。他是天神宙斯和凡人女子所生的儿子，被提林斯国王欧律斯透斯命令去执行十二项"苦差"，或者说是任务，作为他之前在疯狂中杀害子女的一种赎罪。这些任务包括屠杀巨狮，消灭九头蛇（海德拉），清扫奥革阿斯三十年间三万多头牛积粪如山的牛圈，等等。

去往冥界的俄耳甫斯

俄耳甫斯是一位伟大的音乐家，他的琴声能够感染所有人甚至动物。他爱上了仙女欧律狄克，两人情投意合喜结良缘。后来一只毒蛇咬伤了她的脚踝，她毒发身亡，灵魂被带进了冥界。满怀悲痛的俄耳甫斯去往冥界，冥王冥后被他的恳求打动，准许欧律狄克跟在俄耳甫斯身后回到人间——但是有一个条件，在到达冥界出口之前，他绝对不能回头看她。俄耳甫斯在路上忍不住回头看了一眼妻子……于是永远地失去了她。这个故事明显可以联系到强烈的爱、诱惑、失去和人性的弱点。

梦的场景

Dream Settings

　　一个梦里面可能包括一连串互不关联的事件，发生在各种各样不同的场景。这些场景可能是现实的，也可能是虚幻的，或者是二者的混合。有时候，做梦者想不起来任何场景，只是在一个毫无特征的地方发生了一件事情。但是有些时候，场景在梦里至关重要，甚至唤起强烈的情感反应，比如，森林让人感到害怕或威胁，房子让人感觉舒适或满足。

　　虽然梦的场景经常看起来很奇怪或不真实，但是它们并不是随意出现的。通常，它们会支撑或增加整个梦的意义，有时用意想不到的方式。多关注梦里的场景，你将更能领会梦的意义。

　　事实上，梦的场景通常会设在熟悉的地方，反映了做梦者的直接关注和记忆。研究显示房子是梦里最常见的场景；但是，这并不意味着缺乏深刻性——荣格有一个著名的梦就是关于房子，直接启发了他的集体无意识理论，可见即使看似最平常的场景，也可能蕴含着极为丰富的象征意义。

　　荣格梦到在自己的房子里，但是一切都不熟悉。他从上到下检视，发现了一个原始的地窖，再往下通往一个洞穴，里面散落着陶器、骨头和人的头骨。他解析这个梦认为，地窖象征着个人无意识，洞穴则象征着集体无意识，里面贮藏着永恒的、全人类共通的原型符号。

　　因为这个梦的亲身经历，荣格后来鼓励他的追随者们仔细研究梦里重要的场景，层层深入不断解析更深的象征意义。例如，梦里出现一棵树，一开始可能代表樱桃树，因为做梦者小时候经常在这棵樱桃树下玩，因此树也象征着庇护和甜蜜，

深入解析下
象征着母亲，更深
层的意义象征着生命之树，
最后象征着祭献，因为耶稣被钉在了
木十字架上。同样，梦里出现房子，层层
深入解析下去，可以象征着做梦者的身体
和思想，象征着母亲的身体，因为其中孕
育并庇护了他，甚至，梦经常使用双关
语，象征着父亲的家庭或"房子"。通常
来讲，做梦者越有创造力和想象力，越可
能发现这样层层深入的意义，梦里的场景
本身也会变得多种多样、引人注目。

　　很多艺术家在梦的场景里获得了
灵感。比如意大利超现实主义画家乔
治·德·基里科（1888-1978）和比利
时超现实主义画家保罗·德尔沃（1897-
1994）尤其因此闻名，他们特别善于捕捉
梦里的氛围，也会借鉴弗洛伊德的象征符
号，把熟悉的意象放进奇异的场景
里。他们的画里凝固了平凡与
非凡、现实与超现实的并置，
正是这种并置让梦的场景
有了特殊性，也让噩梦更
加令人恐惧。梦里的房

子是做梦者自己的，但是在噩梦里却充满了恐怖的空旷，这是在现实中从未经历过的。

频繁变换场景也是梦的特征之一。不同的场景可能在逻辑上有联系，但是它们出现的顺序经常是杂乱而随意的。和梦里最明显的前景元素一样，不同的梦的场景也会突然相互转化。深深的海湾变成了深色的地毯，远处的农场变成了屠宰场。通过这些场景的转变，梦传达出自己的信息，让做梦者的思想跳出习惯思维，暴露出内心难忘的感情和心事。

梦里的风景并不仅仅是事件发生的背景，它们本身也有很深的含义。一处风景可能让人感到孤独，也可能充满了神秘的幸福感。如果一处风景有柔和的轮廓，激起了强烈的感情，深入解析可能象征着人

的身体，尤其是母亲的身体。弗洛伊德认为梦里的风景经常是生殖器的象征符号，比如悬崖峭壁（男性）和长满树木的山（女性）。梦里的地形也可以象征人的意识，例如，在城镇的偏远处有片奇怪的街区，这可能象征着无意识。相似地，夜间的风景可能象征着内心深处的昏暗本性。

在解析中特别重要的是，一定要记住风景的细节，才能揭示梦的全部意义。如果梦里的场景是在花园里，花园的设计是正式的还是非正式的？是井井有条还是杂草丛生？如果有花，花是什么香味？如果有路，是曲曲折折、循环往复的，还是又长又直、便于行走的？这些细节看似只是背景，但是当对梦进行全面解析时，它们的含义可能尤为重要。

如果梦的场景有多种可能的解析意

从废品场到咖啡馆：梦的场景解析实例

做梦者是一位年近三十的女性，在一个大城市里的一家房地产公司担任主管，工作负责而有挑战性。

做梦者描述自己的梦

"我做过很多关于废品场的梦，这是其中一个，我发现自己在一个废品场里，周围都是又破又旧的零件，也有新的汽车，可是无论我怎么试，它们就是不开动。这个废品场的场景让我很困惑，因为我不记得来过这样的地方。

"在梦里，我发现自己站在一长串台阶上面。它们向下通向一个后院，里面全是碎砖和废品，但是台阶本身却宽广壮丽，就像城堡里的花园台阶一样。

"我走下台阶，看到一个男人在后院里正在修一辆旧车，我问他车为什么不能开动，他说现在可以开了，他已经修好了，然后我们开着车上了高速公路，但是车开得太快了，我害怕车会散架。我们停在一个咖啡馆，可是里面没有服务人员。咖啡馆的地板上到处是旧车零件，我走进去的时候被绊倒了。"

场景解析

向下的台阶通常象征着进入个人无意识的通道。做梦者在梦里很愉快，对接下来的发现有很高的期望（壮丽的花园台阶），但是实际上台阶下面只是被遗弃的、破旧的废品，象征着过去的记忆和精神的垃圾。

但是走进去却和看到的并不完全一样。有个男人正在后院里修理汽车，这象征着无意识里的心理康复和创造活动一直都在继续，尽管我们平常并没有意识到，只要我们用正确的方式处理，看似精神垃圾也会有巨大的价值。

他告诉她已经"修好了"旧车，可能象征着做梦者的期望或野心并没有得到满足。他们一起开上高速公路，象征着逃离城市（或其他人）的限制。但是车子不受做梦者的控制，让她感到害怕。咖啡馆可能暗示着庇护所，但是即使在这里也到处是过去的碎片。这个梦里的场景变换突出的信息是，与其逃离问题不如解决问题。

义，一定要严格区分。例如，梦里的野外绿地远处有一座城镇，做梦者是因为附近有文明社会而感到安全，还是对这种人为侵入感到憎恶？如果梦里有一个洞穴，它是天气恶化时的庇护所，还是有可怕的东西藏在里面？

这种细致区分当然和做梦者的个人情况及性格高度相关。陌生的环境对某一个人可能象征着迷失或困惑，对另一个人则可能象征着出去旅行或探索的欲望。城堡可能象征着满足的安全感，也可能象征着生活态度的过度防卫。另外，还需要

注意的是，同一个人的个人情况发生变化时，对同一场景的反应在不同时间也可能不一样。

梦的场景也可能是本身看起来没有意义的地方，但是其实过去在那里发生过有重大影响或创伤的事件。通常我们对这种地方的记忆会遗忘在无意识里，在解梦的时候很难理解其中的意义。如果梦里的某个地方让你感到困惑，问问自己那里和你过去生活或度假的地方是不是有什么联系。你也可以和另一位家人描述这个场景，家人对你的童年也许有更清楚的记忆。

平时可以多训练自己思考自然风景和城市景观的象征意义，分析方法和解析物品的象征意义基本一样。高山可能象征着远大的志向或更高的精神。森林和大海都象征着深处的集体无意识，但是和海洋场景不同，森林还暗示着庇护，如果森林里的树是落叶的，还代表着季节的变化。河谷有时被解读为女性的性器官符号，因此也象征着生育和健康。

解梦时容易被忽视的一个方面是，自然风景和梦里的角色一样，可以用神话放大解析。湖在表面上象征着平静和沉思，但是在亚瑟王的神剑故事中，亚瑟王最后在湖边濒死时，把神剑扔进了湖里，湖中女妖的手从水下伸出收回了神剑，这样湖就有了更多的悲伤意味。

孩子的梦
Children's Dreams

在孩子的梦里，爸爸妈妈、兄弟姐妹、朋友们、老师们的形象都被放大了，表现出对孩子的矛盾态度——有时非常支持，有时又有攻击性。孩子们梦里的世界经常充满了不安全和变化的意象，因为他们一直都在努力适应可怕的新经历。

人类天生就会做梦，甚至在母亲子宫里的时候，我们就在做梦，出生之后的大部分时间更是一直在做梦。新生儿睡眠时间的60%都是快速眼动睡眠，正是梦最频繁的阶段，多达成人快速眼动睡眠时间的3倍。婴儿每天都要睡14个小时以上，更是大大增加了做梦的时间。

虽然我们不可能知道小婴儿梦到了什么，但是很可能他们做梦的内容大部分是由身体感知引起的，或者梦里就是关于身体的感知。出生一个月之后，视觉和听觉意象也可能开始出现在梦里。等到孩子长大会说话了，可以告诉我们他们梦到了什么，正如我们所预期的一样，他们的梦主要反映了清醒时的兴趣和感情。

美国弗吉尼亚大学的罗伯特·冯·德·卡索尔和唐娜·克莱默分析了从2岁到12岁的孩子们的数百例梦，发现从幼儿期起不同性别做的梦就不一样：女孩比男孩做的梦普遍更长，包括了更多的人，多数与衣服有关，而男孩的梦更多关于工具和物品。和成人的梦相比，动物在孩子的梦里

爆炸的卡车：孩子的梦解析实例

做梦者是一个八岁的小女孩，她和学校的老师发生了冲突。学校组织去科学博物馆游览，老师说她表现不好，她回家后做了这个梦。

做梦者描述自己的梦

"学校外面停着一辆大卡车，车斗后面有个锅炉一样的东西，老师说她觉得它快爆炸了。

"一个男人从卡车上下来，向我走过来，我很害怕，跑开了。然后我坐上了爸爸的汽车。我们开车远离那个男人，爸爸闯了一个红灯，开上了人行道，但是人行道上没有行人。然后有人过来说卡车爆炸了，爸爸说我们必须回学校，看看发生了什么。可是我不想回去。"

解析

孩子的梦一般比成人的梦更加松散和碎片化。这既因为他们的经历有限，也因为记忆缺失，或者孩子总爱把几个梦混进一个梦里。把外界的、成人的解析强加在孩子的梦上是错误的，但是我们必须帮助孩子发现其中的关联，让孩子自己得出结论。

这个女孩和老师发生了冲突，可是她不能跟家长讲。在梦里，学校外面威胁性的爆炸明显指向了老师（"老师说……"），象征着在孩子眼中老师的怒气随时可能爆发。锅炉的意象象征着老师的怒气来自去科学博物馆的游览，也可能来源于俗话说的"怒火中烧"。向她走过来的威胁性的男人，象征着她对老师的恐惧和想逃离老师的愿望。

她依靠父亲的帮助实现逃离（"然后我坐上了爸爸的汽车"），可是她也知道他只能打破成人世界的规则才能帮她：闯红灯。但是他的努力没有结果。他一听说老师的怒气（"有人说卡车爆炸了"），立刻决定他们必须回学校，也就是她发生问题的地方。这个梦意味着，她必须学会接受老师所代表和象征的成人世界。

明显出现得更多，而且吓人的动物（如狮子、大猩猩、鳄鱼）比不吓人的动物（如绵羊、蝴蝶和小鸟）出现的比例要高得多。动物意象的频繁出现既反映了孩子们的基本兴趣，也可能在某种程度上象征着他们的愿望和恐惧。冯·德·卡索尔认为，这些主题也来自孩子思想中原始的动物性，孩子更接近于未被驯化的本性。

孩子的梦比成人的梦里出现攻击行为的比率高达两倍。偶尔，孩子本人是攻击者，但是更经常的是，他们是受害者。研究显示，恐惧是孩子的梦里最常见的情绪。罗伯特·基根是美国的一位发展心理学家，他认为孩子的梦里之所以出现这种

高频率的攻击性，是因为孩子被成人要求融入社会秩序，却很难控制自己强烈的、自发的冲动。梦里的野兽或鬼怪象征着孩子内心的自觉，知道这些冲动就潜伏在行为的意识表层下面，如果放松自我控制，就会爆发出来，严重危害自己。

基根认为，孩子梦到被野兽或鬼怪活活吃掉的共同经历尤其明显，象征着在内心冲动与外界要求的巨大矛盾中，孩子害怕失去刚刚萌芽相当脆弱的自我意识。在精神分析理论中，梦里的鬼怪既象征着孩子的某些方面，也象征着家长和其他权威的成人。在小孩子的意识里，母亲和父亲既是关爱、供养的来源，又是纪律、训斥

的代表，这种矛盾性极难协调。例如，梦里出现了巫婆和狼，象征着孩子接受了家长的惩罚性角色；如果孩子在梦里攻击了这些代表家长的符号，那么象征着孩子对同一性别的家长有对抗心理，或者只是象征着孩子的愿望，希望摆脱家长在生活中的主导力。

弗洛伊德特别强调最后一点，认为孩子的梦就是愿望的满足，"没有任何要解决的问题"，"与成人的梦相比，孩子的梦相当无聊"。他认为在所谓"潜伏期"（大概从七岁到青春期），孩子会相对缺少性欲，梦里的愿望也相对简化，于是"两种生命所必需的本能的另外一种"——食欲，在梦里更加凸显。

然而，荣格的解析理论认为，孩子的梦并不只是停留在愿望和欲望层面，梦里

的鬼怪、英雄、女英雄都是孩子的无意识里已经激活的原型意象，它们不仅象征着清醒生活的某些方面，也象征着孩子对自己本性的神秘感觉。

人类学家们已经发现，在某些文化中，梦被整个社会认为对孩子的心理发展非常重要。在研究印度尼西亚特米亚族时，理查德·诺纳和基尔顿·史都华发现，每天早上孩子们都要例行讲述做过的梦，然后族里的大人们"训练"他们如何应对梦里的恐惧和挑战，在睡眠中增进孩子的心理发展。约翰·哈利法克斯研究部落对梦的态度，发现梦对萨满的生活和训练尤为重要，早从五岁开始就有助于萨满进入精神世界。

澳大利亚的萨满教文化坚定地信仰梦的创造力，孩子们从小就被教导：世界是

从"梦幻时代"中创造的。

无论孩子的梦里的意象、事件和符号是如何被理解的，可以肯定的是，梦对孩子的心理发展至关重要，并对孩子未来的人生也有很大影响。

已经成人的我们，也许不再像孩子一样做梦那么密集或者频繁，但是童年时期做过的梦也可能会不时重现，让现在的我们大吃一惊。

帮助孩子解决噩梦

永远不要对孩子说，噩梦"只是一个梦"，最重要的一点就是不要轻视任何梦里的内容。和孩子讨论做过的梦，倾听孩子在梦里的恐惧，温柔地安抚然后解释说，梦里出现的怪兽不是真的要吓唬人。帮助孩子创造一个梦里的帮手，可以驯服梦里的怪兽或者打败它们。

1. 和孩子讨论想让谁当梦里的帮手，可以是童话里或者最喜欢的书里的角色，以前在梦里出现过的人物，或者也可能是一个动物。

2. 让孩子描述这个帮手，长什么样子，有什么本领，怎么赶走或者驯化噩梦里的怪兽。

3. 现在让孩子想象自己回到了梦里，召唤梦里的帮手出现。他们可以用想象力召唤帮手，让帮手把梦里的恶魔赶走。在整个过程中一直和孩子说话，不断让孩子相信，下次睡着之后梦里就会是这样。

帮助孩子学习做梦

在孩子慢慢长大的过程中，会经历一系列发展阶段，每一个阶段都需要不同的、专门的学习方法。一定要抓住当时的机会，因为长大了就更难掌握了。做梦的能力就是一个明显的例子。如果我们鼓励孩子从小就记录并关注自己的梦，思想开放的孩子很快就会学会，长大之后就能避免很多问题。

孩子和大人的方法基本一样——写梦的日记，创造梦里的帮手，等等。家长们，或者孩子身边亲近的其他大人，都可以按下面的方法指导他们。

· 邀请孩子把做过的梦告诉你，一定要用心倾听。孩子总是向生活中有影响的大人学习。

· 尽量不要说孩子做的梦很"傻"，应该不断强调，他们的梦和对梦的感觉真的很重要。

· 自信地向孩子说明，他们能够影响自己的梦。这种能力建立在确信能够做到的信心之上，不要在年幼的头脑里种下任何怀疑；同时也要避免让孩子认为，一定可以做清醒梦。

· 给孩子讲你自己的梦，前提是你的梦不要令人不安！他们爱听别人的梦，如果你和孩子从小养成彼此交换梦的习惯，他们肯定认为这是一种好玩又有趣的游戏。

· 不要过度解读孩子的梦。让他们享受做梦，而不是担心梦会暴露自己不了解的某些方面。但是，你可以说明梦里的事情可能象征着别的事情。可以问下面的问题："你认为象征着什么？"或者"你认为有什么意义？"

· 如果孩子真的有兴趣学习解梦，可以用童话来进行放大解析，童话和神话、传说一样有共通的原型意义。例如，灰姑娘的故事证明善最终可以战胜恶，以及神力赐予的变形能力。杰克与魔豆的故事说明，一颗纯净的心会带来比物质更多的收获，以及勇气的价值和智慧的力量。

梦 的 方 法

Working With Dreams

为了全面体验丰富多彩、富有启发的梦生活，我们需要学习一些方法。首先，最基本的技巧是不要让梦湮没在沉睡中，第二天起来就忘了，有很多方法可以提高你对梦的记忆力。其次，学会写梦的日记，不仅要做完梦后立即写下来，而且要记录你的解析。最后，本章还提供了一些实用的技巧，帮助你引发梦，如果幸运的话，你甚至可以梦到自己选定的具体主题。

记忆方法

The Art of Recall

    学习梦的方法的第一阶段就是记忆方法。有些人说从来记不住做过的梦，有些人甚至否认自己做过梦。但是，经过练习之后，只要用正确的方法，每天早上你都能记住不止一个梦。

    首先，一定要有正面的态度。

    对梦的记忆是一种可以培养的习惯。最好的方法是在白天不断告诉自己，你一定会记住今天晚上做的梦，然后第二天早上醒来后，在床上静躺一会儿，把意识集中在记忆里的梦，任何意象、想法、情感都可以。顺着这些线索继续冥想，也许就能想起来整个梦。

    写梦的日记也是一个好习惯，可以让你对自己的梦生活有详尽而持续的了解。写下来（或画下来）你记得的梦里的一切，无论是主题还是细节，并且记下梦里产生的任何情感或联想。在白天回想前一晚的梦，即使具体细节已经淡忘了，也可以试着重温梦里产生的感情。重读你的日记，

耐心培养自己的记忆：你可能需要几周或数月才能习惯性地记住梦，但是只要坚持迟早都会成功。为了加速这个过程，你可以偶尔设置一个闹钟，在入睡后两个小时把你叫醒：这是一个马上醒来的好时机，因为你刚刚经历过第一个充满梦的快速眼动睡眠期。

    有些研究者建议做梦者至少要收集自己的一百个梦之后才能开始解梦，因为经过一段时间之后梦里的共同主题才会连贯出现。晚上的梦一般与白天的事件有所联系，但是请记住，梦选择这些事件是有原因的，可能在利用这些事件象征更深的含义。注意这些事件有没有特别的意义，有没有触发什么过去的回忆。梦里出现过去

的回忆，是在试图用象征性的语言，让你注意某些被长期遗忘的经历。

对梦的记忆力难以解释。科学实验证明，做梦者在梦刚刚结束的时候被叫醒，能够记住梦里大概 80% 的事件。仅仅过了八分钟之后，对梦的记忆就下降到约 30%。再过一段时间，做梦者只会记得 5%，甚至把梦全部忘记了。

每个人都会做梦，但不是每个人都知道自己会做梦。只有提高对梦的记忆力，我们才能开始了解自己全部的梦生活，在和梦的互动中增进对自我的理解。

我们对梦的记忆和对现实的记忆有着明显的区别。为了记住现实，我们必须运用记忆力；但是要记住梦，我们必须放松记忆力的理性运作，才能接受梦中世界的奇怪特点——不合理性、叙事的不连贯性甚至涉及道德禁忌。

学习对梦的记忆，最关键的是主观上想要记住梦。我们的意识有自动防御机制，会屏蔽糟糕的或痛苦的记忆。虽然我们不会故意篡改做过的梦，但是大脑的记忆过程本身会审查，于是我们无意中就扭曲了对梦的记忆。正如弗洛伊德所说，对梦的遗忘是自我的消极防御。只要我们训练自己的大脑，对梦保持正面的态度，无

论梦里的经历多么奇怪，都用自我发现的精神勇于接受，就能够回忆起其中的某些内容。

还有一种可能性，我们已经被预设为把梦排除在意识之外，因为我们的心理机制阻碍了对梦的记忆。压抑是一种心理防御机制，其作用就是缓冲太过痛苦或不安的记忆、欲望或恐惧，不让它们进入我们的意识。这些内容可能关于童年或青少年时期的创伤，或者被公认为不好或不讨人喜欢的想法或行为。也可能关于不被社会接受的冲动，比如性欲；或者不切实际的心向或希望，我们曾经对它们满心幻想，

记忆力训练

对现实的记忆和对梦的记忆是完全不同的过程。但是，清醒时的记忆力得到了提高，对梦的记忆力也会受益。下面的一些训练方法可以帮助你提高记忆力。

房间的变化

仔细观察你房间里的一切物品，然后出去。让你的朋友把房间做一点改变，可以变化一下某个装饰品或小家具的位置，或者放进某个新物品，例如一盘水果或一个花瓶。然后你回到房间，试着指出这些变化。经过长期训练，你就能发现最细微的不同之处。

记忆的房子

训练你自己记住购物清单，而不是把它们写下来。有一种历史悠久的记忆训练方法，在古希腊和古罗马时代就有记载。假设你有十件物品需要购买，方法就是从前门开始，绕着你的房子走一圈，一路上设置十个步骤或者房间。如果你的房子里没有足够的房间，也可以用花园里的景观代替，例如，花棚、凉亭、假山、肥料堆等。把十个步骤固定在脑子里，一定要按

某种逻辑顺序。然后回顾你的购物清单，把每一件物品依次对应一个步骤或房间，想象每一件物品的对应位置。可以用超现实联想，把每件物品和房子的对应部分清楚地联系起来。例如，你设置的第一个步骤是前门，待买的第一件物品是牙膏，可以想象用信箱盖当镜子刷牙。继续用这种方法，把每一件物品在想象中放在房子的某个部分。然后，到了商店里，需要想起购物清单时，想象你自己走过记忆的房子，依次经过设置的十个步骤。在每一个步骤，问问自己在这里放了什么待买的物品。这样你的记忆就会汹涌而出。

虽然我们不能直接用这样的记忆训练方法（更多的训练方法可以参考世界记忆大师多米尼克·奥布莱恩的著作）来记住梦，但是对梦的记忆力也会受益。这样的训练让你的记忆力保持灵活和强壮，并且能够不断增强你的记忆力，就像体育锻炼增强身体机能一样。

现在却不得不承认它们永远不会实现。

这些个人隐私的主题在清醒时被意识排除或压抑了，于是就会出现在我们的梦里。如果我们能够直面梦里的经历，我们就能从中有所收获。大部分并不像看起来那样有害，其实只是自然的人性（只是我们小时候没有形成自己的观念时，被别人错误地贴上了不好的标签）；小部分真正有害的内容也需要了解，然后让它们平息下来。

捕获对梦的记忆就像钓鱼一样，需要尽量保持平静和耐心。最好的渔夫拿着鱼竿保持完全静止，但是他们一直在敏锐观察，一有鱼上钩马上就收竿。我们就是捕梦的渔夫，当一个梦进入意识时，必须很快把它钓起来放进记忆，否则它就会掉进无意识的昏暗深渊。

在床边固定放一本梦的日记可以帮助你对梦的记忆。如果，有一天早上，你发现做过的梦特别生动，试着弄明白为什么会这样：有什么变化引起了这种结果？比如，枕头变软了，卧室的温度变化了，入睡的时间有变动，等等。经过这样的反复实验，你就会发现最适合做梦的理想条件。

既然梦是增进自我了解的一种通道，为什么我们会忘记它们呢？几乎可以肯定的是，日常生活的紧张和压力，我们一醒来焦虑就会涌入意识，减弱了我们对梦的记忆。印度教和佛教的大师在睡眠中享受

完全清醒的意识，就能轻松地记住全部的梦。这种记忆力来源于他们在冥想中获得的专注力。同样地，如果我们学会把不必要的紧张清出意识，我们也能在一定程度上增强对内心世界的自觉。

也有理论认为我们觉醒的方式让梦的记忆在醒前（昏睡）阶段逐渐消逝了。或者我们睡眠的时间太长了，有梦的睡眠阶段被夹在了沉睡期之间。

也许我们忘记梦的主要原因是没有把梦当作值得关注的对象。与其他文化和时代相比，现代西方社会并不承认梦的力量。很难想象拉普兰的驯鹿牧民或者科萨的部落成员会说自己从来不做梦，或者总是忘记做过的梦。他们从童年起就知道梦的重要性，把梦当作通往精神世界的道路。然而，大多数西方人从小受到的教育

源于童年的梦

源于童年的梦总是非常难忘，因为它们根深蒂固又令人不安。有时候这种梦还会驱除其他印象不这么深刻的梦，长期困扰我们的意识，直到我们用正确的解析消除它们。这位做梦者是一位女运动员，一心专注于成功的职业生涯，却不善于处理恋爱关系和社会关系。

做梦者描述自己的梦

"炎热的夏天，我站在一条大路上，路通向遥远的地平线。炙热的太阳烤着我的脖子后面。我看到有人从远处跑过来，用恐怖的慢动作离我越来越近。但是我的双脚被困在了原地，一切突然变得寒冷彻骨。然后不知怎么的，我骑在了马背上，但是那匹马只顾吃草根本不跑。我夹紧了双脚，可是它们陷进了马的身体里，有什么可怕的东西流了出来。突然，我开始追赶什么人，决心要赶上他们给他们点教训，因为他们总是让我做这个噩梦。我不知道追的是男人还是女人，我跑进了一个长长的、天花板很高的走廊，两边都是高大的、布满尘土的窗户。那个人跑进了走廊末端的一个房间，我想着'现在我要抓住你了'；

我跑进了那个房间，门突然在我身后关上并上锁了，那个人转过脸来，发出胜利的尖叫。我惊醒过来，一身冷汗，全身发抖。"

解析

这个梦从童年起就困扰着做梦者，是一个奇怪而"真实"的噩梦。一般这种噩梦开始都是有人用恐怖的慢动作越来越近。作为一个运动员，做梦者通常用比对方跑得快来"解决"问题，但是在梦里她的双脚动不了。她自己解析认为，这代表着她在人际关系中的无力感。马象征着她的情感力量，阻止她形成稳定的恋爱关系，只有"可怕的东西"出现。马或走廊象征着她的情感障碍：高高的窗户阻止她从更广的角度看到自己的生活。最后，被关进房间的幽闭恐惧意味着"我把自己带进了这个困境；我才是自己最大的敌人"。

是，梦没有真正的作用，不用严肃对待。

梦把某些信息从睡眠中的无意识传达给清醒后的意识，这是一个非常复杂的过程。如果我们在主观上否认梦的价值，这种过程轻易就会被干扰。但是，一旦我们开始主动想记住梦，我们就在成功的路上。

放松的态度加上猎人般的警觉，不仅可以扭转梦的遗忘，而且可以促进更好的睡眠和更平静的梦，甚至可以做清醒梦。想想你对做梦的真实感觉，试着排除任何负面的联想，比如童年噩梦的纠缠。对做梦这件事的负面态度本身就会阻碍梦的记忆。另外，你之所以忘记了做过的梦，也许有更深层的无意识原因。可能你害怕不愉快的梦，可能你感觉沉迷于梦太放纵自己了，可能你认为对梦的关注会影响清醒的生活，等等。

告诉自己做梦是有益的，你会开始记住做过的梦；努力欢迎在梦里发现的任何自我认知，相信梦的力量会帮你成为更满足和更实际的人。这样自信的自我肯定，晚上入睡前效果最好。如果我们的意识里有任何怀疑，无意识都会马上感知到，并常常会对这种不确定产生反应。因此，请真诚地相信你会记住自己的梦，这样你会发现对梦的记忆会变得准确得多。

在生理层面上，试着睡在更硬的床上，或者睡在不同的房间里，或者改变你的床的位置，长期习惯的舒适环境会减弱我们的警觉，做一些小的改变可能会刺激梦的记忆。

创造性想象尤其可以提高你对梦的记忆。上床睡觉之前，先在卧室的椅子上坐一会儿，清除你脑子里纷乱的思绪。然后集中精力想象第二天早上醒来的过程。想象生动的细节画面：光亮进入你的眼睑，你第一眼看到什么，床单或羽绒被的触感，你正常经历的一切感觉。在这样的画面中，你想起了做过的梦。肯定地告诉自己你会做梦，你一定会记住做过的梦。第二天早上醒来时，在脑子里赞赏你的无意识真的做到了。大脑特别会响应这种自信与称赞。

写梦的日记

Keeping a Dream Diary

梦的日记是公认的自我探索的一种体裁。很多伟大的作家都在床头常备笔记本，写下所记得的前一天晚上梦里的探险，还可以在日记里加上图画和解梦笔记，这样你就拥有了内心自我的迷人记录。

无论你用什么方法帮助对梦的记忆，写梦的日记都是必不可少的。在枕边常备一支笔和一个笔记本，每天早上醒来后立刻写下前一晚的梦。尽量保持睡眠的姿势——即使翻个身也可能影响对梦的记忆。不要延迟写日记的时间：即使最生动的梦也会很快淡忘或者在细节上失真。

如何写梦的日记有多种不同的方法。有些作家建议按照事件、人物、颜色、情感分栏，但是在回忆过程中分类也可能会丢失某些记忆。最好的方法就是简单的开放式。使用中等大小的笔记本，不要用袖珍型的小本，因为你要在对开的双页上写下所有内容，这样的排版更利于你思考整个梦并写下最初的想法。你可以在左边的一页写下做过的梦，在右边的一页写解析、评论或以后的分析，也可以画下梦里的画面。

请注意每一次记录一定要写下日期，并且写下尽可能多的细节，有时看起来最不起眼的细节反而含义最深。用现在时写日记：在记录的过程中试着再次体验梦境，仔细记下你的感受。下一页是一个典型的范例。

十月八日，星期一

梦里有丰富的、鲜艳的颜色，醒来时感到挫败甚至生气

我在一个玩具店里，周围都是陈旧的玩具。我选了一盒穿着红色制服的木头士兵，但是我去收款台付钱时，店主说这盒"士兵"是非卖品。我看不清他的表情，可我注意到他穿着带三角翼领的黑色礼服。他不给我"士兵"，让我去书架上选一本书，我之前没看到店里有一个大书架。我觉得很失望，随便拿了一本书翻看。书里都是画，其中有一页画的正是一盒木头"士兵"。我被惹恼了，因为那个男人戏弄了我，他甚至都没有跟我问好。

解梦笔记：

这个梦是关于童年吗？总是想让爸爸妈妈买更多的玩具？为什么是陈旧的场景呢？像是维多利亚时代的玩具博物馆。是不是关于祖父母？他们过去总是希望我一直在学习，每逢生日或圣诞节总是送我一本书，通常都是不合时宜的书。或者是因为莎拉[做梦者的妻子]总说我应该多读些书？玩具店的店主象征着什么？有什么关联？

梦的速写册

也许你会说自己没有任何艺术天分，但是画速写比写日记更加能够抓住梦里的气氛。无论如何，从睡眠中醒来之后立刻写日记，你需要先调整一下思想，这种调整本身有时就会造成你和梦之间的隔阂，这取决于你的写作够不够自然。有些人发现，给梦画速写就不会造成梦中经历的遗失。

· 即使在梦的日记本上草草乱画，也有利于你记录和记忆做过的梦。但是，为了更详细地描绘你的梦境，最好还是准备另外一本梦的速写册。

· 给梦画速写时艺术能力并不重要：重要的是你真的试图描绘梦里的感受和氛围。在画速写的过程中，也许会刺激你想起更多梦里的细节。

· 简化你的速写，只要能示意即可。例如，梦里的人可以处理成线条画小人，通常衣服比人有更重要的特征，衣服并不难画。动物也用线条画。树和火车等常见的事物也很容易画。不要担心你画的角度对不对，但是一定要注意画的大小，梦里一个人比另一个人大，可能因为他或她在生活中更让你忧虑。如果梦里有人说话，加上对话框把说过的话写下来，就像漫画里一样。

· 最后画出来的速写可能看起来像孩子的涂鸦。不用因此而不好意思：要知道孩子比我们更接近无意识的内心生活，因为他们还没有经过长时间的文化包装。

· 如果你不想用简单的图画写意，也可以试着用图表总结你的梦。把最重要或最特别的内容放在一页的中心，然后把其他次要的符号画在周围。用箭头表示进度或过程。把图表作为一个整体思考，是有助于解梦的一个起点。

如何引发梦
How to Encourage Dreams

　　每个人都能做充满了想象力、生动而清晰的梦。如果梦境看似荒芜，我们有很多方法可以让它开花结果。尝试在卧室里做一些调整，比如改变家具的位置或设置不同的温度，再加上创造性想象，我们的梦生活就会变得出奇的丰富。最后，我们甚至可以学会通过自我暗示，引导无意识进入我们自己选定的梦境。

　　睡眠的环境对于你是否做梦至关重要。睡前避免喝酒或受其他刺激，但热饮有助于入睡，例如热可可，如果你喜欢的话。请保证卧室里的环境舒适宜人，还可以摆放对你有私人意义的物品（装饰品、相片、纪念品等）。如果你还是觉得很难做梦，可以改变卧室的布局，或者睡在不同的位置。

　　梦主要是视觉体验，只有培养视觉想象的能力，才能充分发挥梦的启发潜能。对很多人来说，这种能力在童年时已经丧失，现在需要重新发现。我们以为自己能够洞察整个世界，但是其实很多人都做不到：我们只是用一半的注意力看到了世界

的表面，靠习惯和惯性应付日常生活。

　　视觉想象的初步练习是集中注意力，注视某一个物品或场景，不要眨眼。然后闭上眼睛，刚才的画面还留在脑子里，尽量记住尽可能多的细节，在想象中仔细观察脑子里的画面。如果你发现画面很模糊，睁开眼睛提醒自己各个细节，然后闭上眼睛再次尝试。如果你觉得这个练习很难，可以先选择一个简单的物品，比如一根点燃的蜡烛，等你掌握了基本的技巧之后，再逐渐过渡到更加复杂的想象。用这种方式锻炼我们的意识后，在睡前多做想象练习，可以让我们的无意识梦到特定的画面或主题。我们入睡后，这些睡前难忘的画

面会自动出现。

为了引发某一个特定的梦，你需要更加仔细地想象相关提示，房子的构造、某处风景、爱人的脸等。你甚至可以在床边摆放有提示意义的实体物品。例如，我们想用想象的方法梦到远方的某个人，可以在床边摆上那个人的相片，或者你们一起用过的某些物品，比如戒指、围巾、象棋、相机、书、剧场的节目单，这些物品都有助于引发你想要的梦。

冥想用于锻炼专注力和适应力，让大脑放空"泄露无意识"。冥想有助于我们做更有意义、发人深省的梦，也有利于更加生动的梦的记忆。而且，深度冥想状态甚至能引发清醒梦。

人体在深度冥想中和在睡眠中的状态相似：呼吸放缓，脉搏变慢，耗氧量下降，脑电波更加规律。这种放空状态免于刺激，能够产生创造性想象。甚至可能产生幻象，类似于睡前幻觉。在快速眼动睡眠中，大脑在生动地做梦，而身体是静止的，这也是冥想的特点。有些冥想大师不是在睡眠，而是在深度冥想。

冥想让大脑放空，超脱了当下生活。如果你以前没有冥想过，可以先从基础的呼吸冥想开始。在一个安静的房间里，盘腿坐下。放松你的身体，依次先紧张再放松每一块肌肉，从脚趾开始一路向上。专注于呼吸，把注意力放在鼻孔上，体会空

气吸入呼出的感觉。如果你的注意力游移，可以在脑子里默数，一二一二一二，一是吸二是呼。如果你的注意力还是不集中，也不要担心，只要每天练习，你的自制力会越来越强。

还有很多其他方法可以帮助你集中注意力达到冥想状态。你可以反复吟诵一个字或词（曼荼罗），这种念咒本身并无明显的意义。或者你也可以背诵一句诗句或祷文，或者想象一个图形，比如东方宗教中用以代表宇宙的圆形图曼荼罗。真正的曼荼罗只有专业的冥想者才能使用，普通人无法领会其中的象征意义。但是，你冥想时也可以借用这种几何图形，即使相当复杂。不用担心不懂其中的象征意义，只要把这个图形放进大脑，固定在那里，把眼睛睁开。这种微妙的过程有助于打开你的精神，更易于接受梦里的经历。

具体到个人，你也可以用梦里出现过的一个图像来冥想，这样你就可能梦到这个图像所代表的含义。

关于梦的记忆方法，我们已经提到过一种极有价值的方法——"创造性想象"，这种方法的理念是为我们的希望和愿望赋予想象中的视觉图像，我们就真的可能让它们实现。在呼吸冥想中，你可以想象意识中的自我脱离了你的身体，走到你对面的椅子上坐下。然后这个意识中的自我又走进了无意识的空间，打开了通往梦境的大门，它在那里自由探索。你一直在

象牙之门与牛角之门

古希腊人相信神通过牛角之门传送真正有意义的梦，通过象牙之门传送不太有意义的梦。在入睡之前，做梦者会向选定的某一位神请求赐予自己想要的梦。你也可以用类似的方法，用希腊的神象征你的精神力量。在脑子里想象牛角之门，选定某一位神，比如艺术之神阿波罗或爱情之神阿芙洛狄忒。想象这位神会赐予你想要的梦，在梦里你获得了创造性的智慧、内心的和谐与幸福。

控制幻象中的自我的行动，让它有所发现。很有可能这种控制被自动吸收进了梦里，于是你能够有意识地选择今晚要做什么梦，并且非常确信这个梦一定会发生。

接近无意识

你逐渐学会如何做梦，探索梦里的符号和原型，不断发现内心的自我，在这个过程中，无意识在某种意义上变成了你的同伴。它既是你研究的对象也是你研究的同盟。你的目标就是劝导它在丰富的梦里揭示有益的自知。

然而，首先你必须明白，无意识有它自己的运作方式，和意识的运作方式

完全不同。意识总是理性的、逻辑性的、直线型的；它寻求规律和联系，行为一致又可预见，主要用语言进行思考，随时检验自己的成果。但是，无意识的运作却非常难以控制。它既顽固又任性，行为方式既不一致又不可预见。有时候它就是执意不肯合作：我们都有过这样的经验，理智想让焦虑平息下来，可情感却继续忧虑，这就是无意识的作用。

不要不切实际地期望无意识会用明智的顺从态度回应我们。即使我们坚定地努力了很长时间，它很可能还是不肯揭示任何自知，甚至根本不让我们做梦，只有在我们最不期望的时候，才会奖赏给我们一直寻求的结果。因此，请一定要有耐心，并且不要动摇你的信念，相信无意识迟早会有所表现。

尽管如此，无意识和意识一样，对称赞会积极响应。你必须和它做朋友，让它知道你有多么重视它。如果它给了你想要的梦，一定要由衷地口头称赞它；如果你的梦生活有了任何改善，一定要真心感谢它，并反问它需要你提供什么帮助，然后静静等待它的答案。

不要觉得这些做法只是空想，长此以往终会有效果，帮助你实现自我整合，让你在心理上受益良多，并且提高你的梦生活质量。

接近无意识的最佳方法就是简单重复。给它下指令时，清清楚楚毫不含糊，比如"我要记住做过的梦"，或者"我要梦到工作的变化"，甚至"我要在梦里飞翔"。在白天反复重复这些肯定的指示。

到了晚上，睡前可以听音乐，能够激发你感情上的共鸣，或者烘托你想要的梦里的气氛；也可以读浪漫或神秘的诗，想象诗中的意象和比喻。在你听音乐和读诗的同时，大脑正在吸收这些印象。一定要抵抗住意识的诱惑，不要把这些印象具化成语言或者理智的直线想法。

引发创作梦

很多作家、画家、音乐家都把梦当作灵感的来源。这大概是某种自我实现的过程。梦产生了兴奋感，"想"把自己变成艺术，于是无意识响应了，提供了丰富的创作宝库。创作梦好像给了无意识一个新的游乐场，当然它会选择回到这里。

萨满的求梦仪式

萨满用仪式求梦，是为了从精神世界获得重要的信息，以此来治疗病患，引导猎人寻找猎物，预知部落的命运，等等。在他们的帐篷或棚屋里，或者就在外面的空地上，萨满举行特别的求梦仪式，从现实世界转入精神世界。设计你自己的新萨满仪式，是加深你和无意识的关系的一种好方法。

· 焚香是一种安全实用、令人愉悦的方式，所产生的烟雾对人体无害，这种仪式有助于引发创造性想象。点燃一支香，连续致敬指南针的四个方向，分别代表了世界的四个元素：东代表气，南代表火，西代表水，北代表土。再把香向上敬天（在萨满传统中，天代表万物之父），向下敬地（地代表万物之母）。

· 在这些动作的每一步，设计你自己的想象和语言，请求梦来自四方和天地。

沉思文学作品中的原型主题也有助于梦生活，比如济慈在一诗作中所描述的欲望与沉迷的传说故事。

你可以把无意识想成精神生活的源泉，把意识想成一层透明膜，在学习和经验中过滤了无意识。意识慢慢变得越来越僵化越来越坚硬，无意识的能量完全被阻挡在了认知之下。

但是，无意识和意识也可以协调一致，只要我们发挥简单的想象。把意识想象成古板而严格的看门人，无意识一直试图进入，但是意识死死关着门。现在想象意识打开了门，欢迎无意识进来，二者像是长时间没见面的兄弟或姐妹，一致同意有很多东西需要向对方学习。你非常确定，从现在开始，二者将会和谐共处。

梦里的灵感也有助于我们完成创作活动的主要任务。摆弄我们的想法，看它们合不合适，重新安排它们直至成为连贯的整体。

梦的视野：一个寓言

想象你去戏院看戏，但是被带到了一个糟糕的座位上，离舞台很远，前面还有一个柱子。你的视野很狭窄，只能看到台上的片段，你发现自己看不懂这出戏。下一周你又去了同一个戏院。这一次演的戏不一样了，但是你的座位还是一样。你又去了一次那个戏院，也许之前你只是碰巧不走运。但是又一次你很失望。你想放弃了，发誓再也不去那个戏院了。

然而，经常去那个戏院的人们也看了同一出戏，他们的视野比较好，他们坚持认为那里值得去，告诉你他们看到的多么美妙和有趣。

如果你遵循了这一章里的建议，你已经为自己在晚上的睡眠戏院赢得了一个理想座位。你正对梦的舞台，随时会有重大发现。

消除精神之墙

在睡眠中，我们希望在梦里自由穿梭于无意识的内心世界。下面的想象方法基于东西方传统中历史悠久的技巧，可以在清醒时打开自我，通向畅通无阻的创造梦境。

1. 想象你自己在一座石塔里，从一扇窗户向外望去。你看到两片不同的地带，中间是一堵高墙。一半是熟悉的现实世界。另一半是梦的世界，在那里自然法则和逻辑规则都失效了。

2. 想象你的精神力量在墙上打开一个缺口，就像暴风雨打破了墙一样。通过这个缺口，梦的世界的原子和分子开始进入现实世界。梦的能量入侵了。

3. 现在想象两个世界之间的高墙全部消除了。你看到了一整片原野，充满了奇妙与惊奇。你虽然在塔里面，但你可以欣赏外面的景色。

分享梦
Dream Sharing

　　梦是一种非常私人的体验，你需要一定的胆量，才能诚实地和别人讨论梦的象征意义。但是，这种努力是值得的。解梦时只要有别人在场，就能促使你有惊人的发现。如果别人善于解梦，还可以让你的梦暴露出更多的意义。

　　我们大多数人都曾经和别人说起过自己的梦。这种分享背后的动机有很多可能：我们可能只是想娱乐别人；或者我们觉得梦里的经历可能有什么意义，因此向别人寻求一种新的解析角度；或者其实我们已经有了自己的解析，最后只是希望得到别人的肯定。然而，这种梦的分享还有一种更基本的作用，就是让我们更真实地理解梦里究竟发生了什么：我们向别人描述自己的梦时，需要尽可能准确地再次体验梦里的一切。

　　和朋友或伴侣分享梦，会让我们的内心世界打开全新的视角，因为我们向别人转述时自己也在听这个梦。在对话的过程中，我们自己的观点结合了朋友的观点，会把梦的意义带向之前没想到的方向。做梦后最好尽快和别人分享，这时梦里的感知和内心的情绪还很生动。努力养成这样的习惯，把你的梦当作最新的新闻，刚刚出炉的想象新闻，类似于你昨天晚上的见闻，只是你的梦更加私人。

　　当你听朋友讲述自己的梦时，请注意这种分享的深刻与敏感。即使朋友是玩笑的口吻，真正的动机也许是想进行亲密的对话，或者有什么烦恼想让你提供建议。反过来，如果你是讲述者，不要试图用玩笑掩饰对话，你才能得到关切体贴的反应。

　　你的梦是你的生活中极其私人的部分，因此你应该三思而后行，不要用它娱

乐泛泛之交。弗洛伊德经过长期观察，发现病人在精神分析时会修改自己的梦，他把这个过程称作"二次加工"，即做梦者在回忆梦时总是有所歪曲，让梦听起来更加连贯一致，为喷涌而出的无意识强加一种伪造的秩序。

在准备分享梦之前，双方都应该承诺，一定要绝对诚实。请保证你的梦是原本的样子，即使听起来凌乱不堪。不要抹去任何瑕疵，也不要用清醒时的想象力弥补梦里逻辑上的缺陷。

首先，讲述你的梦，回想起来的越多越好。然后，讨论你对这个梦及场景的情感反应。你在梦里的行为和清醒时的行为有何不同？如果梦没有结束，你希望它怎样完结？如果梦的某些部分让你不满意，你希望怎么改进？最后，你可以从梦里最明显的意象和事件开始进行直接联想，双方也可以一起讨论展开全面解析。

在听别人的梦时，最重要的是帮助做梦者尽可能完整地回忆梦。用开放式的问题，比如："你对这个事件或人物有什么感觉？"或者："你希望这个梦怎么结束？"，帮助对方进行解析。你可以自由表达你的想法，但要一直用问问题的方式。例如："我认为这个梦象征着什么什么，你觉得对吗？"永远不要忘记这是别人的梦，最终只有本人才有权解析。

在梦里会面

Dream Meetings

事先安排和一个朋友在梦里会面，这个想法可能让你觉得极为不真实或超现实。确实，只有在好莱坞科幻电影里才能看到这个概念。但是，有高度自知和精神控制力的人们发现，在梦里会面完全可行，只要他们尽力做足准备。

检验对梦的控制力的一种方式就是安排某人在梦里会面，并且和对方共享同一个梦。这种想法听起来极其不可能，但是情感上很亲近的人们确实会做相似的梦。这可能是因为他们在清醒时共享了很多共同的经历，于是做梦时也有共同的主题，虽然有时候共享的梦的内容出人意料，但是对比具体细节可以彼此证实。

有些西方神秘主义和东方精神传统主动鼓励信徒们共享梦境，作为发现真实本性的过程的一部分。虽然梦体在梦的世界里通常漫无目的地游荡，没有方向也没有目标，但是这也不是不可改变的。有效地控制梦体的一种方法就是给它明确的任务，比如在梦里会见一位朋友。

奥利弗·福克斯是英国的一位研究者兼作家，他和两位朋友一起约好在梦里会面，地点定在村中心的草地上。当天晚上福克斯梦到会见了其中一位朋友，却没有见到另外一位朋友。第二天出现在梦里的那位朋友讲述说，他也做了一个相似的梦，而在梦里缺席的另一位朋友根本没有做梦。

这种共享梦境需要坚持练习，即使一开始很难成功。如果你真的成功了，和你的共享者一起讨论彼此梦里的相同和不同之处，你们都能享受到无穷乐趣。

安排在梦里会面

这个练习需要和伴侣、好友或亲戚合作，对方也要感兴趣，无论结果是否成功都可以接受。比起普通的泛泛之交，感情亲密的人们更可能成功完成这个任务。

1. 提前一段时间计划和准备在梦里会面。约定一个晚上，提前至少一周开始计划，这样你的无意识才有时间适应这个想法，甚至认为这个计划理所当然。

2. 一起决定一个会面的地点，这个地点要让双方都感到愉悦，但又不能有过强的情感联系。花些时间"了解"彼此，讨论选定的地点，谈论共享的回忆，享受共鸣的感觉。多安排几次这样的交谈，既可以双方见面，也可以通过电话。

3. 当双方都感觉对了的时候，一起想象在梦里会面的画面。互相描述会面的场景；在听对方说的时候，自己在想象中进入那个场景，补充一些细节，告诉对方自己看到了什么。这一阶段的准备不能用电话，需要双方见面放松交谈。

4. 经过几轮上面的准备阶段后，最后决定在当天晚上的某个时间，双方在梦里约定的地点会面。把会面的安排描述得非常详细，在脑子里尽量经常排练，特别是睡前。如果你的搭档就睡在身边，和对方亲密拥抱后说"晚安""一会儿梦里见"。如果不在身边，入睡之前和对方通电话说再见。

5. 第二天早上醒来后，一定要第一时间告诉对方自己做的梦。仔细对比彼此的梦，看看有没有什么相似之处。

6. 耐心些，这样的练习需要多次尝试才能成功。失败主义和怀疑主义都是主要的障碍。

解梦方法
The Art of Interpretation

本书中的解梦名录广泛适用于各种梦的解析。在使用之前，请先阅读本章内容，了解解梦的基本原则。解梦并没有固定的规则，但有些方法对很多人都奏效。

"只要得到正确解析，[梦里的]意象会告诉我们，真实的我们并不是我们自以为的样子。还会告诉我们，我们对别人的真实影响并不是我们自认为的影响。"

——蒙塔古·厄尔曼

梦是无意识与意识之间的对话，这两个精神层次所说的语言有着微妙的差异。尽管意识可能认为自己听懂了无意识在梦里所说的话，但是就像缺乏经验的译者一样，其实并不明白真正的意思。

虽然梦的语言在某些方面对所有人都是一致的，但是我们每个人都有自己的个人习性，不能统一使用教条主义的解梦字典，解梦字典给每一种梦断定某一种意义，没有其他选择。来自个人无意识的梦（第二层梦）尤其会使用个人意象与联想，只是关于做梦者自己的生活历史和主观的内心世界。

正确的解梦方法是学习一些基本技巧，然后特别研究你自己的梦，解开其中蕴含的个人信息。别人也可以对你的梦的意义提出建议，但是只有你能体验你自己的内心世界，你有权最终决定无意识所传达的信息。

解梦的最佳方法是关注梦的日记里反复出现的主题。无论分析这些主题梦还是更加鲜明的个人梦，首先要把梦里的内容分为五个类别：场景、物品、人物、事件、颜色、情感等。在分类过程中不用太严格：这些类别可能有所重叠，你的记忆也可能模糊不清。但是不要忽视看似不起眼的细节，这些细节里面可能蕴含了最多的意义。

从这些类别中选出一种你认为最有意义的，然后从中选取一个解析对象，开始进行荣格的直接联想。把这个对象写在一张纸的中央，或者写在日记本的一页中央，围绕着这个对象写下你联想到的所有意象和想法。最后一定要回到原始对象上。尽量保证每一次联想都很具体：如果梦里出现了一辆红色的汽车，可能红色比车本身更有象征意义。当你结束第一轮联想之

后，把这张纸放到一边，继续选择下一个你想解析的对象，以此类推，直到所有类别都被涵盖。

荣格建议，进行直接联想最容易的方法是，做梦者想象自己正在对从来没见过这个对象的人解释它是什么。他还提倡详尽阐述每一次直接联想，看看有没有激起做梦者对原始对象的任何个人反应或回应。

如果做梦者对解析对象几乎没有联想，这个梦就是第一层梦，基本或根本没有象征意义，只是真实表现了生活中某件事的意义，至多是为解决现实中的问题提

解梦窍门

下面的这些方法并不全面，只是一些指引或窍门，可以提升成功解梦的概率。新手可以从这些方法入门，经验丰富的解梦者遇到障碍时，也可以用这些方法解放想象力。

相似性

如果一个符号的意义难住了你，不妨问问自己它和什么最相似。最标准的例子当然是弗洛伊德的解析，铅笔象征阴茎，隧道象征阴道。

仔细分析你会发现，铅笔的象征意义多么聪明，无意识总是爱用这种相似联想。铅笔的形状很适于联想，里面还有铅，这种创造性的物质消耗在铅笔与白纸（男性与女性）的摩擦中。隧道也有双重意义：它的形状很像阴道，还能容纳强势的外来物，火车（阴茎）。请注意梦里的相似性不一定与性有关。例如，地球仪像沙滩排球，丝带像路，风筝像鸟。

双关语

我们大部分内心活动是用语言进行的，因此语言在梦里起重要作用也不足为奇，虽然这种作用可能被伪装了。例如，梦里出现了一棵松树，除了这个名词意义，这个单词还有动词意义，指的是感情上很"悲伤"，可能你身边的某个人曾经用过这个意义。如果梦里出现了一个名字，也可以分析这个单词本身的意义，或者其中的单个音节。例如，"雷"既是一个人名，也指一束光线。"穆赫兰道"是一个电影名，中间的音节谐音"荷兰"，这个平原国家可能象征开放或缺少刺激；"道"可能象征"车"——禁闭，或想要上路的愿望。梦喜欢用双关语。

功能 / 操作

如果梦里出现了一个物品，想想它所有可能的功能或操作方式。例如，一把剪刀中间有铰链，一半刀刃从来离不开另一半刀刃。也许在某种意义上，这个工具象征着平衡或永不分离？

供一些线索。

如果一个梦引起了做梦者更深的联想，这个梦就是第二层梦，其中有象征意义。这种解梦才有意思，我们开始接触无意识，和它交流深层信息。

如果用荣格的直接联想没有发现什么意义，弗洛伊德的自由联想也有助于解梦，从个人梦中的解析对象开始，让你的思维自由生发一整串想法和意象，从前一个自动转到下一个。荣格批评这种随心所欲的联想会让做梦者远离原始的梦，但是弗洛伊德的方法能够暴露直接联想达不到的意义，比如被压抑的记忆、冲动或情感。

如果一个梦让做梦者觉得异常神秘又非常重要，这个梦值得仔细分析，看是否含有原型。如果确定有原型，这个梦就是第三层梦。解析这种"巨梦"时，荣格建议用放大深入研究，把梦里的符号追溯到神话和传说中的相关原型。

最后，荣格强调解梦者应该一直避免把梦的意义强加给做梦者：只有做梦者本人有所自知时，梦里的意义才被发现，无论被不被接受，结果都是真实的。解梦应该为做梦者"服务"，让他或她的生活"开动"起来。

解答问题的梦

Problem Solving

我们在现实中遇到难题时，一般认为理智与逻辑才能解答问题。然而，历史经验不止一次地证明，有时候思维上的突破突如其来，简直就像一道闪电一样。梦能够为各种各样的问题提供意想不到的答案。

带着问题入睡是众所周知的秘诀。虽然清醒的自我在睡眠中不活动了，但是大脑的某些部分继续工作，处理信息存储记忆，有时就能解开即使最复杂的难题，无论是知识性的、情感性的或道德性的。在梦里摆脱了意识的常规思维，无意识自由发挥非正统的方法，反而能突破我们绞尽脑汁也解决不了的问题。

有时候答案就在梦里面。最著名的实例是德国化学家弗里德里希·凯库勒，1961 年他在一个梦中开创性地发现了苯分子的环状结构。凯库勒一直对这个问题百思不得其解，有一天他在半梦半醒之间，看到苯分子中的碳链似乎活了起来，变成了一条蛇，在他眼前不断翻腾，突然，它咬住了自己的尾巴，形成了一个环。凯库勒恍然大悟，把这个发现命名为"苯环"。

如果想在梦里得到启发，我们可以在睡前想象一个未解决的数字或文字谜题。在睡眠来临之前让大脑思考这个谜题，经常可能刺激梦里给出答案。

有时候梦里的答案很直接，没有通过象征符号。俄罗斯化学家季米特里·门捷列夫一直试图把已知化学元素列表却没有结果，他梦到了很多排列方式，最终发现只有一个是正确的。这个发现促成他发表了元素周期律，即元素性质按照相对原子质量的递增呈明显的周期变化的规律，并根据此规律首创了元素周期表。

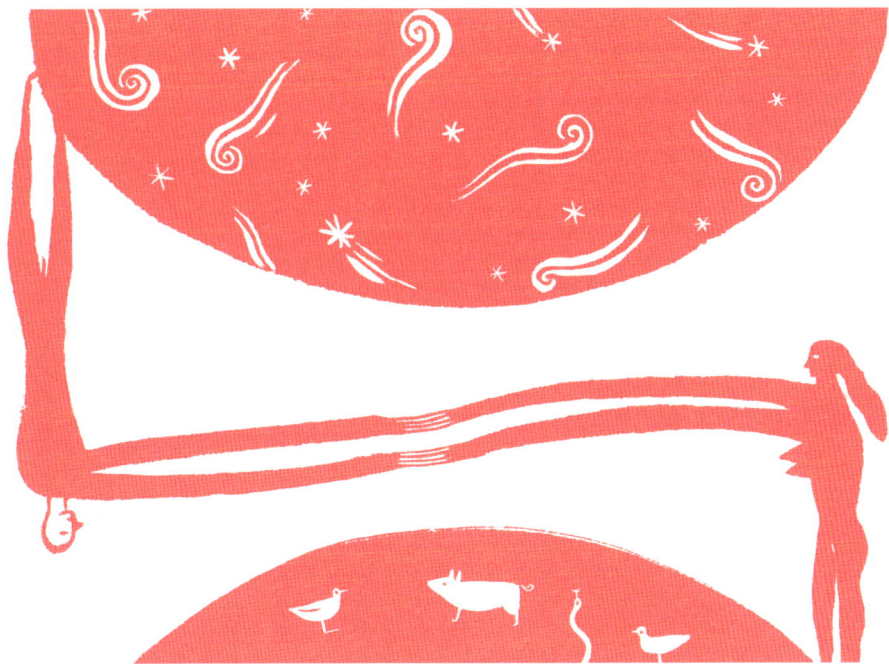

有时候梦里不直接给出答案，而是出现了象征符号，这种解梦更加困难。1913年丹麦科学家尼尔斯·玻尔在梦里发现了氢原子的结构。他梦到自己站在太阳上，看见行星由细丝连接在太阳表面上，在头顶上围绕太阳做圆周运动。于是他提出了原子结构的玻尔模型，按照这一模型电子围绕原子核做轨道运动。梦里的数字答案尤其会隐含在象征符号里，也许会借用个人无意识深处的相关联想。例如，梦里出现了小时候坐过的一个三条腿的板凳，可能就是在暗示数字3。

梦解答问题的最惊人的方式是通过鬼魂的拜访，最著名的实例是美国宾州大学亚述学教授 H.V. 希尔普雷希特的梦。尼普尔的古庙遗址上发掘出公元前1300年的两个玛瑙碎片，他在1893年一直试图破译碎片上的铭文。他认为碎片属于两个戒指，却研究不出什么结果，他在失望中入睡，梦里出现了一位古巴比伦的祭司，告诉了他大量详细的背景资料：那两个碎片并非分属两个戒指，而是属于同一块玉石，祭司把玉石打碎了，为一座雕像做成耳饰。祭司对他说，把两个碎片拼在一起，原始的铭文就很容易看懂了。希尔普雷希特醒来后马上确认了梦里的答案，并得到了伊斯坦布尔博物馆的证实。

梦不仅能解答这些知识难题，也能帮助解答个人问题。向你的无意识寻求帮助的方法是，睡前在脑子里想着待解的问题，感觉上放轻松但心里要自信，告诉自己不必担心答案，在你睡眠时梦会解决你的问题，明早醒来就会有答案，无论是直接的回答还是隐含在梦里。第二天早上你醒来时，也许会发现自己已经"知道"了答案。如果没有明确的解答，再仔细解析你的梦，答案可能就隐含在象征符号里，比如视觉意象或双关语，只是需要进一步的解析。

我们已经知道了梦的方法，特别是它的象征语言，经过一段时间对梦的解析，我们的自我认知就会上升到一个新的高度。在自我了解的聚光灯下，梦里纠缠我们的鬼魂就会消失。心理医生之所以用很长时间探究我们的过去，就是要把我们内心深处的焦虑暴露出来，让我们释放自己不再受它们的影响。或者至少能够减弱它们引起的痛苦。

需要用心理治疗解决的焦虑都是根深蒂固的，生活中长期积累的内心问题。我们很少有意识地思考这些问题，正是因为如此它们才在无意识层面对我们的内心平和造成了危险。但是，也有很多焦虑只是暂时而具体的，我们的意识完全了解它们

的存在。事实上，我们可能花了很多时间在脑子里不断琢磨这些问题，比如托儿所的安排、生活与工作的平衡、财务状况、休假计划等等，都属于这种日常焦虑。通常这种焦虑的中心都是左右为难的困境：两种选择各有各的好处，我们不知道怎么做才最好。

正如梦里突然出现知识难题的答案一样，梦也能对我们有所启发，在具体的个人困境中什么是最好的做法。如何运用这种梦里的智慧，下文将有详细指导。

梦里的智慧：内心的指导

把你的个人问题提交给梦里隐藏的智慧，无论结果如何绝对值得一试。在梦里当然可以找到快速解答。即使你没有找到答案，解析梦的过程也是你对自己内心进一步的探索。

提出问题

对自己描述你的困境，越清楚越好。把问题写下来，修改遣词造句，直到确定无疑。然后把你的问题转化成符号语言。作为说明，举一个简单的例子：你不确定是出去旅行还是待在家里，为两个选择各想一个意象，比如火车和壁炉。

思考联想

在白天的某些时候，仔细思考每一种选择可能的影响，反复想想火车和壁炉各自的含义。但是，在睡前不要有这些可能让你不安的想法，否则可能会影响你的梦境，扰乱无意识正在为你准备的答案。其实，这种权衡分析最好在几天前进行，然后你再向无意识提交你的问题。

想象问题

在你睡觉之前，在脑子里想象两个意象的画面，问问你的无意识能否帮你选择一个最好的做法。在你上床之前或在床上等待入睡时，放松地想象两个意象，不要有情感偏好。不要想你的问题，只想那两个视觉意象。

梦到答案

第二天早上醒来后，像平常一样记录你做过的梦，但在进行细致解析之前，先想想你的问题是否有了答案。那两个意象有没有出现在你的梦里？如果两个都出现了，它们之间是什么关系？如果只出现了其中一个，你的梦是让你避免它还是接受它？如果两个都没有出现，你的梦是否用自己独有的语言回答了你的问题？

解决噩梦

Dealing with Nightmares

　　噩梦总是令人困扰，心里的害怕或恐惧，跟进我们的睡眠，让人觉得恐怖，惊醒后很久还有残影。偶尔做噩梦不用担心，但是经常做噩梦必须严肃对待，首先就是深入分析梦里出现的符号。

　　历史上，噩梦被认为是"魔鬼"在夜间到访。"梦魇"是一种恶魔，降临到睡眠的灵魂身上，引起了噩梦。但是现代社会最普遍的观点是，噩梦强迫我们去面对或处理某些事件、行为、反应，因为我们在清醒时对它们感到特别愤怒或激动。

　　在噩梦里，我们遭遇的痛苦经历让人感觉既恐怖又真实。我们可能陷入一场生死搏斗，对手是凶残的野兽或人；没有办法把爱人从危险中救出来；甚至自己就是作恶者或行凶者。这些假想的情况让我们在梦里体验了现实中纠结或压抑的情感。在日常生活的限制下，迫于社会压力，我们很难或不可能表达的那些情感，在梦里直接发泄了出来，比如恐惧与挫败。

人在做噩梦时，脉搏和呼吸频率都会加倍。在梦里遭遇十分严重的危险时，做梦者往往会突然惊醒，用清醒当作逃避的方式。但是噩梦经常会留在记忆里，让人后来还是心神不安。噩梦甚至会"跟踪"我们，一晚接一晚地反复出现，让我们害怕睡觉，或者在睡眠边缘徘徊，停留在睡前过渡状态。

快速解决噩梦

担心做噩梦反而会自我应验：我们主观上害怕再看见梦里的怪兽时，其实正在投入精力想象——这种想象造成一种肯定的语境，反而是噩梦的有效提示。解决噩梦的正确方法在于，不要试图抵制噩梦（睡前可以想象安宁的风景）；相反，我们必须接受事实，噩梦可能会出现，如果它出现了，我们要找到一种方法，让它变得不那么吓人。

成功的关键是在睡前用想象转化噩梦里的怪兽。尽量生动地想象你梦里的怪兽，同样生动地想象它被驯服了，臣服于更高的智慧或启蒙力量。你可以把这种智慧想象成人形，当作梦里的帮手，用你的意识把这个人引入你的梦中。例如，你可以想象古希腊英雄珀尔修斯，他从邪恶的海怪手中救下了少女安德洛墨达。

有些噩梦里并没有明确的对象，但是你仍然可以想象梦里的帮手，让他帮你指出梦里的威胁不是真实的。

解梦名录

Key to Dream Symbols

　　梦是我们与内心的对话，在无意识与意识之间，用象征性的语言传达信息。我们既是梦的作者，也是梦里的演员。我们的梦有什么意义，最终应由我们自己判断。无论这本解梦名录里的解析，还是别人对你的梦的解析，只有得到你的证实，才可能是正确的。

共同主题 Themes

　　我们每一个人的梦都和我们自己息息相关。正如在现实中每个人都有自己的个性一样，在梦的世界里每个人的梦也有自己的特征，解梦时也必须承认这些个人特征。然而，在收集和比较不同做梦者在梦里的经历后，我们发现有些主题大体上最普遍，有些行为和事件最常出现。这些明显的共同主题来自我们共同的内心经历，在梦的世界里是通用符号。

身份与命运

如果在现实中我们担心迷失生活的方向，可能会梦到被困在浓雾或薄雾中，或者梦里的场景虽然很熟悉，却没有平时赖以指路的地标。如果梦里的旅途充满焦虑，可能我们还没有准备好离开意识的安全范围，应该先反思再接近"真实的自我"。在梦里越是挣扎找路越会迷失方向——这是梦对现实的一种比喻。如果梦里的路途逐渐清晰，激动地到达了目的地，象征着找到了新的生活道路。

梦里出现地图或海图，是典型的象征符号，如果可以看懂，象征着确定并可预期的方向；如果无法看懂，我们迷失方向后会感到挫败和恐慌。梦里的地图代表自我认知，看不懂上面的标示是在警告我们正在变得让自己无法理解。

在生活中害怕身份丢失，可能会梦到被盘问时想不起自己的名字，或者被盘查时突然无法提供重要的身份证件。弗洛伊德的一个病人陷入了严重的身份危机，梦到她走在街上被警察拦住，警察要求她出示身份证，她拿出来却惊恐地发现，上面虽然有她自己的照片，但是在姓名处却写着"歇斯底里"。

迷路

梦里出现迷宫通常意味着做梦者进入了无意识。迷宫的复杂结构象征着意识里的自我建立起了复杂的防御，阻止无意识里的愿望和欲望暴露出来。梦到在高高的森林或芦苇荡中迷路，会让人感觉遇到了无法逾越的障碍。就像小时候听过的汉赛尔与格莱特的故事一样，这种迷路的感觉会让人从心底渴望重回母亲的怀抱。

失控

在生活中失去方向的焦虑，可能会让人梦到汽车或火车失控。同样，害怕失去个人身份可能会让人梦到在陌生的城镇里，拼命寻找正确的道路或街道。

面具与伪装

梦里的面具与伪装象征着做梦者展示给外界甚至是展示给自己的表象。如果在梦里无法摘下面具，或者被别人强迫戴上面具，象征着真实的自我正逐渐变得模

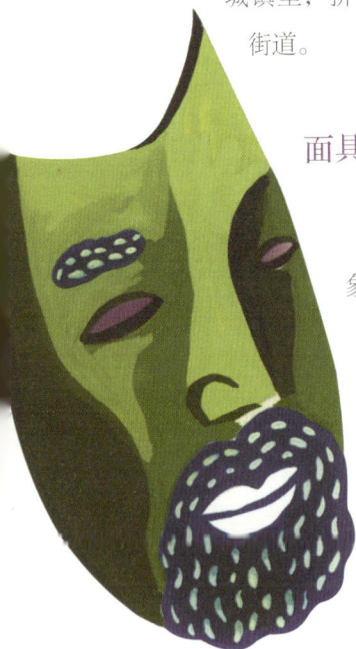

糊。梦到头戴面纱象征着做梦者希望自己不被人看见，脱离外面的世界的内心渴望。

失真

梦到自己照镜子却看见别人的脸，象征着典型的身份危机，突然不知道自己是谁了。镜子里出现谁的脸可以反映身份问题的本质。闭眼不看象征着不愿意面对现实。

漂流

梦到漫无目的的漂流筏是一种警报，象征着在生活中失控和害怕失去方向。另一方面，正如布拉斯洛夫的纳尔曼拉比（1772-1810）所说，不知道去向何方有时反而是发现真实自我的最好方式。

木筏也可以是完全正面的意象，代表一种求生工具，象征着做梦者能够漂浮在烦恼之海上，而没有被烦恼吞没。

改变与转变

我们的生活发生重大改变后，意识经常察觉不到我们的心理和情绪波动。但是，无意识总是对一切了如指掌，当今有些心理学家认为，生活中发生重大事件（即使是结婚或升职等吉事）后两年左右，我们不仅更容易遭受心理障碍，身体上也更容易生病，这些都是改变的后遗症。

面对改变，如果我们的无意识里紧张不安，梦里可能充满令人安慰的意象，比如以前的生活和熟悉的环境。或者，如果我们对某个转变感到潜在的焦虑，梦可能会夸大陌生感甚至恐惧感。梦里可能会出现我们想象中眼前的转变带来的最坏情况。这种梦虽然令人不安，但是只要得到正确的解析，也会有积极的意义，承认梦里暗示的恐惧是解决问题的第一步。

　　有时候梦会用间接方式强调生活需要改变，或者改变必然会发生。梦里可能出现在商店退换老旧或残破商品，重新装修房子，换衣服，买新东西，用新书籍或唱片代替老的，等等。梦到过路、过河、过桥等暗示着改变可能带来的风险，或者象征着改变不可逆转、无法避免。

　　荣格的放大方法还可能会联想到神话中的转变原型。比如，古希腊英雄赫拉卡勒斯穿越冥河斯堤克斯，河的这边是生者的世界，河的那边是死者，也就是冥界的入口，但是英雄必须面对恐惧才能完成任务。《圣经》中也有相似的原型意象，约拿在海上航行，船遭遇了风暴，他被鲸鱼吞入腹中，最终安全上岸。这些原型都象征着穿过了危险，过去留在了背后，面前是神秘的未来。

毁灭与破坏

梦到毁灭的意象象征着生活中的巨变，与过去突然断裂。梦到破败的房子象征着破碎的家庭，可能刚经历过离婚；梦到倒下的树象征着搬家去新的地方，或者举家搬迁移民外国。

桥

桥标志着舒适的过去和未知的未来之间的界线。梦到过桥象征做梦者能够在生活中前进，有潜在的力量适应生活的变化，尤其是面对困境时，比如搬家、失恋、失业。

物体有了生命

如果梦里的无生命物体忽然有了生命，象征着之前未被意识到的潜力现在得到了发挥。如果物体的变形很吓人，象征着这种潜力需要被承认，然后被引导成更易被接受的形式。

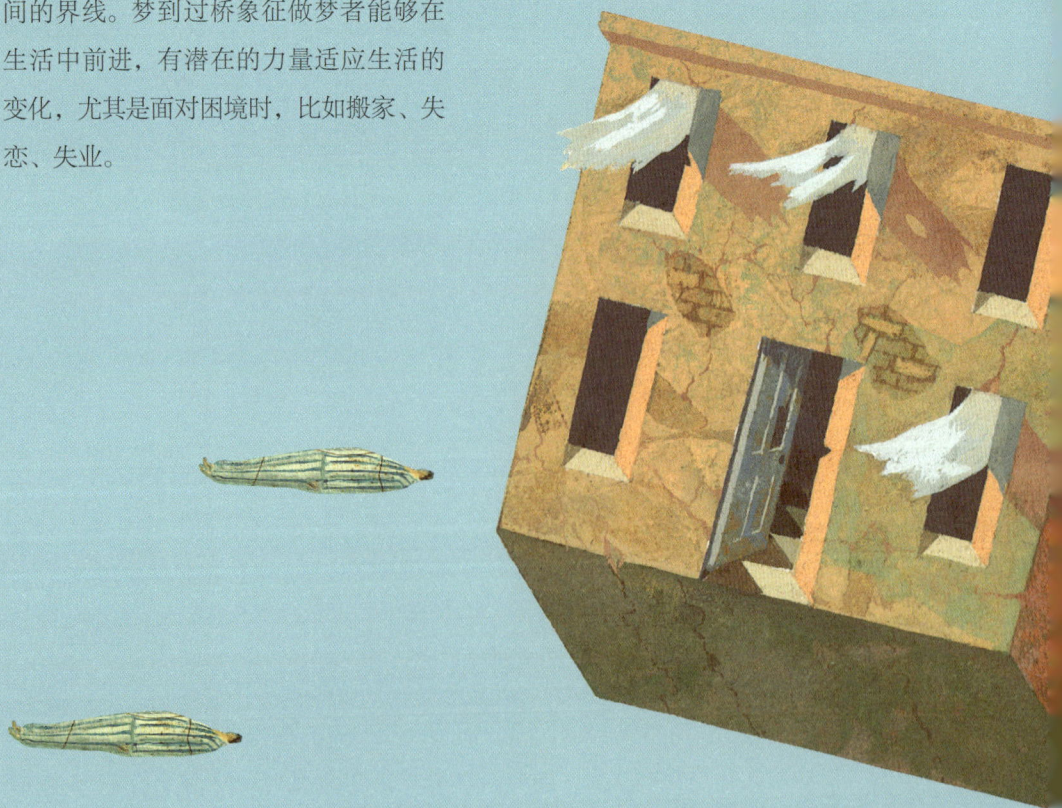

变形

　　梦到季节变化或自己变形，比如，从小婴儿变成了老年人，象征着内心的深刻变化。梦里的变形可能从一种符号变成了另一种符号，但是通常还是变化本身最有意义。梦里的主人公变性象征着做梦者需要接受本性里的男性或女性的特征。狼人通过电影和传说已经被大众熟知，类似这种变形的怪兽出现在梦里也不稀奇，象征着做梦者内心深处的各种焦虑。

陌生的环境

　　如果梦里陌生的环境让人感觉失落、忧虑、后悔，梦是在提醒做梦者还没准备好脱离原来的生活方式，无法快速适应新环境。相反，如果梦里陌生的环境让人兴奋，说明做梦者准备好了新变化，应该抓住眼前的任何机会。如果梦到自己在陌生的房子或工作场所，象征着做梦者对新角色不适应而心生焦虑。

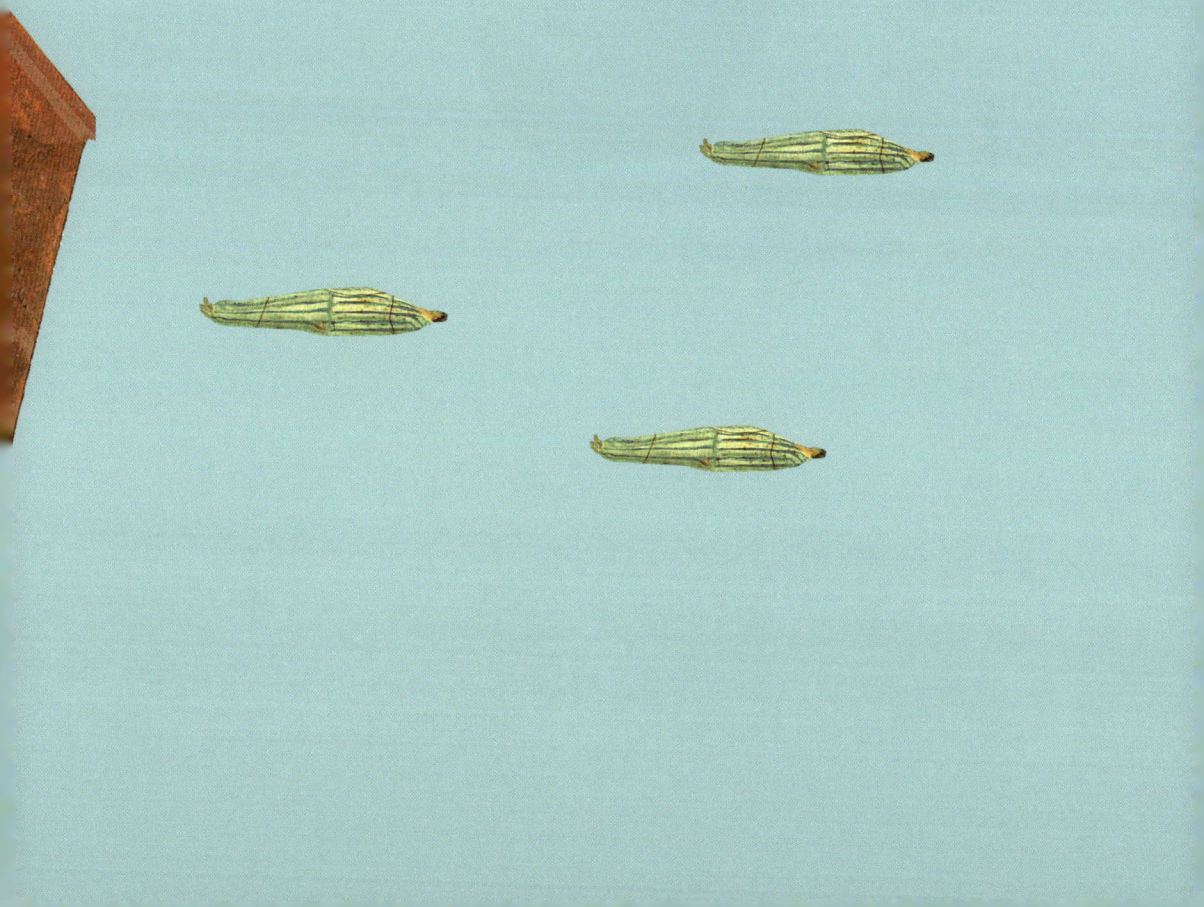

成功与失败

我们如何对待成功与失败，很大程度上决定了未来生命的轨迹。成功与失败像硬币的两面，是白天生活和夜晚的梦中最常见的心事。我们随时都在经历成功或失败，既在严肃的工作或商业中，也在更细微的交往中，比如与人争论或恋爱。举例来说，一个即将到来的工作面试就是常见的刺激，很可能让人梦到成功或失败。无论我们正在为什么而焦虑，我们都在心底相信终会战胜失败，虽然我们更加确定地知道，成功通常总是短暂的。

在举兵攻占希腊之前，波斯王薛西斯梦到一顶橄榄做的王冠，它的枝叶向外延伸覆盖了全世界，但是突然又消失了，这个梦精确地预言了他短暂的胜利之后即是溃败。很多帝王、将军和政客都做过预言成功或失败的梦。英国国王理查三世梦到了邪灵，最后在博斯沃思战役中战败而死。滑铁卢惨败的前一晚，拿破仑梦到

一群人列队行进，手里拿着他的战利品，最后面却跟着一个不祥的囚犯，身上戴着手铐脚镣。奥托·冯·俾斯麦任普鲁士首相时梦到他的国家掌握大权，后来他通过一系列铁血战争统一了德意志。但是，大多数成功或失败的梦并非关于事实本身，而是反映了做梦者的精神状态。

关于失败的梦经常涉及生活场景，比如按门铃或敲门没有应答，发现自己身上缺钱不能支付车费或账单，输掉一场比赛或争论，等等。

关于成功的梦可能是与人交往中获得了有利的结果，经常伴随着成就感甚至兴奋感。以梦到赛马为例，栅栏或跨栏象征着做梦者生活中遇到的某种挑战，跳过这些障碍既象征着成功的可能性，也象征着成功所必需的自信，做梦者必须努力获得这种自信。

第三层梦中的成功在更深层的意义上象征着个人的成长与改变。旅人解析第三层梦可能会联想到经典神话主题，比如古

希腊勇士柏勒洛丰捕获了双翼飞马珀伽索斯，想要乘它飞上奥林匹斯山获取神位，珀伽索斯把他摔下了马背，他遭到神的抛弃，终生到处流浪抑郁而终。这种原型提醒了我们不要过度超出自然限制。

奖品

奖杯的精神价值远高于其本身材质的价值，就像杯子的价值不在于自身，而在于里面盛的是什么。在梦里，即使奖品的材质不明，胜利的感觉确定无疑。

沟通不畅

梦到无法让别人听见自己，或者无法解释自己，都象征着做梦者缺乏信心。梦让做梦者关注这些感觉，就是要让做梦者在现实中面对这些问题。梦到打电话时别人听不懂自己的意思，象征着做梦者的想法不能令人信服。

荣誉

梦里突然获得了荣誉，家人、朋友、陌生人都为自己鼓掌，象征着做梦者渴望别人的关注，或者缺乏自信心和自尊心。

赢得比赛

梦到赢得比赛象征着做梦者自己的某种潜力得到了认可。无意识正在鼓励做梦者勇敢或自信地采取行动。梦里没有得到冠军象征着做梦者低估了难度，没有表现出最高的水平。

担心与焦虑

焦虑是我们的梦里最常见的情感状态。在清醒的生活中，大脑经常转移注意力不去关注令人烦恼的问题，但是人一旦入睡，被驱逐到大脑后台的所有疑虑都登上了梦的舞台，每一种担心与焦虑都要求得到意识的关注，于是梦里充满了紧张不安的符号与忧虑不快的情绪。这样的梦既反映了我们的焦虑是多么根深蒂固，也在提醒我们要解决这些忧虑的来源，要么直面外界的具体挑战，要么坦然接受生活的困境。

出现在梦里的焦虑不一定是大事，可能是一些生活琐事：我把瓶盖放回酒瓶上了吗？我会错过那个电视节目吗？但是，我们应该知道，即使表面上看起来微不足道的主题或意象，也可能象征着我们内心深处的某种担忧。

焦虑梦最明显的是其中蕴含的强烈感情。通常，做梦者在梦里要同时对付几项任务，或者试图完成一项没完没了的任务。其他典型的焦虑梦还包括：艰难地在泥泞中行走，痛苦地用慢动作移动，在狭窄的隧道中爬行（这个符号经

常被认为象征着生育焦虑），被浓烟呛住，无奈地看着心爱的物品被毁灭，在大风中拼命抱紧某个宝贝东西的碎片，等等。如果焦虑来自社交缺陷，梦里可能会出现公共场所的尴尬场景，比如打翻饮料，在舞池里却不会跳舞，介绍重要的客人时忘记名字等。另一方面，这样的梦值得仔细检视，这种表面上的缺陷是否实际上暗含着反抗因素，在社会习俗压迫性的束缚中，我们受到了某些挫折。例如，梦里有一个经典符号是考试试卷，我们怎么都答不出来，象征着学生时代受到的创伤直到成年后还在困扰我们，在梦里让我们产生自卑感。如果梦到裸体或在某个场合穿错衣服，可能来源于最近经历的社交尴尬，或者普通的社交不安，或者生活中的其他打击。梦到跌落反映了不安全感。

焦虑梦里也经常出现过于夸大的戏剧性，走向断头台、落入恶魔手中、被迫犯下可怕的罪行等，其实是在反映相对平凡的问题。梦用这些令人恐惧的极端形式，让做梦者意识到被压抑的强烈的欲望

和能量，就像拉开序幕一样开始处理这些问题。

　　无论用什么形式，焦虑梦都不是为了折磨做梦者，而是为了让做梦者意识到焦虑的来源，做梦者亟须发现并解决这些问题，如果置之不理的话可能会严重危害无意识。焦虑梦为我们提供了一个机会，在解梦和讨论的过程中消除这些忧虑。通过分析梦里强调的问题，我们的生活和梦境就不会一直困扰在焦虑的阴影之下。

溺水

　　梦到溺水或者在深水中挣扎，象征着做梦者害怕被无意识最深处隐藏的力量吞没。

被追赶

梦到被模糊的可怕东西追赶，象征着自我的某些方面在吵着要融入做梦者的意识。如果做梦者在梦里回头看看，恐惧通常会消失，看清了追逐者才能知道它象征着意识里的什么方面。

社交尴尬

梦到在公共场所表现得不恰当，解梦的关键在于什么引发了尴尬感。做梦者可能穿错了衣服（或者没穿衣服），或者笨拙地没能完成简单的任务（比如倒咖啡时洒了出来），或者没能和别人进行预期的交往（比如介绍别人时忘记名字）。潜在的信息都是一种心理不适。

努力想跑

最常见的一种焦虑梦就是努力想跑却发现自己的腿动不了。相似的梦还有艰难地在泥泞中行走或者痛苦地用慢动作移动。最近的研究显示，这样的梦可能源于大脑在睡眠时的肌肉麻痹机制，防止做梦者的身体真的做出梦里的行为，比如真的在床上跑动或者在卧室里搞破坏。

狭窄空间

梦里有一种痛苦的情况是被困在狭窄的空间里，有时候这是一种建设性的内心抗议，象征着创造力在挣扎着要求表达出来。做梦者的焦虑可能在于某件事情或某个人，比如单调的工作或专横的老板，压抑了自己的创造力。

乐观与幸福

乐观或快乐的梦随时都会发生，即使我们正在背负生活的重担。这样的梦让我们兴高采烈并且心满意足，不只对日常生活更对整个世界。梦让我们认识到更高的存在，带我们在梦的世界里自由飞翔，彻底打开我们的思想，让我们意识到时间与空间的无限性。

有时候乐观梦里会出现代表幸运或和平的符号，可能是做梦者个人的幸运符，比如幸运石或幸运色，也可能是民族文化中的幸运符号，比如黑猫、四叶草、鸽子或橄榄枝。有些人认为这样的梦预言了未来的成功；有些人认为梦只是象征着开始实现梦想，并不保证一定会达成最后的结果。

幸运梦或幸福梦里经常会出现做梦者的幸运标志。例如，如果做梦者的幸运数字是 3，梦里可能会出现三条路或者收到三件礼物。更明显的是梦里出现彩虹，这个原型符号象征希望与和谐。做梦者可能看到自己的房子（象征自我）上空形成了一条彩虹，或者彩虹的光（象征成就）覆

盖了远处的群山。在第三层梦中，做梦者甚至会在彩虹的光里沐浴，象征着一种洗礼，做梦者进入了自我成长与发展的新阶段。

和生活中一样，梦里的颜色也代表着个人的情感或精神状态。例如，蓝色通常代表忧郁，但也可以象征无意识的沉思；红色不只代表愤怒，还可以代表热情与活力。

通过放大解析，幸福梦与乐观梦还可以联想到极乐世界，也就是希腊神话中的天堂。基督教也描绘了长达千年的黄金时代，还有天堂般的伊甸园和圣城新耶路撒冷。

蜂蜜与蜜蜂

以色列人相信上帝的"应许之地"是"流奶与蜜之地",古希腊人和古罗马人把蜂蜜供奉为神的食物。蜜蜂被赋予了特殊的智慧,它们在梦里被认为是吉祥的符号,象征着和平与繁荣。

伊甸园

就像"流奶与蜜之地"一样,伊甸园也是古老传说中的福地与乐园,但是也是失乐园,上帝警告人类不要自满,把亚当和夏娃逐出了伊甸园。即使如此,梦到伊甸园也象征着生活中未被探索的广大区域,将会有一系列新的挑战与机遇。

光

荣格认为,梦里出现光"就是指意识"。这样的梦是在肯定深奥的领悟照亮了做梦者的意识,就像"看到了光"。

权威与责任

在生活中担任具有权威与责任职位的人，做的梦里也会反映他们的身份。梦里经常出现的情节包括：处理紧急情况，坐在办公桌前做各种决断，佩戴标志职务的链徽，等等。

有时，关于权威与责任的梦会变成焦虑梦。做梦者下令却没有人服从，或者遭到了突然的拒绝，比如在投票选举中或在上级面前。这样的梦让做梦者关注到自己的不安全感，说明做梦者需要更加融入自己的公共角色。关于权威与责任的梦也可能泄露了挫败感与憎恶感，因为周围的人们对做梦者过于依赖：这样的梦有双重目的，既让这些负面感觉得到无害的表达，也让做梦者注意在生活中被要求承担了过多的角色。

经过放大解析，关于责任与权威的梦也会有经典的联想，比如，《埃涅阿斯纪》中的古罗马英雄埃涅阿斯。特洛伊沦陷后全城被焚，埃涅阿斯背父携子逃出火城，尽到了对家庭的责任。这个壮举并不容易，因为他在大火中逃生时要一边背负老父安喀塞斯，一边携带幼子阿斯卡尼俄斯。

这样的原型会让做梦者意识到，在生

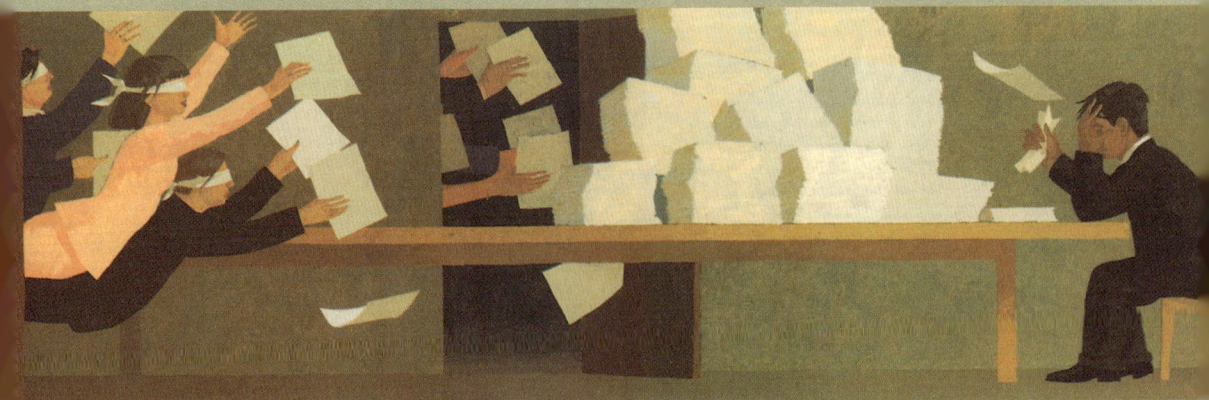

活中面对个人和职业问题时，要用本能的英雄主义勇于承担责任，行使自己的权威和权力时要多为别人着想。

纸堆

梦到桌子上堆满无穷无尽的纸是典型的权威人士的焦虑梦，象征随着工作责任的不断增加，几乎不可能处理好不断增长的要求与压力。这种梦也让做梦者意识到，自己对工作的处理还不够高效。

礼帽

王冠和礼帽是传统的权威符号，戴上它们标志着地位高出同辈和同事。梦到头上的王冠或礼帽被摘掉，象征着做梦者的焦虑，担心失去地位或者不能胜任。

王室或总统

梦到国王或王后经常象征着父母的权威。梦到和国王或王后进餐或做爱，弗洛伊德解析认为这是典型的愿望满足，梦用国王或王后代替了父亲或母亲，泄露了做梦者内心深处想和父母发生亲密接触。梦到国家或政府首脑，如总统或首相，像朋友一样咨询建议，象征着做梦者渴望和父母或其他权威人士建立更亲近更信任的关系，或者希望自己被委以重任。

政府建筑

梦到政府建筑，比如伦敦的国会大厦或华盛顿的国会山，象征着做梦者希望向周围的人行使权力。梦到在议院里争论，场面难以控制或一片混乱，象征着做梦者在工作上的权威出现危机，或者做梦者内心很混乱，同时面对几个选择很难决定哪种做法最好。

控制大局

梦到发生灾难，别人都很恐慌，只有自己控制大局，象征着做梦者渴望承担更多责任，可能是在工作中也可能是在生活中。另外也可能象征着做梦者认为自己的领导才能没有得到充分赏识。

法官

梦到自己在梦里是法官，象征着做梦者重视自己的判断力，对某件心事应该听从"本能的感觉"。相反地，梦到自己在法庭上站在法官面前，不知道为什么成了被告，象征着做梦者感觉自己被道德或公理权威迫害了。

人际关系

解析梦里的人际关系时，特别重要的一点是，梦不是在复制现实，而是在评论现实。无意识经常把各种角色当作符号，并不是在描绘做梦者生活中的人际关系。

用直接联想分析，梦里的陌生人象征着做梦者的伴侣的某些特点，而梦里的伴侣象征着做梦者自己的某些方面。梦主要是在传达信息，并不是描绘人们的样子。做梦者已经很熟悉周围人的样子了，所以梦的任务是让做梦者关注那些不明显或被忽视的事情，在梦的情节里泄露我们对别人的真实感受。

因此，我们在解梦时会发现，朋友在梦里变成了陌生人，象征着做梦者在根本上对友谊的矛盾态度。在梦里突然被爱人拒绝，象征着做梦者拒绝了自己本性中的某些部分。梦到与子女分离象征着失去了珍贵的理想，或者个人野心的失败。

有时候，梦里的角色确实代表了本人，是为了让我们关注人际关系中未被意识到的某些方面。频繁梦到家庭成员表明对家庭过度依赖，可能做梦者需要过多的情感或经济保护，或者无法脱离家庭纽带的束缚。

刚生孩子的新家长们经常会做焦虑梦，比如，在床上翻身时不小心压到了孩子，或者在人群里把孩子丢了。这种梦并不意味着做梦者是不称职的家长，梦只是在表达对孩子的深切关心，说明做梦者知道肩上扛起了重大的责任。

甚至梦里的无生命物体也象征着人际关系。弗洛伊德的一个病人梦到借了一把梳子，被解析为象征着她对异族通婚的焦虑。

梦到打电话打不通代表和某个人不再

亲密，梦到极热或极冷反映了对伴侣的热情如火或冷漠如冰。

经过放大解析，第三层梦中的符号还可以联想到神话主题，比如古埃及神话中伊希斯与奥西里斯的爱情。伊希斯是司生育和繁殖的女神，据说她在子宫中已经爱上了哥哥奥西里斯，长大后这对兄妹结成了夫妻。在古希腊神话中也有这种强烈的爱情，最著名的是俄耳甫斯与欧律狄克的爱情悲剧。俄耳甫斯是一位伟大的音乐家，他是艺术之神阿波罗的儿子，他的音乐能够驯服野兽，让天地山川为之动容，甚至感动了冥王冥后，准许他把欧律狄克带回人间。但是有一个条件，在到达冥界出口之前，他绝对不能回头看她。他最终忍不住回头看了一眼妻子，于是永远地失去了她。后来，由于他不敬重酒神狄俄尼索斯，被酒神手下的女祭司杀害，他的头颅在死后继续歌唱，缅怀爱人的逝去。另一种有关的原型是女巫，这个可怕的符号象征着大母神吞噬一切的、惩罚性的力量，全世界各地的神话和童话里都有女巫。例如，俄罗斯民间传说中有一个邪恶的老巫婆巴巴亚加，她住在森林深处的小木屋里，小木屋长着鸡腿四处移动，劫持在森林中迷路的孩子们，把他们囚禁起来做她的奴隶。

大母神原型有时也可以提供指导，虽然在民间传说中向她寻求帮助很危险，只有精神纯洁的人才能勇于尝试。

就像女巫象征着母亲原型的毁灭力一样，巨人或恶魔象征着父亲原型的毁灭力。同样地，全世界各地的神话和传说中都有巨人，比如《旧约》中的非利士人歌利亚，古印度梵语史诗《罗摩衍那》中的魔王罗波那，爱尔兰传说中的费奥纳勇士团的领袖芬恩·麦克库尔。

梦到邪恶的巨人象征着无意识的一种反抗，针对某个专横的权威人物，可能是老板或某个家人。另外也可能象征着与伴侣的关系让人烦恼。做梦者可能觉得自己的需要没有被严肃对待，或者在家庭的重要决定上没有影响力。如果是这种情况，做梦者应该维护自己的权力，更加清楚地表明自己的希望。

蜘蛛网

蜘蛛用网困住无辜的受害者再慢慢把它们吃掉，通常象征着吞噬一切的母亲形象，这种母亲可能要求子女百依百顺或让子女产生内疚心理。网也是常见的梦中意象，象征着做梦者在无意识里害怕承诺，在亲密关系中有不安全感，或者象征着做

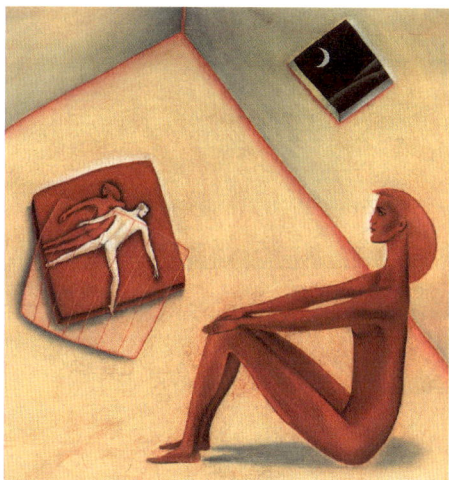

梦者感觉自己被困在一段感情的纠缠中，想要在被对方吞噬之前挣脱出来。

旅馆

在梦里，旅馆代表短暂的停留，象征着一段关系的过渡或改变，或者个人身份的丢失。另外也象征着维持一段关系所付出的代价，无论是金钱上还是情感上。有时候旅馆还象征着可能的风流韵事。

修东西

梦到修电器，比如收音机或冰箱，经常象征着需要修复一段关系，防止它继续恶化下去。梦到电器坏了或被拆开也有这种含义。

羽毛

梦里出现羽毛，无论是否也出现了鸟，都代表礼物，象征着做梦者想对亲近的人表达温暖和温柔。和羽毛笔一样，羽毛本身也有性暗示。但是羽毛在梦里轻轻扇动还是象征着温暖和温柔，可能做梦者在主动示好或示爱。

鸟

鸟在梦里的象征意义经常和人们赋予这种鸟的品质有关，例如，梦到借巢产卵的杜鹃或爱偷东西的喜鹊，都象征着偷情

的危险；梦到轻声咕咕叫的鸽子，象征着恋爱关系的和谐，或者需要缓和一段麻烦的关系。

火

火在梦里既是强烈的也是矛盾的符号。火有毁灭力，也有净化力。梦到火象征着新的开始，或者破坏性的感情，激情似火或妒火中生。

不合适的伴侣

担心伴侣不合适，无论对自己还是亲友，反映在梦里可能是不合适的东西搭配在一起。例如，梦到兔子骑自行车，或者有人把鸟笼当帽子。

水从手心漏走

梦到双手捧着水跑向快要渴死的人，象征着失去爱情的绝望感，可能预示一段恋情走到了尽头。梦到金沙从指缝中溜走也有相似的含义。

帮助别人或被人帮助

梦到帮助遭遇困难的人，即使是完全陌生的人，经常象征着做梦者对别人的喜爱之情。相反地，梦到自己被人帮助，象征着做梦者需要别人的关爱。用直接联想解析梦里的其他细节可以确定别人指的是谁。

家庭争吵

梦到和家人或伴侣争论象征着与家庭关系无关的其他烦恼。例如，梦到孩子怒气冲冲地跑出了家，可能象征着做梦者丧失了职业野心。

打错电话

梦到反复打错电话或者被转接到答录机上，象征着做梦者和生活中重要的某个人沟通不畅。

性

弗洛伊德认为，无意识里的性欲驱动了日常生活中的很多行为，性符号在梦里也是主要的驱动力。梦到用刀用枪的暴力行为可以联想到强奸，明显的联系在于都是对身体的野蛮侵入。梦到与性无关的身体部位象征着内心渴望不正常的性行为。比如，梦到残废意味着阉

割；梦到打自己或打别人，特别是小孩子，象征着自慰。梦到骑马、骑自行车、砍树或者参与其他有律动的活动，都暗示着性交。同样的性暗示还有梦到坐火车，海浪拍打海岸，以及一个东西插入另一个东西，比如钥匙插进锁眼。梦到气球放气象征着性无能，梦到上锁的门

窗象征着性冷淡。

但是，荣格对这些意象有不同的看法，他认为它们实际上是关于生育与创造的原型主题。尽管现代心理学家仍然认为性是梦生活中重要的一部分，可是很少有人同意弗洛伊德对梦中符号的泛性论。心理学界普遍更支持荣格的方法，把性符号放大到全世界的神话中解析。荣格发现印度教建筑上有很多色情图案，绝不只是在表达人类的性欲，而是在赞美神秘的结合，大地与上天、凡人与神祇、物质与精神都合为一体。男人与女人的结合也象征着一种完整，两性融合成为一个完美的整体。

梦里的色情意味可能只是梦境的语境、情绪和颜色。即使梦里出现了明确的性行为，荣格认为既是性压力的释放，也反映了做梦者的愿望，想和爱人一起过舒适平静的生活。在弗洛伊德和荣格的理论中，很多性符号都有各自的意义，而它们真正的意义也许是二者的融合。比如梦到上下楼梯或梯子，弗洛伊德认为是性交符号，荣格认为是原型符号，象征着精神世界与物质世界的联系。

解梦时请一定要注意与性无关的可能意义：上楼梯可能象征着野心，或者做梦者意识到了个人成长；下楼梯可能象征着焦虑，做梦者过高地估计了自己的能力。

天鹅绒或苔藓

在弗洛伊德的解析中，天鹅绒或苔藓通常象征着阴毛。其他解梦理论认为这些是普遍符号，象征着对温柔的渴望或者大自然的舒适。

鞭子

梦到鞭子可能是性虐的负面符号。但也可能是更普遍的符号，象征着做梦者意识到了权力，或者在一段关系中的主导和顺从地位。

羽毛笔和蜡烛

羽毛笔和蜡烛经常代表阴茎。但是它们也可能是普遍符号，象征着阿尼姆斯和男子气概。

杯子

杯子是典型的女性性符号，梦到用杯子喝水被弗洛伊德解析为和女人口交。甚至在荣格的理论中，杯子可以联想到圣杯，再联想下去就是持圣杯的处女，象征着女子气质。

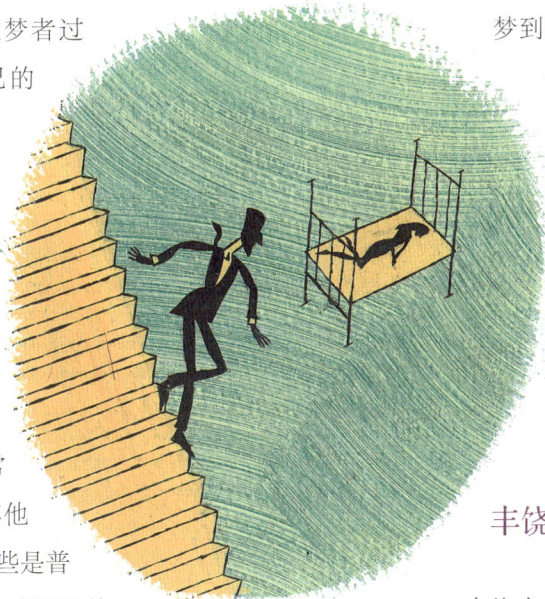

丰饶角

丰饶角是模棱两可的性符号，它里面装满水果和鲜花，形似动物角：如果里面的东西溢出来，明显象征着男性；如果从里面取东西吃，它就象征着女性。

鞋子

有些人认为梦里出现鞋子象征着性欲，因为它们可以被身体部位或别的东西进入。女人的鞋子有时候象征着主导地位的女性，可能源于小时候看到母亲的脚。因此，鞋子也象征着权威与主导，让人想起小时候父母跺脚"坚决制止"。

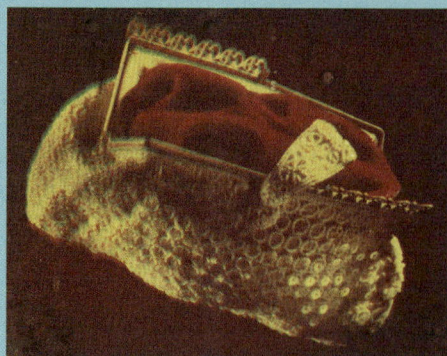

钱包

钱包是常见的女性性符号，既象征生殖器也象征子宫，因为钱包既可以打开也可以合上。有时也象征着女性的权力，既可以给予也可以拒绝。

帽子和手套

帽子和手套在梦里经常象征女性生殖器，因为它们可以容纳某些身体部位。

爆炸

爆炸在梦里经常象征性高潮。梦到烟花象征着性满足和幸福，梦到更有破坏性的爆炸象征着不能表达的性冲动。梦到因为炸弹爆炸或意外爆炸受伤，象征着做梦者认为如果发泄压抑的冲动，自己或伴侣都可能会受到伤害。

飞机坠毁

研究显示，梦到飞机坠毁，对女性而言经常象征着强奸或害怕被强奸，对男性而言象征着对性无能的焦虑。害怕飞行也是常见的恐惧症，梦到飞机坠毁象征着对旅行很不安。

主导

在梦里两个伴侣中的一方主导另一方，不一定明显与性有关，但也可能有性暗示。如果在梦里自己是主导者，象征着做梦者在亲密关系中感觉不安全，对自己缺乏控制力感到气愤。或者梦是在掩饰做梦者的性能力不足。如果梦里明确出现了施虐受虐行为，可能表示做梦者私底下很

享受这样的性游戏，或者内心有压抑的性幻想，又担心伴侣不接受。

性，可能象征着做梦者和伴侣的关系很密切，或者内心的冲动和信仰有矛盾。

教堂

教堂在梦里是双重符号，既有宗教意义又有性意味。教堂的尖顶形似男性的性器官，象征着男性性欲或者父权。请注意梦里出现教堂也可能有精神含义。如果在梦里无法进入教堂，象征着做梦者在精神之路上遇到了障碍。如果梦里的教堂既有尖顶又有拱门，说明既代表男性也代表女

做爱

梦到和喜欢的人做爱，尤其当这种欲望是不正当的，弗洛伊德认为是典型的愿望满足的梦。但是，荣格和很多其他分析师认为，梦到做爱可能根本无关于性，梦只是在表达做梦者对创造力的强烈渴望，或者需要将本性里相冲突的方面整合进完整的人格。

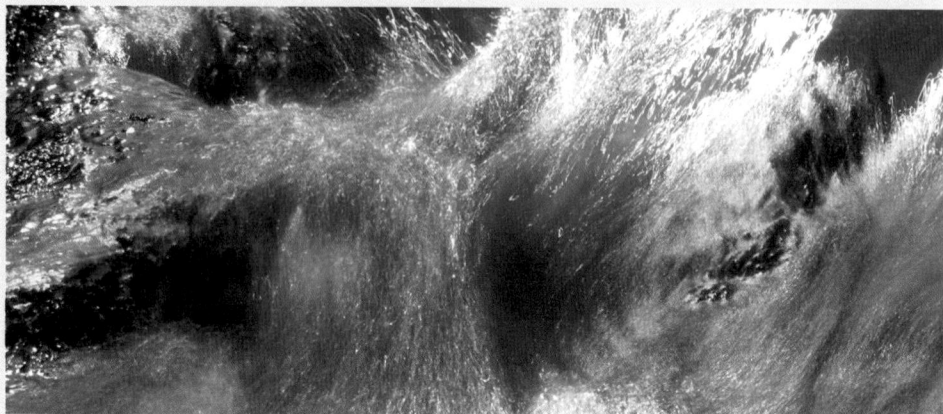

亲吻

荣格认为亲吻这一意象"更多的是养育行为而不是性欲"。在这种解析下，在梦里享受亲吻可能来源于婴儿时吮吸母亲乳头的记忆。

红玫瑰

玫瑰是象征浪漫爱情的传统符号。但是，弗洛伊德认为红玫瑰象征着女性生殖器或者经血。

喷水

梦到喷水，比如打开水龙头或刚打开一瓶香槟，经常被认为是象征射精。也可能象征着创造力的迸发。

床

床是性交的场所，出现在梦里有丰富的含义。如果梦里的床没有铺好，象征着做梦者在性行为上很粗心。如果梦里的床上床单被紧紧掖住，象征着做梦者因为习俗而感到拘束。如果梦到找床，象征着做梦者很难接受自己的性向。

情感

　　每个梦里都有明确的情绪，比梦本身的内容更容易被人记住，也和梦的内容一样富有意义。令人吃惊的是，梦里的情绪与主题不一定一致：例如，一个男人对一个女人单相思，梦到女人主动向他索吻。他的愿望在梦里实现了，但是他却感到不情愿，无法强迫自己吻她。梦里的情绪会影响做梦者的行为，就像一部电影的原声音乐比剧情更能影响观众的情绪。

　　有时候，梦里的情绪无比浓烈，在我们醒后还会萦绕在心头，即使梦里的情节已经淡忘或者根本想不起来。如果做过的梦令人不安，我们醒来后还会感觉到"梦的宿醉"，模糊而弥漫的焦虑感。相反地，如果做了一个好梦，我们就会精神振奋，在满满的幸福感里开始新的一天。

　　准确解析梦里的情感，通常要求我们承认现实生活中内心激起的情感，尽管这些情感经常把我们带向与理智和道德相反的方向。情感与理智的矛盾有时极为紧张，只是我们在意识层面没有承认。梦帮助我们关注到这些情感，让我们知道什么事情影响了我们。

　　我们都很熟悉情感的非理性特征。假设我们知道爱人要和一位讨人喜欢的同事共进午餐，这件小事就足以激起强烈的嫉妒，这件事让我们忧心忡忡，直到晚上再见到爱人才放心，因为没有什么异常情况发生。像这样轻微的焦虑在梦里可能就会爆发，因为两种情感彼此

加强了：嫉妒和担心。相似地，愤怒和挫败也经常融合在一起。

有些情感会向外投射到别人和外界，有些情感则会内化到内心世界，比如羞耻和尴尬。无论哪一种情感，只要过分强烈，都会侵蚀我们的快乐和幸福。

愤怒和挫败

愤怒是一种强烈的情感，经常被清醒的意识否认、压力或误解，因此在梦里频繁出现。愤怒并不总是负面的，它也能反映心理发展中有价值的方面，比如勇气、决心、自信和领导力，有时也会与纯粹的义愤有关。即使它在梦里爆发为负面的形式，也有解析的价值，因为梦更凸显了它的荒谬性与破坏力。另外，梦有时也会指出做梦者应该调整自己的情绪，对某些事情并不应该愤怒。

与愤怒紧密相关，挫败在梦里也是常见的经历，比如错过了火车或约会、找不到停车位或存包处、看不到重要的通知、在争论中说服不了别人。梦里出现这些情况是在提醒做梦者需要发现挫败的原因，

或者如果已经知道原因是什么，需要更加有效地处理这些问题。

放大解析梦里的挫败，可以联想到神话里的原型，比如西西弗斯。西西弗斯是古希腊神话中的凡人，因为触犯了众神被惩罚把一块巨石推上山顶，但是每一次推到山顶巨石又滚下山去，于是他不得不周而复始地接受惩罚。这样的神话原型可以帮助做梦者接受挫败，或者承认对无意识的"神"反抗是无用的。

嫉妒和羡慕

嫉妒和羡慕是人类情感中最具毁灭性的代表，甚至可以破坏人生最快乐的时刻。日常语言里也有很多比喻，比如被嫉妒的"绿眼怪兽""吞噬"。当人们难以接受别人的好运或成功时，梦里经常会出现这样的情绪。

压抑的情感

梦会让做梦者关注被压抑的愤怒或挫

败，比如梦到打不开煤气或挥发性物质，有时还有极端的愤怒，比如梦到火焰熊熊燃烧不可控制。如果未被承认的愤怒针对某个人，做梦者可能会梦到准备给对方下毒或毁坏对方的照片。如果一段恋情中出现了误会，可能会梦到斩首爱人，梦当然不是真的在描绘砍头，而是象征性地表示要除去问题的源头。

受挫的任务

有些精神修行的传统会故意挫败新加入的信徒，派给他们没有意义的、没完没了的任务，以此消除自我对意识傲慢却顽强的控制。梦里出现明显没有意义的任务（比如用纸牌建一座房子）可能也有相似的目的，也可能是在提醒做梦者，忍受无法避免的挫败是成熟的一种标志。

大坝决堤

梦到大坝决堤等控制性的力量失效，从里面迸发出了强烈的能量，象征着愤怒或挫败冲破了自制的临界点。梦到洪水阻断了常走的路，象征着做梦者受到了挫败，但也意味着需要找一条新路，也许会更加合适。梦用这种方式提醒做梦者，面对挫败不是只有一条路。

失去与分离

　　面对丧亲之痛时，我们的意识
经常强调，重要的是要继续生活。
有时这就意味着没有足够的时间
悼念亲友的逝去，在这种情况下，
梦会帮助我们宣泄悲痛。失去的
感觉在梦醒后很多天还萦绕在心
头，这是情感上逐渐愈合的过
程，无论在当时的梦里多么不受
欢迎。

　　失去心爱的东西也让人痛
苦，但是梦到丢东西大部分还是
一种替代，象征着其他形式的失
去，或者害怕失去。生活中也有
类似的替代意义，丢东西之所以让
人悲伤，是因为有形的东西替代了
无形的价值。梦经常用极端的感情来强
调内心的动乱，所以在梦里因为丢东西
而伤心，其实象征着其他麻烦或挫败。

　　死亡是失去的终极形式，除此之外，
还有很多原因让我们与亲友分离。当一段
重要的亲密关系结束时，无论是离婚还是
分居，我们所经历的痛苦与丧亲之痛相
当。常见的失去还有，好友或家人搬家到

离我们很远的地方，或者一段友情由于分
歧或误解陷入了困难时期。

　　失去在梦里的象征符号是灰烬或尘
土，或者在人群中绝望地找人。梦也可能
沉浸于怀旧，呈现出让人感伤的过去生活

或工作中的画面。无意识的某些部分需要一再重温过去的经历，作为安全阀来疏导现在的情感，直到它最终接受真的失去了。

有时候，梦会幻想未来，而不是回忆过去。做梦者可能会梦到逝去的人升入快乐的天国，或者自己又见到了对方安慰了对方。这样的梦让做梦者感到幸福甚至高兴。很多梦里的情景那么真实，做梦者愿意相信死后的世界就是那样。

放大解析还可以联想到经典神话故事，比如孤独的仙女艾科，她发出单相思的呼唤，回应的只有自己的回声。这样的神话原型可能有助于做梦者面对失去。

空钱包

在梦里突然发现钱包或口袋空了，不仅象征着失去了至爱，因为死亡、离婚或分居，而且象征着失去了他们所带来的关爱、舒适和安全。

至爱渐渐远去

梦经常用距离来象征丧亡。在梦里，至爱的人渐渐远去直到消失，或者从远处的山顶上挥手告别，或者从大门或门口走出去。做梦者看到这些场景，心中不禁感到悲痛，有时还有怨恨，尤其当自己拼命呼唤时，逝去的人就是没有回应。如果梦到至爱的人开心地挥手告别然后渐渐远去，说明做梦者已经适应了失去，心中的悲痛正在平复。

没有灯的房子

房子在梦里经常象征做梦者自己，或者给生活带来稳定和方向的事情。梦到空房子或没有灯的房子，不仅象征着至爱的逝去，还象征着失去了生活中极其重要的部分。

灰烬或尘土

灰烬或尘土会让人联想到生活中消失了的珍爱的人、东西或经历。正如基督教葬礼上所说的"尘归尘土归土"，灰烬是火化和坟墓的象征符号。葬礼既是为了缅怀死者的逝去，也是为了帮助生者缓解悲痛。梦里的灰烬也象征着安息，让痛苦或艰难的经历告一段落。

在人群中走散

梦到在人群中与至爱的人走散是常见的丧亡梦。做梦者可能忽然发现对方不在身边了，或者经历更加痛苦的场景，看着对方被人群从自己身边拉走。做梦者会

有失去感，经常还伴随着怨恨和被抛弃的感觉。

被关在门外

梦到自己站在门外，找不到钥匙或者被关在外面，象征着无法越过悲痛的障碍。梦让做梦者意识到障碍的存在，已经标志着愈合的开始。从这一刻开始，做梦者就能开始向往超越悲痛，慢慢打开通向未来的门。

不协调的情感

　　梦到在应该快乐的场合，比如生日或婚礼，却感到特别悲伤、沮丧或愤怒，象征着做梦者应该从日常生活中抽出时间来发泄悲痛。梦到在应该悲伤的场合却感到不协调的快乐，象征着做梦者正在经历否认阶段，面对失去下意识地否认。人们经常下意识地拒绝承认亲友死亡的现实，这是一种自我保护，可以暂时逃避失去至爱的剧烈的疼痛。但是，梦到在葬礼上却感到高兴，也可能暗示着正面的精神状态，相信死亡之后有更好的去处，或者接受死亡是生命的必然，有时候还是一种解脱。

丢东西

　　梦到丢失了宝贵的或珍爱的东西，象征着重要的人离开了，做梦者有种失去感。也可能是一个焦虑梦，因为做梦者真的丢东西了，或者象征着自我的某些部分发生了改变并且进步了。

信仰与精神

很多梦在本质上是关于精神的。在睡眠中我们的身体感受不到外界刺激，但是大脑正在享受精神的自由，类似于在宗教灵修中灵魂离开了身体。

卡尔·荣格第一个提出梦可以进行精神探索。他认为在日常的物质生活之外，追求精神和宗教真理是人的精神固有的强大能量，这种能量直接来自集体无意识，人类头脑中由遗传保留的无数象征符号，里面的原型意象向外投射进我们的意识，尤其是通过梦。

与其他任何主题相比，宗教与精神最常出现在"巨梦"里，也就是第三层梦里。这种梦里经常透露出某个"信息"，突然照亮了过去或者未来的路。梦里也会遇见原型，和我们交流深奥的信息，告知我们的精神需要和方向。荣格把这些原型之一直接命名为"精神"，也就是物质的对立面，在梦里表现为鬼魂或者更抽象地表现为无限感或无极感。智慧老人也经常出现在精神梦里，表现为精神的向导或真理的老师。其他原型可能会化身为象征符号或宗教符号。有时候

梦里也会有超验经历，让做梦者感到精神的狂喜与内心的平和。

第一层梦和第二层梦经常用更加直接和实际的方式描绘精神世界。梦到神父或其他神职人员象征着国教教会的权威，梦到《旧约》中的先知、基督教中的圣徒、印度教中神的化身或佛教中的菩萨，在某些方面象征着我们的精神身份或追求，或者对精神机构的无意识反应。

有些梦容易被解读为性暗示，比如

梦到爬山或爬树，但实际上可能是在描述精神进步。教堂高耸的尖顶被弗洛伊德解析为男性性符号，也可能象征着净化了的自我或精神教导的丰富与神秘。梦到高飞的老鹰象征着精神追求，梦到老鹰掉到地上是在警告精神骄傲的危险。

放大解析精神梦可以联想到某一个创世或化身传说，或者追求精神顿悟的故事。比如佛教创始人释迦牟尼的传奇人生，他出生于一个王族家庭，有感于人世生老病死的痛苦，放弃安逸的生活而甘愿多年艰苦修行，最终在菩提树下顿悟，成为佛陀或称"觉者"。另一个例子是北欧神话中的主神奥丁，他为了饮用智慧井中的水失去了自己的右眼，最终在善恶大决战中世界毁灭又重生。

通过精神梦，我们可以再生好奇感，重获发现事物表面之下的深层意义的兴趣。

佛陀

佛陀教导说，真理在内心而不在外界。他出现在梦里经常是为了提醒做梦者，需要发现自己内心的安宁。

印度诸神

　　印度教是一种多神教，蕴含着复杂的、多层的象征符号。梵天是造物主，毗湿奴是保护者，湿婆是毁灭者兼创造者。他们出现在梦里象征着令人不安的热情，还有伟大的爱、创造力与解放力。

湿婆

　　东方宗教已经深入了西方文化，因此也可能出现在梦里。印度教中的舞王湿婆兼具双重神性：既有毁灭力也有创造力，是又可怕又仁慈的神，在代表净化与解放的火环中跳舞。

光之灵

　　荣格解梦的一个中心意象就是光，这个原型意象象征着人类普遍的精神信仰，通用于所有文化与各种宗教。梦到周身发光的人或者头顶光环的人，是所有人通用的普遍符号，象征着自我即将接受神圣的能量。

圣母玛利亚

圣母玛利亚代表神圣的女性原则，在全世界各种宗教里都有这种代表纯洁的符号。在梦里，她经常象征着终极的无私的爱或同情，她用恩典与圣洁治理天堂，而不是用权威与力量。

神职人员

梦到神父、拉比、牧师或其他神职人员都象征着教堂的权威。这样的人物也象征着父母给予子女精神与道德智慧，可能做梦者渴望得到简单的道德肯定。

耶稣基督

在人生的关键时刻可能会梦到耶稣，比如人之将死，或者有时个人或精神事务是主要的心事。最鲜明的一个意象就是耶稣钉在十字架上，这个符号蕴含着多方面的意义，比如生命、死亡、复活、牺牲与救赎。

天堂

天堂在梦里可能是一个理想中的完美的地方，或者像宗教艺术中画的那样，天空之上在明亮的光中，上帝被大天使和小天使环绕着。另一种常见的意象是一个无比美妙的花园。梦到天堂可能是强烈的愿望满足的梦，或者是丧亡梦中安慰性的信息。

天使

在基督教传统中，天使是天堂的使者，向世人传达上帝的信息。梦到圣母领报，大天使加百列告诉圣母玛利亚她将要产下小基督，象征着做梦者将要经历精神的转变。梦到天使长米迦勒率领众天使打败魔王撒旦，象征着光明驱散了黑暗，梦可能是在暗示做梦者需要战胜心中的"魔鬼"。

先知和圣徒

神圣的人物代表了精神的追求。在梦里，他们可以提供指导，或者鼓励做梦者追求个人领悟或者精神满足。

末日审判

梦到站在上帝面前意味着末日审判。做梦者必须解决负面心理才能进入更高层次的精神境界。

飞翔的老鹰

梦到巨大的老鹰、鱼鹰或秃鹰在高空飞翔象征着精神的追求，但是如果它们突然掉在地上，梦是在警告，在精神进步的路上，心生骄傲会适得其反。

自己与别人 Self and Others

　　关于我们自己的符号，以及与我们有关的别人，经常出现在我们的梦里。比如，身体符号常被无意识用作象征，明显指向隐含的比喻意义。身体部位在梦里的意义则有关其形状（弗洛伊德的惯用方法）或功能，例如，舌头对于清楚表达观点或感情必不可少。同样，当别人出现在我们的梦里时，并不是他们的真实身份，而是他们的象征联想最有助于解梦。

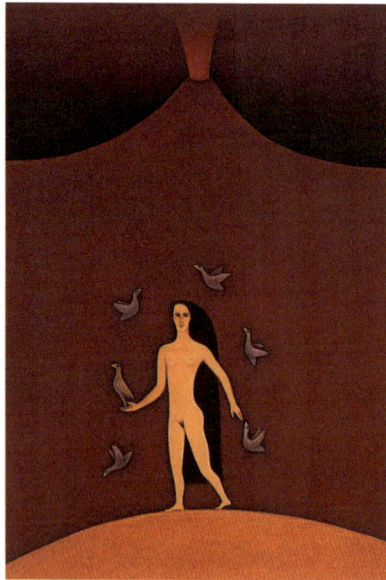

身体与功能

在古埃及、古希腊、古罗马和中世纪的欧洲，身体都被用来比喻精神世界。这种观念在神话和宗教中都有反映，古埃及智慧之神赫尔墨斯·特利斯墨吉斯忒斯创造了格言"在下如在上"，基督教中也说上帝按照自己的形象创造了人类。在梦里，做梦者自己或别人的身体状况能够反映做梦者的心理特征，或者心理或精神发展的水平。

更直接的是，梦会用身体警告某些健康问题，或者表达对饮食或锻炼的需求。早期的解梦学中，身体被认为可以揭示未来。阿特米多鲁斯曾经写道，一个男人梦见自己的胡子被刮干净了，说明他会"突然受辱或遭遇问题"。托马斯·泰伦是 19 世纪英国的一位解梦者，他认为梦到自己的肚子比平时大，预示着家里增加新成员或新财产，而在梦里看到后背预示着厄运或（也许更明显）人到老年。

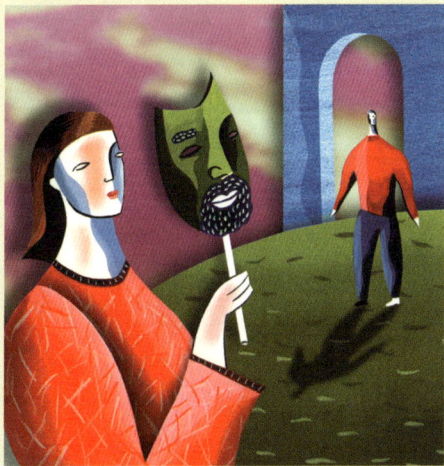

弗洛伊德由梦到排泄或上厕所联想到性心理发展过程中的肛欲期。幼儿刚学会排泄时会感到类似性欲的快感，如果从小训练上厕所时，这种肛欲体验被家长管束太多，可能会让人一生对身体的自然功能感到羞耻、厌恶和焦虑。

左右

荣格认为，梦侧重右边指的是意识，侧重左边代表无意识。左在传统上代表不幸或不可靠（英语里的"不祥"在拉丁语里的原意就是"左"），梦如果侧重左手或身体的左半边，象征着做梦者有意无意地对某个人或某个风险有所保留。相反地，右代表幸运与信任（因此"得力助手"的原意是"右手边的人"），梦如果侧重右边则是源于乐观感。

骨头

骨头代表事物的本质。梦到被剥皮露骨或伤到骨头象征着突然的顿悟，有时也象征着做梦者的人格受到了沉重的打击。破碎的骨头象征根本的弱点，骷髅通常象征死亡。

眼睛

眼睛被誉为心灵的窗户，可以反映做梦者的精神健康状态。明亮的眼睛象征着健康的内心生活。呆滞的或紧闭的眼睛则象征着焦虑感、情感障碍或缺少沟通。

心脏

心脏的原型意义是情感生活的中心，特别是爱的象征符号。血代表搏动的生命力，涌出的血代表牺牲与失去。梦到心脏象征着做梦者需要无条件的爱、养育和安全感。梦到破碎的或残缺的心脏，象征着做梦者对亲近的人有不安全感。

脸

我们无法像别人一样看到自己的脸：

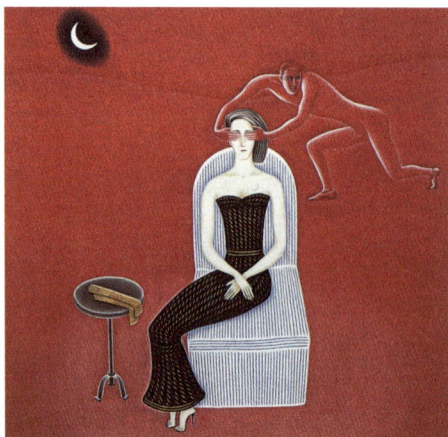

在照片里颜色不一定真实，在镜子里看到的又是反的。在梦里看到自己的脸是一种警醒，象征着需要仔细想想自己是谁，也许应该丢弃一贯示人的面具。梦也可能是在用双关语：也许你应该"敢于面对"困难的境地？或者你觉得某个人是"两面派"？

头

头象征权威人物，比如父亲。如果梦到从后面看到头，象征着和父亲感情很疏离；如果父亲已经过世，象征着失去感。头也代表智力和理性思考的能力，梦到自己的头象征着对某种情况的反应也许不够理智。

口

弗洛伊德认为，梦到口象征着性心理

发展过程中在早期阶段的口欲期固结，造成做梦者人格上的不成熟特征，比如容易上当或言语攻击。但是，口也是交流和表达的符号，它出现在梦里可能象征着未被开发的创造力或无法表达的感情。

牙

阿特米多鲁斯解梦认为口代表家，右边的牙代表男性成员，左边的牙代表女性成员。很多焦虑梦的焦点都是牙（掉牙、坏牙等），因为人在睡眠中口是头上唯一还有感知的部位，梦到牙有问题也并不奇怪。梦到掉牙象征着害怕失去青春或活力，还可以引申到害怕失去性能力。但是如果梦到换牙则是乐观的符号，象征着生命进入新阶段。

背

如果梦到有人背对自己，象征着做梦者的被抛弃感，或者生活中有人或有事让做梦者失望。如果梦到父母的背影，象征着做梦者可能觉得父母没有给予足够的支持和养育。如果梦到一群人转过身去，象征着做梦者在生活中被排挤了。

血

在根本上，血代表生命本身，但血在梦里是一个很复杂的符号，在很多不同的方面有不同的意义。梦到血突然喷出象征着剧烈的感情，或者感觉有人或有事正在耗干自己的生命。也许是因为对一段关系或一份工作投入了太多努力却没有得到认可？梦到血涌出来也象征着疼痛、痛苦或伤害，无论是身体上还是感情上。梦到血迹象征着深深的内疚。血也与女性月经有关，象征更新与女性性欲。如果做梦者是男性，可能暗示着害怕女性的身体或者甚至害怕被性侵。

鼻子

弗洛伊德认为，高鼻子代表性欲。常见的梦还有"匹诺曹"，每说一次谎话鼻子就会变长，象征着对不诚实的行为感到内疚，尤其是性行为。或者，梦里明显强调鼻子是在鼓励做梦者"跟着鼻子走"，也就是听从自己的直觉。

耳朵

如果耳朵出现在梦里，是在提醒做梦者要多注意外面的世界。也许我们太专注于自己的内心世界，没有注意到周围的人的行为或对我们说的话，他们可能在告诉我们重要的事情。

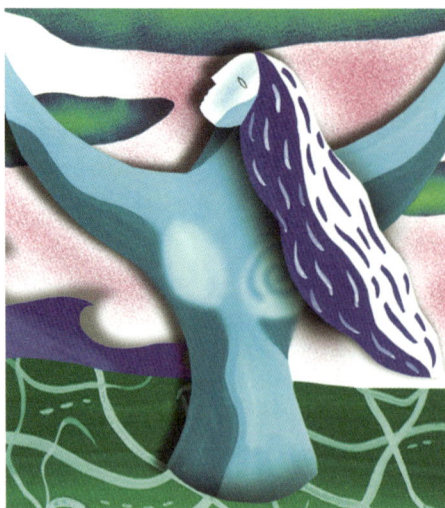

可以象征受伤的感情经历，梦会反映做梦者对受伤的态度，要么试图掩盖，要么自豪展示。

手

手代表行为，无论善恶。梦到洗手象征着推卸责任，或者像本丢·比拉多把耶稣钉死在十字架上之前洗手一样，象征着暗示自己的清白。梦到无法洗去手上的污渍，象征着还没有被原谅的负罪感。梦到张开的手象征着宽容或友谊，梦到手攥成拳头象征着愤怒、攻击或力量。

双臂

双臂既可以是惩罚的工具，也可以是安慰的表示。紧抱双臂代表防御，张开双臂代表迎接机遇。举起的双臂代表权威或

头发

头发作为象征符号有很多种意义。头发经常代表虚荣，也代表了女性魅力，象征着一个女人自信对男女都有吸引力。《圣经》中有参孙和大利拉的故事，大力士参孙的头发被剪掉了，于是丧失了全部力量。对很多人来说掉头发是青春逝去的明显标志。掉头发也有正面的含义，剃头象征新的开始或看破红尘，光头经常代表和尚。

皮肤

皮肤代表我们展现给外界的外貌。梦到光滑的、没有瑕疵的皮肤象征着不切实际地渴望完美，梦到伤疤和瑕疵象征着感觉到个人的不足。伤口和伤疤也

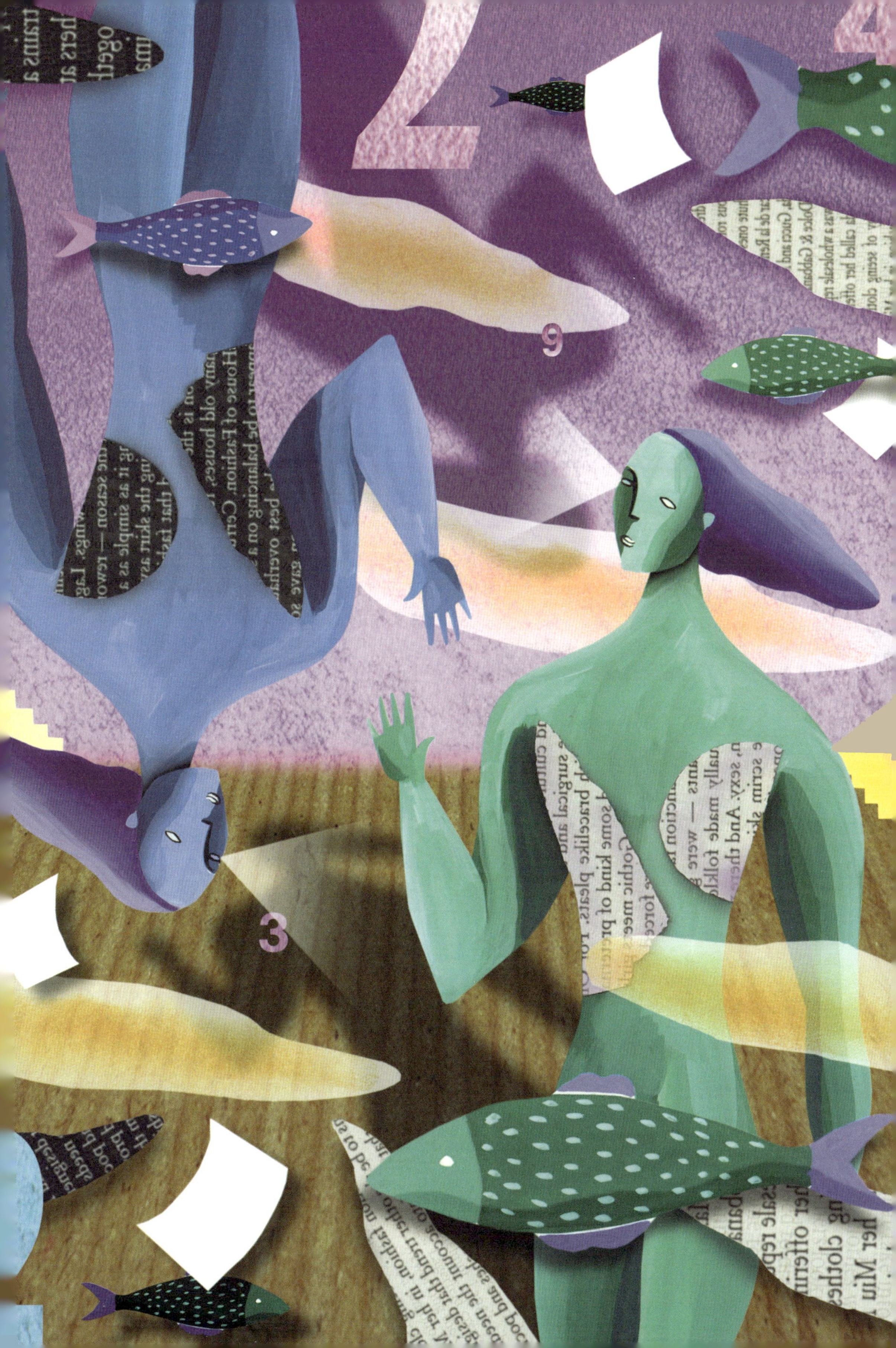

冲突，也可能是代表武器。如果梦到打开双臂，象征着渴望安慰或身体接触。梦到被拥抱象征着希望得到慰藉。

指甲

梦到用指甲抓伤朋友或同事的脸，不一定说明我们想伤害他们。准确地讲，梦是在表达希望摘下他们的人格面具，看看真实的他们是什么样子。

双腿

双腿代表我们的根基，双腿强壮让我们感觉很有底气，否则会感觉"站不住脚"。梦到双腿也象征着在一段关系或职业生涯中应该向前进。

肚子

自古至今，圆肚子就是女性怀孕的符号。梦到肚子对某些女性而言象征着母性，对无论男性或女性都象征着希望回到母亲子宫的温暖保护中。肚子也代表"本能的感觉"和直觉。

乳房

女人的乳房代表母亲无条件的爱，梦到乳房象征着希望哺育或被哺育。因为在生命伊始，奶水是所有的营养与生命的来源，荣格认为梦到乳房象征着渴望精神更新与再生。梦到乳房也可能是性欲的满足。

屁股

梦到大屁股象征对女性的性欲，或者更简单地说是性欲受挫。

身体功能

梦到排泄通常象征着做梦者在公共场合感到焦虑或羞耻，或者迫切希望表达或倾诉自我，无论为了创作还是宣泄。梦到月经也有相似的含义，另外也象征着创造力的突然释放。梦到找不到厕所，象征着想公开表达自己却又害怕这么做；梦到找到厕所却被人占用了，象征着嫉妒别人的职位或创造力。梦到厕所堵了，象征着害怕失去对情感的控制，或者创造力的迸发失控了。

清洗与沐浴

清洗明显代表净化与更新。很多信仰都有净化仪式，比如基督教中有洗礼，锡克教先洗脚才能进入金庙。荣格认为梦到清洗象征净化与革新，然后就开始进入新的人生阶段或更高的精神境界。更实际地讲，梦里具体强调洗头象征着做梦者希望摆脱伴侣、朋友或同事；梦到用力清洗全身象征着一种过度的需要，想让自己摆脱对某个行为的责任，因为自己感觉羞耻或

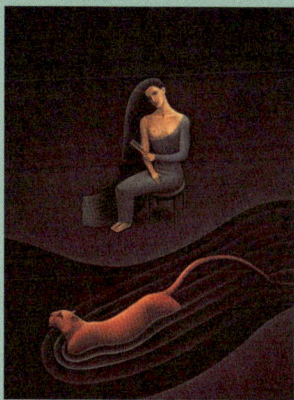

在道德上自知错误。

用毛巾擦

梦到用毛巾擦身体象征着自慰，也自然暗示了性受挫。如果青春期的性冲动被家长或老师发现，没有得到体谅反而只是尴尬，梦到自慰还会引起内疚感或羞耻感。

缺乏隐私

如果梦到上厕所却缺乏隐私，象征着做梦者害怕公开亮相，或者需要更多的自我表达。用弗洛伊德的话说，做梦者感到受挫，因为找不到合适的时机表达自己。相反，如果梦到当众上厕所，则象征着做梦者可能有表现癖。或者，梦是在表达做梦者的愤怒，因为自己的创作或专业努力没有得到更多的公开尊重或经济回报。

出生与复活

　　所有的人都会经历生老病死，这些也是梦里突出的主题。我们都是无限循环的一部分，这种循环大到生命的交替与世界的进化，小到我们的生活中经历的一切：一段又一段关系的开始与结束、每一年四季的更替、每个月月亮的圆缺。在荣格的集体无意识的概念里没有终结，只有不断循环的变化。在我们的梦里，正如在神话中一样，死亡并不是终点，而是成长与转化的总体进程中的一部分。大自然中的生命总是死而复生（世界上的很多宗教每一年都会庆祝死亡与重生），我们的心理和

精神能量也是一直在自我更新。贯穿于人类存在的自始至终，集体无意识是一种渠道，让新的或更新的思想和精神能量流入每个人的意识里。

梦为了表现重生与更新，经常会让做梦者回到小时候。梦到重新变成小孩子反映了成人的苦恼（比如需要新的开始或灵感），而不是在表达想回到童年的愿望。同样，如果梦到自己比真实年龄更老，增加的年龄只是一个符号，象征智慧、思想僵化或身体病弱。如果别人出现在我们的梦里，比本人更年轻或更老，可能象征着我们羡慕他们的活力或阅历。

复活——死去的人、动物或树又活了过来，在梦里是典型的原型，经常象征着老的观念充斥了新的生命。或者，梦是在警告没有妥善解决的问题卷土重来。

蛋

在很多神话传说中，蛋是宇宙之源，诞生出了世间万物。在梦里发现一个蛋、婴儿、雏鸟或代表出生的其他形式，都象征着做梦者的生活中出现了新的可能性，同时强调需要悉心培育这些可能性。

出生

梦到出生，无论是从做梦者自己的身体里出生还是做梦者自己出生，都象征着新的方法与办法，有时候只是做梦者希望找到新的方法与办法，有时候则是确实有新的可能性正待探索。梦到出生也可能象征着做梦者内心有新的精神觉醒，虽然新生的精神很脆弱且有依赖性。

种子

梦到种子或鳞茎象征着新想法的萌芽或生活中新阶段的开端。伟大的事物可能诞生于微小的开始，只要它们在合适的环境里得到悉心的培育。

裸体与衣服

西方文化对于裸体有两种截然不同的解析：一种是孩子般的纯真，另一种是过分沉迷于肉欲。亚当和夏娃违背上帝意旨偷吃禁果后，开始遮盖自己的裸体，从此羞耻进入了人类的意识，世界再也不一样了。

在第三层梦里，裸体（比如圣童原型）象征做梦者的精神实质或者真实的本性。在第一层梦和第二层梦里，裸体象征很多不同的意义，比如脆弱、希望卸下防御、摆脱羞耻、热爱真实，等等。在梦里过度焦虑自己或别人的裸体，象征着在亲密关系中害怕诚实坦白，或者无法接受或整合自己的性欲。弗洛伊德认为，裸体还象征着渴望回到童年的纯真，或者是在表达被压抑的裸露癖；如果小时候在性心理发展过程中的性器期受到家长的惩罚，可能会导致做梦者潜藏裸露癖。

衣服的意义同样矛盾，既可以象征神圣，神祇、圣徒、天使身上都披着光，也可以象征世俗的虚荣，人类用外表自欺欺人或者掩盖羞耻或缺陷。

虽然穿衣服是为了遮盖裸体，但是有些衣服的剪裁、线条或功能反而会让人注意下面的部位。梦到胸罩或裤子象征乳房或生殖器，或者象征着女性、男性或性欲。

梦到衣服，特别是吉祥的颜色，象征着做梦者的心理或精神成长比较正面；但是如果衣服的颜色过分夸张，象征着做梦者对外展示时内心虚弱。由于衣服能够让人看起来比实际上更高或更瘦，更富或更穷，有时也象征着做梦者谴责自己的虚伪：例如，梦到一件奢华的西服背心，象征着做梦者知道自己正在欺骗别人，创造了一个虚假的人格面具。

女性裸体

维纳斯和很多其他经典女神都被描绘为裸体或接近裸体。这种神圣的裸体代表爱与美，或者像九缪斯一样代表艺术的至高真理。强势的女性裸体，比如古希腊狩猎女神阿尔忒弥斯，象征着阿尼姆斯原型，也就是女性身上的行动力。弗洛伊德认为，梦到女性裸体通常在表达性欲；如

果做梦者是女性，可能暗示着同性恋的倾向或者做梦者渴望展示自己。

裸体

梦到自己或别人裸体有很多种不同的意义，解梦时需要仔细分析梦里的情绪和裸体出现的语境。通常来讲，裸体象征着渴望重回纯真，像亚当和夏娃在伊甸园中一样，如同孩子般没有自知。裸体也代表开放与诚实，象征着接受自己真实的本性，或者愿意面对本来的事实。但是在焦虑梦里，开放的意义可能会变成脆弱。

接受裸体

接受裸体代表欣赏自由与自然。在梦里享受看到别人的裸体，弗洛伊德认为是愿望的满足，但也可能象征着做梦者能够看透别人的防御，接受人们本来的样子。如果在梦里热烈欢迎别人裸体，可能象征着生活中人们虚假的人格面具和做作的行为让做梦者感到挫败。

儿童裸体

儿童裸体代表纯真，有时还可以联想

到圣童原型。如果做梦者试图遮盖小孩子的裸体，象征着伪善、虚假或者不善于表达自己。

别人无视做梦者的裸体

梦到自己在公共场合裸体，别人却完全无视或视而不见，象征着做梦者不在意别人的看法。或者，梦是在暗示做梦者应该暴露真实的自己——心理上、精神上或身体上，没有理由担心会被别人拒绝。另外也可能象征着做梦者需要学会接受真实的自己，或者坦然面对过去的情感创伤。

反感别人的裸体

在梦里看到别人裸体而不安或反感，象征着做梦者发现了别人虚假的人格面具后面的本性，因此而感到焦虑、失望或厌

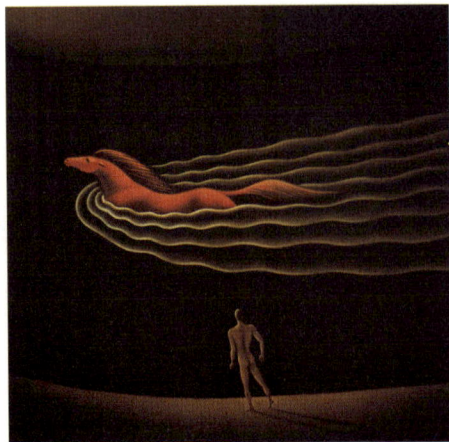

恶。如果并非身体本身让人反感，梦可能是在暗示做梦者不愿意让别人做真实的自己。如果看到别人的裸体反应太惊恐，象征着做梦者太过谨慎，或者不愿意和别人建立感情上或身体上的亲密关系。

男性裸体

梦到男性裸体，弗洛伊德认为和梦到女性裸体一样，暗示着异性恋或同性恋性欲；如果做梦者是男性，可能有压抑的裸露癖倾向。荣格认为，梦到完美的男性裸体可以联想到古希腊和古罗马的众神，象征着做梦者对文化、艺术和美的热爱或者对更高的精神境界的渴望。

衣服太紧或太松

梦到穿太紧或束紧的衣服（尤其是正装，比如西装或晚礼服），通常象征着做梦者被自己的公共或职业角色约束或限制了。个别情况下，也有可能象征做梦者觊觎更高的位置或想达到比现在更高的成就。弗洛伊德的解析集中在暴露性，认为太紧的衣服象征对女性乳房或屁股的关注，因为太紧的衣服会显出它们的形状。相反地，梦到穿太松的衣服象征着做梦者希望摆脱道德和习俗的约束与限制。可是，太松的衣服没有形状，也可能象征着做梦者试图隐藏真正的形体和真实的本性。

斗篷

斗篷在梦里是一个特别矛盾的符号，既象征着不正当的隐瞒和保密，也象征着神秘和魔法，还象征着温暖和爱的保护。弗洛伊德的典型解析是斗篷象征掩盖女性性欲。

和服

和服让人联想到东方，特别是日本。

梦到和服象征着做梦者感觉和东方文化有共鸣，但如果和服让做梦者感到不协调，可能象征着人格面具的某些方面让自己觉得陌生。

毛衣脱线

梦到羊毛衫脱线象征着幻想破灭，可能是对某一个人，也可能是对某个珍视的计划或理想。用荣格的直接联想可以确定毛衣具体象征什么。

帽子

帽子有很多不同的意义。荣格认为帽子象征思想，因此梦到自己戴什么类型的帽子很重要。如果梦到换帽子或戴新帽子，象征着做梦者正在经历个人发展，思想开放愿意接受新观点，并丢弃以前的过时观念。

腰带

腰带支撑衣服，梦到腰带象征着社会规范和需要维持人格面具的伪装。在焦虑梦里总是系不上腰带，象征着做梦者担心不能维持公共形象，不能超越社会所接受的行动规范。腰带也代表约束和限制，梦到腰带松了象征着做梦者希望逃离约束，摆脱强加在自己身上的道德准则和社会习俗。

头巾

伊斯兰教教徒和锡克教教徒的头巾代表地位，标志着自己是宗教团体的一员。头巾象征尊严和主导的男性权威。如果做梦者不属于戴头巾的宗教或民族，梦到头巾代表未知的异域风情，象征着做梦者渴望新的视野和经历。

靴子

我们经常说"用靴子踢走"形容解除

什么事情，或者用"靴子在另一只脚上"形容情况相反。根据不同的语境，如果靴子在梦里很重要，可能象征着需要除去生活中负面的影响，或者地位变化了或运气反转了。高跟皮靴或系带靴子还暗示着性主导权。便靴保护我们的双脚，在路途艰难时抓住地面让我们走得更稳，梦到便靴象征着在生活中遇到挑战时要脚踏实地。

毛皮

在梦里穿毛皮象征着妄自尊大或怀念过去的辉煌。白貂以前只用于装饰法官和王室的礼袍，作为传统符号象征道德纯洁，梦到穿白貂毛皮象征着孩子般的纯真，或者希望得到承担道德或社会责任的位置。弗洛伊德认为，毛皮象征阴毛，而梦到自己舒适地裹在毛皮里，象征着渴望回到温暖而安全的子宫。

盔甲

梦到穿着沉重的衣服或盔甲，象征着在生活中防御太过。梦用这种方式暗示做梦者需要更加自信、开放、平和，不必用这么极端的方式保护自己，外面的世界没有那么多自以为的危险。

内衣

梦到内衣象征着无意识里的态度和成见，做梦者认为这些应该"保密"。梦里内衣的颜色和状况可以反映这些态度的具体特征。梦到自己穿着内衣被别人看见而感到羞耻，象征着做梦者不愿意把这些态度公之于众。

长裙或短裙

如今的西方女性更常穿裤子而不是裙子，梦到长裙或短裙象征着，无论做梦者是男性还是女性，都需要整合和表达人格里的女性特征。有些长裙还有特定的含义，例如，梦到自己穿着美丽的舞裙，象征着需要发挥并展示自己最好的品质。

戒指

戒指是婚姻的标志，梦到戒指象征着承诺和满足。戒指还象征生命的无限循环，隐含着永恒。

短裤

短裤经常代表青春和缺乏经验，梦到自己穿着短裤象征着还没有准备好迎接挑战。

人们

一生中，我们在梦里会遇见很多人。有些直接象征我们认识或有关的人，这样的梦多是反映我们和这个人的关系；有些更加抽象，象征着特定的品质、愿望或原型主题；有些则象征着做梦者自己的某些方面。有时梦又会压缩和节约，让一个梦里的一个角色同时承担三个功能。

只有解析所有细节才能确定梦里的角色究竟承担了什么功能，但是像梦里的其他主题一样，梦里的人们还是明显有些共性。

荣格认为，如果有人在几个梦里呈现不同的外表，但是还能被认出来是同一个人，那么说明这个人象征着做梦者自己。这个角色在梦里的不同场景里表现出的行为都反映了现实生活中的我们，于是我们通过解梦不仅可以了解真正的自己，而且可以了解别人眼中的自己。

相反地，如果一个角色经常出现在我们的梦里，却表现出了我们不想成为的任何样子，那么说明这个人象征着阴影原型，隐藏的、压抑的本性。但是，阴影并不总是负面的：通过了解阴影，我们可以承认自己的黑暗面，然后把它们整合进意识；如果无视阴影，我们的黑暗面就会一再出现在梦里，用更具破坏力的形式伪装自己。

如果梦里出现了特别美丽或强大的人，一般象征着阿尼玛和阿尼姆斯，也就是在集体无意识层面共存于每个人身上的女性与男性特征。在我们人生的各个阶段，如果男性或女性特征有一方面比较弱，梦里就会出现原型鼓励我们培养那一方面，并从其品质中获得力量。

巨人

在成人的梦里，巨人象征童年的回忆，小时候所有的大人都比自己高很多。在孩子的梦里，巨人象征现在的现实，比如父亲令人害怕的一面。虽然梦里的巨人让人惊叹，但是不是所有的巨人都很可怕。有些巨人象征着强者对弱者的关爱和保护。梦到自己变成了像格列佛一样的巨人，周围全是小人国的小人，可能象征着做梦者的优越感，或者提高了的自我意识，也许梦是在夸大不安全感？

老人

梦里的老人经常象征智慧老人原型。他会为做梦者提供指导，比如面对困境应该采取什么行动。但是，如果他看起来年老体弱，可能象征着做梦者害怕衰老或死亡；如果做梦者是男性，还可能象征着对性无能的焦虑。

巫婆

老巫婆出现在全世界各地的神话和民间传说中。巫婆象征着吞噬一切的大母神原型，既可以是敌对者也可以是帮助者，无论哪种情况都象征着做梦者潜在的内心智慧。弗洛伊德认为，巫婆经常象征阉割焦虑或者与母亲的纠葛。

乞丐

梦里出现乞丐是在提醒做梦者物质追求的虚妄，或者象征着做梦者的自尊心不足。乞丐生活在社会最底层，完全依赖别人求生，但是他们不用做无聊的工作，也不必生活在同一个地方。乞丐或吉卜赛人出现在梦里，也可能象征着做梦者渴望逃离无聊、单调、传统的日常生活。

沉默的证人

梦里的人拒绝说话或不能说话，经常象征着情感与理智的不平衡，其中一方压倒了另一方，被压倒的一方无法表达或无能为力。

流氓

流氓拒绝遵守社会规则，梦里出现年轻的流氓，象征着做梦者希望摆脱限制自

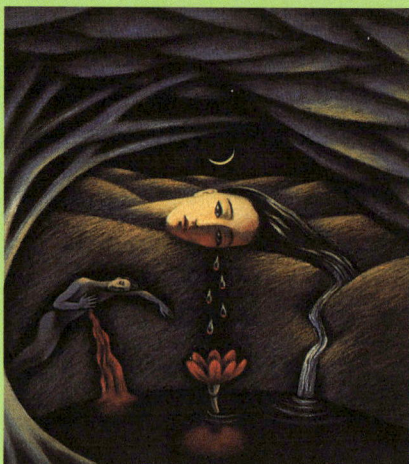

己成长的传统习俗或约束。但是这个符号也可能有相反的意义，象征着做梦者内心潜在的破坏性，用荣格的话说，梦是在表达人格面具的黑暗面的某些冲动，也就是阴影原型。

寡妇

寡妇失去了丈夫和生活中的男性力量，弗洛伊德认为梦到寡妇对男性象征着阉割焦虑。更普遍地来讲，梦到寡妇象征着死亡或者经历了重大的失去。

孩子

梦到自己又变成了孩子，象征着渴望重获童年的纯真和父母无条件的爱。梦到孩子还可以象征做梦者自己的很多方面，比如脆弱感，或者本性中很少表达的爱玩的一面，或者在生活中走错路后渴望重新开始。

家人

如果全家人出现在梦里，象征着做梦者渴望家的温暖和团结。如果自己看见全家人，却没和他们在一起，象征着做梦者的疏远感。

母亲

母亲在梦里是一个复杂的符号，有很多层不同的意义。总体来讲在原型层面，母性象征重生、繁殖和持续。她孕育并养育生命；但是，她也代表生死轮回，为了创造新生命这是必然规律。

荣格认为大母神原型对人类的心理成长影响深远。但是在弗洛伊德的解析中，母亲要么象征无意识里的性欲，要么象征阉割焦虑。梦到自己的母亲，可能蕴含着上述任何一种意义，但是也可能是在真实反映和母亲的关系。在梦里如何与母亲互动，可以反映做梦者和母亲的关系现在是什么状态，以及在成长过程中可能有什么问题。

父亲

与梦到母亲一样，梦到父亲也可能只是在反映和父亲的关系。做梦者在梦里的情绪，愤怒、怨恨还是快乐，在解梦时至关重要。弗洛伊德认为梦到父亲明确是关于性，根据做梦者是男性还是女性，要么象征对性的不安全感，要么象征乱伦欲望。荣格认为梦里的父亲更可能象征着智慧老人原型。

双胞胎

双胞胎代表做梦者人格的不同方面，如果梦到快乐的双胞胎，象征着本性中相对立的方面已经整合成为和谐的整体；如果梦到冲突的双胞胎，象征着内心的混乱。

兄弟姐妹

梦到兄弟姐妹会让人想起从小到大的竞争与嫉妒。尽管兄弟姐妹间的竞争有时候相当激烈，但是梦里出现的经历全部来自做梦者的记忆仓库，并不意味着这种竞争持续到了成年后的生活中。

叔叔阿姨

梦经常用叔叔阿姨代替父亲母亲，表达做梦者对父母中的某一方或两方的无意识里的态度。用荣格的解析理论来讲，叔叔对女性做梦者象征着阿尼姆斯，阿姨对男性做梦者象征着阿尼玛。

祖父母

梦到祖父母象征着荣格所说的智慧老人原型和大母神原型。他们也可能象征着家族之间的爱和支持所带来的安全感。通常我们和祖父母的关系不像和父母的关系一样令人纠结，梦到祖父母也可能是在暗示希望和父母的关系可以少些问题。

朋友

梦到朋友没认出自己或者假装不认识自己，象征着做梦者缺乏自信。但是，梦也可能是在暗示做梦者对一段关系心存怀疑。或者，梦是在温柔地提醒，受人欢迎只是暂时的。

观众

梦到自己在公开会议上收到了热烈的掌声，象征着做梦者在生活中实现了突破，也许是终于获得了本应得到的认可。但是，如果梦到被愤怒的观众嘲笑，象征着做梦者的多疑和自尊心不足。

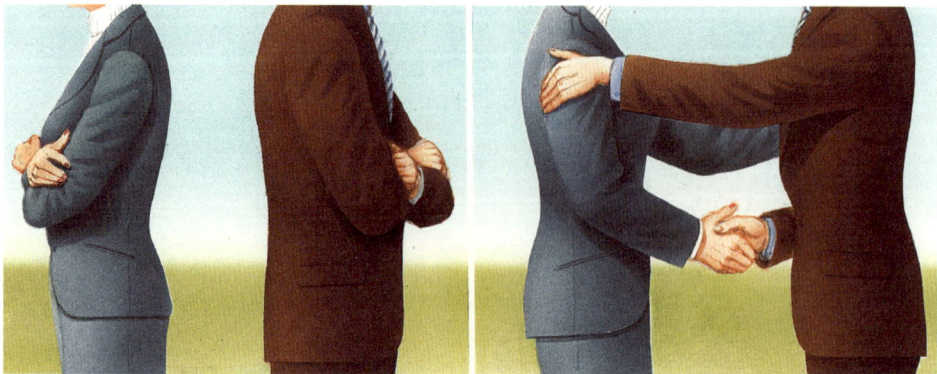

聚会或集会

梦到自己主办聚会或集会，象征着做梦者渴望别人的关注，或者希望得到朋友们的喜爱。梦也可能是在表达做梦者的愿望，感觉自己忽略了家人或朋友，想和他们团聚一下。如果已经离开了自己生活的人出现在聚会上，比如以前的伴侣或者去世的亲友，梦是在强调做梦者的失去感。

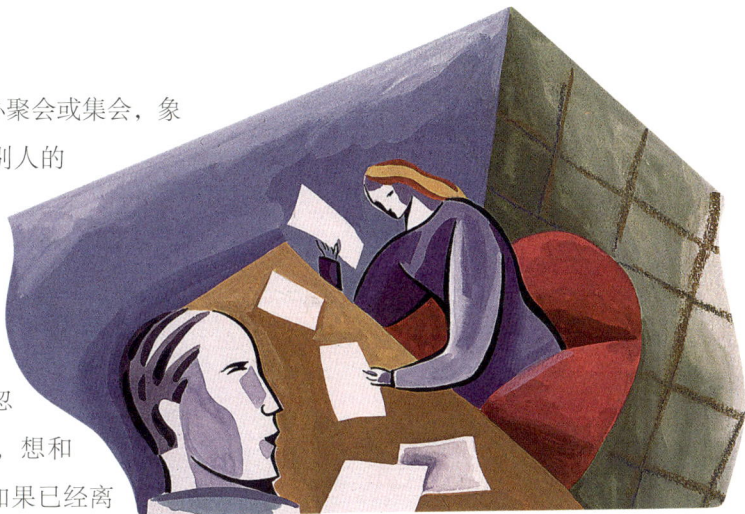

老板

梦到老板反映了来自公司和工作的焦虑，也可能象征着做梦者和父母的关系。如果梦到自己要求涨工资，象征着渴望获得父母更多的关注，或者希望父母更明显地表达爱。相反地，如果梦到自己被裁员失业了，象征着被父母拒绝的痛苦。梦到自己是老板，象征着希望在性关系上掌握主导权。

外国人

梦到一个或一群人在说自己听不懂的外语，象征着做梦者很难理解或接受自己的某些部分。或者，梦是在暗示做梦者在与人沟通上有问题，可能是总体上不善于与人交流，也可能是在某一件事上或与某一个人的沟通不畅。

房东

房子在梦里经常象征做梦者自己。梦到住在别人的房子里，象征着做梦者无法掌控自己的生活。也许父母或伴侣太强势了，也许做梦者感觉自己只是随波逐流，不是由自己的意愿决定了现在的生活。

职业

职业在梦里很重要。无论自己在梦里的行业或身份，还是梦里别的角色的职业，通常都象征着做梦者人格的某些方面。工作场所充满了丰富的隐喻，既包括物品也包括行为，梦会从中自由选取某些元素来表达特定的目的。

例如，梦到去眼镜店，象征着做梦者在处理人际关系或者个人与职业问题时目光短浅。梦到自己向毫不在意的行人卖报纸，象征着做梦者不能把某些重要的信息传达给别人，也许需要寻找新的方法。梦到自己求职却申请了很多不同的工作，同样象征着需要寻找新的方法；同时梦也在强调除非在生活中找到更明确的方向感，否则做梦者会越来越挫败越来越幻灭。我们经常会梦到现在的职业或项目，这样的梦是在表达我们的焦虑，或者是在指出我们在某些方面不够高效或错过了某些机会。

甚至梦里出现了过去工作中的某些小事，其实也是在为现在的工作提供线索，通过展示过去的事情为什么变得更坏或更好，建议未来应该如何处理才能更加成功。

权势

梦到和有权势的人周旋经常象征着缺乏感情，也许是做梦者自己，也许是周围交往的人。梦可能是在建议做梦者用更私人更投入的态度处理人际问题。或者，梦是在强调做梦者无法理解复杂的事务，应该更加注意细节问题。更广泛地来讲，权势象征着这个世界的运行机制冷漠无情，不管我们如何努力也不一定会成功，无论是在工作上，还是在生活琐事上。

工程师

我们经常把工程师当作救星，无论

我们遇到什么麻烦，他总能修好坏掉的齿轮。在梦里，工程师象征着在无意识深处的修复力量，阻止破坏性的冲动打扰意识。在生活中，他可能是某个亲密的朋友、至爱的亲属或信赖的顾问。

牙医

正如我们所料，梦到牙医最常见的原因是牙疼。当没有牙齿问题时梦到了牙医，弗洛伊德认为梦到拔牙象征阉割焦虑，荣格认为如果做梦者是女性则象征着生孩子，梦用牙医这个更加熟悉的形象代指了产科医生。

建筑工人

房子通常被认为象征做梦者自己，因此梦到建房子的人象征着父亲或其他对生活有重大影响的人。如果梦里的房子还没有建成，梦是在反映做梦者的童年以及对父母过于依赖的关系。

指挥

梦到自己是交响乐团的指挥，根据在梦里的情绪和语境，象征着做梦者希望支配别人的行为，或者想要控制住自己的创作冲动。联想到音乐的精神意义，这个梦也可能在表达做梦者渴望精神超越或精神指导。

修理工

梦到修理工被一堆汽车零件包围，象征着做梦者无法把生活打理得井井有条。把发动机拆成各个零件再重新组装，找到正确的工具解决问题的源头，这种看似不可能的工作和生活相似，日常生活也充满了这种混乱的挑战。

矿工

任何地下的事物通常都象征无意识，因此梦到矿工在地底下挖矿象征着做梦者的自我发现。地下的矿石被带到地上才成为宝石，同样地，在无意识里发现的智慧要经过意识的检验才能成为真知。

水手

水手与海密切相关，因此也象征无意识。梦到水手象征着做梦者的冒险精神，想要探索内心世界的未知边界。

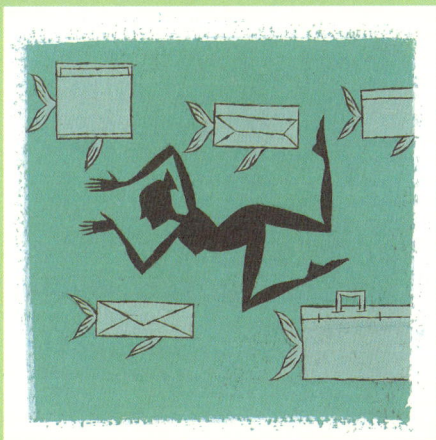

药剂师

荣格认为中世纪的炼金术象征着内心转化。炼金术士在现代相当于药剂师，梦到药剂师象征着做梦者追求精神成就。

医生

在梦里如果自己是病人，医生经常是精神分析术语中"移情"的对象，做梦者把自己和父母的关系中的情感，无论过去的还是现在的，转移到了医生身上。

舰队司令

弗洛伊德认为船是男性性符号。类似地，梦到自己是舰队司令，象征着做梦者想要在一段关系中更有控制力，或者甚至想在性行为中主导伴侣。

水管工

房子里的水管和阀门象征身体的内脏和在最深处运行的心理和情感。梦到水管工表示做梦者担心自己的健康，或者象征着心理或情感的探索和治愈过程。

护士

护士在梦里的象征意义根据语境完全相反：如果梦到自己是病人被护士照顾，象征着做梦者渴望母亲般的关爱；如果梦到自己是护士照顾别人，象征着做梦者的母性流露。

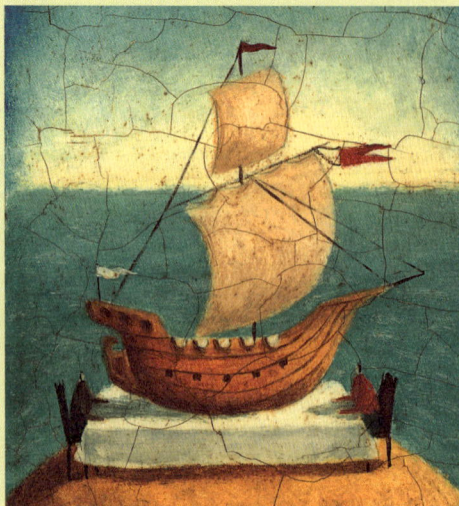

死亡

集体无意识的视野是长期的而不是短期的，由死亡联想到变化而不是终点。但是，就个人而言，我们对死亡感到忧虑、恐惧却又着迷。第一层梦和第二层梦来自意识之下的不远处，充满了我们对死亡的焦虑，也许是自己的死亡，也许是至爱亲友的最终或实际死亡。

在梦里担心自己死亡，象征着我们需要接受现实的不容置疑，死亡是人类无法避免的命运。梦到别人死亡则象征着更广泛的担心，比如，担忧自己的人格或本性被消灭，害怕受到上帝的审判或惩罚，畏惧地狱，担心死亡的方式，等等。

死亡梦有时会对未来发出预知的警告。林肯总统在被暗杀之前的几天，梦到了自己的死亡，看见他的尸体穿着葬服停放在白宫的房间里。但是，很多关于死亡的梦其实与真正的死亡没有关系，只是在反映做梦者的心理状态或生活中的变化。

梦里出现死亡的符号，也可能会让做梦者想到生活中即将到来的无法改变的事情，比如退休、失业、搬家或结束一段亲密的关系。

在梦里看到别人的讣告、墓碑或参加别人的葬礼，可能象征着那个人在工作上被解雇了，或者做梦者对那个人的喜爱降低了，或者那个人在其他方面失去了信誉。

梦到自己的死亡也可能有上述的这些象征意义。1840年出版的解梦手册《美好的梦》里认为，梦里出现与丧葬有关的意象，象征着快速的婚姻或成功。

葬礼

梦到葬礼经常象征着结束，比如一段关系走到了尽头，并不是代表真的死亡。梦到陌生人的葬礼，可能象征着时间的流逝、过去的不可改变或太多情感依恋的危险。

死亡符号

中世纪的教堂里充满了死亡警告（让人想到死亡的象征符号），当时的学者案头经常放着骷髅象征沉思。沙漏和扛着镰刀的死神也是常见的重要符号。梦到这些象征死亡的物品，会让做梦者想到生命的长度有限，应该抓紧时间才能有所成就，或者象征着即将到来的终结，比如一段婚姻的结束。

埋葬

梦到被活埋象征着幽闭恐惧，无论是真实意义上还是比喻意义上。更普遍地来讲，梦到埋葬象征着做梦者在压抑本能，决定无视某些焦虑或者不表达出某些欲望。埋葬也可能象征着平息一段痛苦的感情经历。

棺材

梦到棺材明显代表死亡或对死亡的恐惧，但是也可能象征着生活中上一个阶段结束、下一个新阶段开始。在弗洛伊德的解析中，棺材打开的盖和里面的开口暗示着女性性器官。

墓

梦到打开的墓可能是对自己死亡的病态象征。但是，墓也可能是正面的符号，

鼓励做梦者丢弃生活中不满意的过去，迎接新的思维和行为方式。在类似的意义上，荣格认为墓（或坟）可以联想到大母神原型，安静的墓地是一个安全的地方，让人安息、更新、重生。

公墓

墓地或公墓不只是埋葬死者寄托哀思的地方，也让活着的人们沉浸于回忆。梦里的公墓象征着家庭团聚，重申上一代和下一代的连续性。

讣告

在梦里看到自己的讣告是相当常见的梦，象征着做梦者的焦虑，害怕失去社会地位或被解雇。如果讣告是关于自己认识的人，可能做梦者内心对那个人暗藏怨恨。

绞刑

梦到自己被施以绞刑处死或者被送上断头台斩首等，弗洛伊德认为象征着男性的阉割焦虑，以及害怕性无能或失去性功能。也可能暗示着做梦者对某项罪行的内疚感，无论真实的或想象的。

物品 Objects

　　梦里的世界摆放着各种各样的物品，有些是做梦者熟悉的东西，有些则是陌生而认不出来的东西。所有的物品都可能有象征意义，有时候更费解的东西在解梦时所提供的线索最丰富。但是，物品的象征意义并不总是间接的，有些东西和现实生活中的经历有明显联系。比如，梦到相机经常象征着做梦者想要保存过去甚至留恋过去，梦到把东西藏在难找的地方象征着做梦者希望隐藏本性。通常来讲，物品的功能是最重要的方面，同时形状、颜色、质地也可能有特殊的意义。

工具与用具

有用的工具在梦里经常象征着现实生活中的表现。它们可能暗示着我们对自己能力的焦虑，或者让我们关注到还未被开发的天赋。

钉子

对基督徒来讲，由钉子会联想到耶稣被钉在十字架上。因此，梦到钉子象征着痛苦和牺牲。但是，在有些文化中，钉子被认为有保护功能，比如古罗马人，每年九月把一颗钉子钉进朱庇特神庙的墙里，以此来避免灾难。

锤子

使用蛮力用锤子把木桩砸进地里，或把钉子钉进墙里或木头里。梦到锤子象征着意志力和决心，尤其在道德或伦理判断中。

螺帽和螺栓

螺帽和螺栓象征着一项任务的务实方面，它们出现在梦里可能是强调做梦者需要超出理论层面的思考。弗洛伊德的解析集中在它们的形状所蕴含的性暗示。

器具

我们所生活的世界里充满了精巧的器具，从手上戴的手表到当代的计算机。这些器具都可能出现在我们的梦里，无论我们在日常生活中是不是经常使用它们。

雨伞

雨可能会让人感到沮丧，因为会把人淋湿，但是雨对大地的丰收必不可少，维系了地球上所有生命的正常运转。梦到自己躲在伞下，象征着做梦者在阻止自己接受身体或精神的营养和成长。雨伞也有性暗示，取决于它是打开的（女性）还是合上的（男性）。

电话

电话一般代表沟通或沟通不畅。梦到打电话时别人听不懂自己的意思，象征着做梦者的表达能力不足，无法把自己的想法、感觉或观点传达给他人。

钟表或手表

钟表的嘀嗒声相当于心脏的跳动。因此，梦到走快的钟表象征着情绪高涨；梦到停住的钟表象征着情绪低落。钟表也可能象征着生命的短暂，时间的脚步从不为谁停歇。

计算机

用弗洛伊德的理论分析，计算机的键盘、驱动器和移动硬盘插口都象征女性生殖器；用荣格的理论分析，计算机象征着人类共享的智慧宝库。作为如今工作的主要工具，它在梦里也可能象征与工作有关的焦虑，挤满邮件的电子邮箱或乱七八糟的桌面都暗示着对工作的担忧。

机器

梦到自己能够操作机器，象征着个人能力的提升。如果梦到自己变成了机器，象征着失去了感觉。

手电筒或火把

正如在生活中用手电筒在黑暗中照亮一样，在梦里它也象征着在这个充斥着腐败、贪婪、无知的世界寻找真理和正直。如果梦到火把闪了闪熄灭了，象征着做梦者失去了希望或者心中珍视的理想破灭了。

广播

广播是一个非常强烈的符号，超越了电视甚至报纸，因为我们需要用想象力才能为广播里的信息创造视觉画面。梦里的广播象征着做梦者内心的声音。如果梦到广播信号受到天电干扰，象征着做梦者听不到或者没有听自己内心的想法。

电视

梦到自己上电视象征着做梦者需要交流某些情感或想法，却在现实生活中无法和别人分享。电视也可能象征着渴望关注，也许是渴望爱人的关注，也许是渴望得到大众的关注。做梦者甚至可能在渴望名誉，或者已经尝试过出名的滋味而想要得到更多。

相机

相机让我们把记忆定格，不再任由记忆逝去。当生活中的事情进展得太迅速，或者自己身处剧变当中时，可能会梦到用相机拍人们、地点或事件的照片，否则以后会想不起来这些记忆，也许做梦者在无意识里想要牢牢记住现在。

日用品

我们对每天都用到的东西一般不会多想。这些日用品也经常出现在我们的梦里。越是熟悉的东西越会变得超现实，梦很善于利用这一点。

火柴

火柴会让人联想到火和光。梦到用火柴划出一道火焰，象征着做梦者想要点燃这些符号所象征的某一方面，比如净化、热情或精神领悟。如果火焰熄灭了或者火柴划不着，象征着做梦者失去了信仰或者精神上有困惑。

书

梦里不同的书可能象征着智慧、知识或生活的记录。梦到无法读懂书里的文字，象征着做梦者在生活中需要提高专注力和理解力。

垃圾桶

梦里的垃圾桶通常象征着做梦者不想要的回忆或职责，或者想要丢弃本性中的某些方面。也可能象征着做梦者渴望新的开始。

镜子

梦到自己照镜子，却看到一张陌生的脸，经常象征着做梦者的身份危机。如果镜子里的脸很吓人，可能象征着阴影原

型，也就是做梦者的黑暗面。梦到镜子里有人走出来，可能象征着新的内容要从无意识里出来。空镜子象征着做梦者的思想一片空白，自我正要展示自我形象和内心愿望。

玻璃杯

与杯子一样，玻璃杯也是典型的女性性符号。坏掉的玻璃杯象征着失去了贞洁，犹太婚礼上有一项传统是摔碎一只葡萄酒杯。荣格认为玻璃杯等同于圣杯，因此可以联想到爱和真理。

篮子

装满水果和蔬菜的篮子代表丰收和富足。篮子的形状可以解析为女性性符号。根据篮子里面装的是什么，所象征的可能是年轻人的精力旺盛或者成年人的成熟性欲。

肥皂

肥皂是明显的净化符号，梦到肥皂象征着做梦者想洗掉自己的内疚感，或者想要清除生活中的负面影响。小时候被家长吓唬用肥皂洗嘴巴，可能会重现在长大后的梦里，警告做梦者不要随便说脏话或说别人的坏话。

针

针和大头针都有性暗示，梦到用针穿线或缝纫，甚至针扎到手指流出了血，都在表达性欲。

扫帚

就像在生活中用扫帚把尘土扫出房子一样，梦里的扫帚也象征着清扫旧观念或习惯并接受新方法。但是，扫帚也可能暗示着不够宽容，清除异己。

发夹

弗洛伊德认为发夹的拱形象征女性性欲。精心打扮的女人摘下发夹解开发髻，让头发自由披散下来，已经被公认为女性在引诱男性的典型画面。

独轮车

独轮车只有人在后面推才会走，因此代表行动力与能量。我们用独轮车把花园中不想要的杂草推走，或者把挡住路或视野的垃圾挪走。梦到独轮车象征着改变或清理自己的生活，或者清除本性中阻碍个人和精神发展的某些部分。

包

包代表对未来的希望。如果梦到包太重了背不动，做梦者可能感觉自己担负了太多责任。如果梦到包是空的，可能象征着做梦者没有目标，或者更正面的说法是希望寻找新的目标。

靠垫

梦到靠垫可以联想到生活中保护做梦者不受到严重打击的人，有时也意味着做梦者需要独立面对困难。

椅子

椅子也是女性性符号。梦到坏掉的椅子，或者自己坐上去椅子塌了，都象征着性关系的结束。梦里的椅子有多舒适，对女性做梦者象征着在性上有多舒服，对男性做梦者象征着和性伴侣的关系多让人放松。

玩具与游戏

玩具明显象征童年，以及渴望回到童年的怀旧心理。但是，玩具也可能有更复杂的言外之意，娃娃和玩具火车的世界是我们能够控制的，有时当我们无法控制成人世界时，这些物品可能就会出现在梦里。每种玩具都有具体的联想意义，不同种类的游戏也一样。游戏在成年人的梦里经常是现实生活的缩影，比如，棋类游戏可以表现最近经历的前进与后退。

玩具火车

梦到玩具火车象征着做梦者希望控制自己生活中的方向和权力，即使这种象征符号是机械的、受限制且可预见的。玩具火车也可能象征着做梦者渴望重回童年时安全的小世界，那时周围的人们都竭力让自己幸福。

木偶

如果说玩具梦侧重于控制问题，木偶梦则侧重于控制他人。手偶和牵线木偶代表操纵和缺少自由选择。做梦者可能发现木偶象征着自己想控制别人，或者在自己的生活中缺乏控制力，用老话说是被别人在幕后操纵。

陀螺

不停旋转的陀螺有催眠效果，会让人陷入近于昏睡的深度冥想。陀螺是最古老的玩具之一，当我们深入探索无意识时，它可能会出现在梦里。

娃娃

娃娃象征着阿尼玛与阿尼姆斯，也就是我们身上兼具的双性特征。荣格还发现梦到娃娃有时暗示着意识与无意识之间缺乏沟通。

毛绒玩具

梦到毛绒玩具经常象征着舒适、安全或不论对错的情感支持。做梦者可能没有

在别人身上找到毫不保留的情感，于是想起了童年时无比纯粹的人际关系；或者做梦者是在拒绝面对现实，需要和爱人增加更自然的亲密接触。

秋千

弗洛伊德认为荡秋千的韵律象征性交。但是，其他解梦者认为秋千更可能象征着生活的不可预料以及偶尔的多变性。

骰子

骰子代表机会，梦到骰子可能会让人感觉，某些随机的、随意的因素，而不是自己的能力、努力或价值，决定了个人或职业发展的进度。

棋类游戏

梦到棋类游戏通常象征着做梦者在生活中的起起落落。它们在梦里可能是愿望的满足，做梦者参加游戏并且取胜了，也可能暗示着做梦者害怕参与竞争。具体的游戏也有自己的象征意义，例如，蛇梯棋象征着原罪与性欲，十五子棋象征着无意识和意识的博弈，因为在棋盘上一方在"内区"一方在"外区"。

武器

武器既代表权威又代表男子气概。尽管弗洛伊德一如既往地强调其中的性含义，但是武器也可能有其他的象征意义：它们象征攻击也象征挫败，还可以象征我们想要改变的内心力量。它们还可能象征反抗压制的力量，以及表达自己的一种方式。

刀子和匕首

刀子是最常见的男性性符号。它的穿刺力象征阴茎，用于暴力和攻击，象征男子气概。它还可以象征"真理之剑"穿透谬误与无知，或者象征去除错误欲望的决心。有时还可以是一种服饰上的标志，比如苏格兰人的长匕首或锡克教的短剑，象征着传统的男性权威和保护能力。匕首作为武器的一种，经常用于秘密行刺，它出现在梦里可能暴露了做梦者内心隐藏的仇恨。

武器失效

在梦里用于防御的武器无法开火或发射，象征着做梦者的无力感。梦是在暗示做梦者需要寻找更好的方式来武装自己抵御生活的挑战。弗洛伊德认为，失效的枪或刀象征着性无能或害怕性无能，也可能象征着失去了其他形式的权力。

坦克

无论路上有什么坦克都一律碾平，它出现在梦里象征着做梦者不愿意听从别人的任何意见。坦克的旋转枪架和突出的炮筒使它成为一种最具攻击性的阴茎符号，做梦者对它的不同反应象征不同的意义。如果感到恐慌，象征着做梦者潜藏的性焦虑；如果感到兴奋，暗示着做梦者渴望更加活跃甚至暴力的性体验。

鱼雷

鱼雷也是一种男性性符号，因为形状与阴茎相似。鱼雷在水面下秘密行动，暗示着做梦者渴望不正当的性关系。

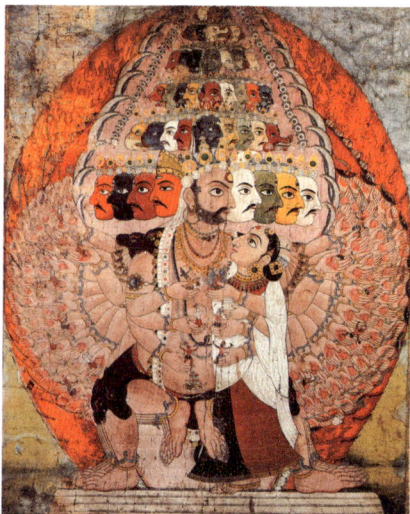

火炮

大吨位的导弹、大炮和野战炮都是明显的阴茎符号。它们也可能象征着前进路上的障碍，尤其如果做梦者是女性，工作却是传统的男性职业。谁是阻挡了成功之路的"大炮"？

弓箭

弓箭是小爱神丘比特的经典武器。梦到弓箭象征紧张，做梦者可能在极力控制社会不能接受的无意识里的冲动。

斧子

斧子作为符号更可能代表创造力而不是毁灭力，喻意只有砍掉多余的枝权才能长出新的枝权（新的生命）。因此斧子出现在梦里，象征着做梦者准备好了与过去决裂，或者决心从情感僵局中走出来。有时候斧子还代表行刑者之斧，象征审判的强烈符号。也许做梦者自己在良心上感到内疚，需要采取措施加以缓和，也许做梦者想要严惩别人。

权杖

如今权杖的功能主要是礼仪性的，不再是攻击性的。装饰着贵金属和珠宝的权杖已经被公认为权威的标志，它出现在梦里象征着做梦者渴望地位或责任。

饰品

饰品并没有多大用处，由于美学特色或内在价值而备受人们珍视，于是也成为有趣的象征符号。有些是传统的联想意义，比如钻石象征永恒，红宝石象征热情或权力；有些则是因为外形或功能而有象征意义，比如贝壳或花瓶。

贝壳

贝壳有很深的精神意义，经常象征着无意识，因为它和大海的密切联系，还象征着想象力。它还可以象征神圣的女性：美神维纳斯诞生于塞浦路斯海边的一只贝壳。

珠宝

珠宝一般象征做梦者某一项宝贵的品质。钻石通常象征不会腐蚀的真我本性。红宝石象征权力或热情，蓝宝石象征真理，绿宝石象征丰收。珠宝也可以代表深埋的宝藏，象征着原型的神圣智慧深藏在集体无意识里。梦到珠宝丢失象征着丧亡、分离或失去了贞洁。

绿松石

绿松石鲜艳的蔚蓝色让人联想到天空，在梦里象征着更高的追求。绿松石被认为具有保护的神力：在欧洲和亚洲的传统中，佩戴绿松石可以"避邪"。

珍珠

珍珠让人联想到水、月亮和贝壳，代表女性、爱情和婚姻。弗洛伊德认为珍珠象征女性性欲，特别是在牡蛎里（形似阴道）或装饰在女人的脖子或耳朵上。珍珠还代表纯洁，荣格认为珍珠象征着追求精神成熟与超脱物质世界。在中国，珍珠还象征无名的天才，在粗糙的贝壳里隐藏自己的光华。

钻石

钻石是碳在高温高压下产生的天然矿物。钻石出现在梦里可能是无意识在暗示做梦者，在高压状态中也许会创造出灿烂的成果。梦到钻石埋在粗犷的岩石中，象征着做梦者需要看透别人粗糙的外表，才能了解别人本质上的珍贵。钻石还象征永恒、纯净、纯洁。

玉

在中国，玉在传说中是天上的龙下凡时固化的精子。这种物质代表天与地的结晶，象征繁殖与原始的生命力。

假花

花经常代表性，梦到假花象征着做梦者的性伴侣在感情或性关系中不完全诚实。

扇子

扇子在过去有丰富的象征意义，甚至被用作一种沟通的方式，用来传达遮掩的信息，通常有关于爱情。如今，扇子的含义多半已经丧失，但是作为饰品仍然可以联想到调情，被认为是女性的性符号。梦到用扇子纳凉，实际上是在扇起热情的火焰。

马蹄铁

马蹄铁是众所周知的幸运符，在梦里象征成功的吉兆。它们近似于杯子的形状也有性暗示，尤其在游戏中被扔出套在铁桩上。

花瓶

空心的花瓶有优美的线条，也可以是一种女性性符号。它的形状也可以象征内心与情感。

饮食

食物象征营养，无论是身体上、思想上、情感上或精神上。不同的食物有不同的象征意义。比如，光滑的红苹果和多汁的红牛排在解梦时的意义完全不同。另外，食物也有丰富的个人意义。也许你喜欢或讨厌某种食物，被父母强迫吃某种食物，或听说某种食物特别有营养，当它出现在你的梦里时，都会影响它的象征意义。

火腿或培根

对很多人来说，培根是早餐时填饱肚子的基本成分，而一块火腿会让人想起家庭的熟悉味道。这两种食物都让人联想到饱足和满足。但是，对于犹太人和伊斯兰教徒，它们却是被禁止的食物，如果出现在他们的梦里，象征着宗教道德的限制，或者没有归属感或被排挤感。

牡蛎

弗洛伊德认为，梦里出现牡蛎，无论里面有没有珍珠，都象征着女性的生殖器。牡蛎也可能象征内行的知识。

意大利面

意大利面是强烈的性欲符号，让人想起阴毛和两性的生殖器。常见的梦是在意大利面里游泳，或者自己的头发变成了面条，都象征着做梦者需要性满足。

鳗鱼

鳗鱼的形状很像阴茎，看到鳗鱼是激动还是厌恶，可以暗示我们对性的态度。梦到鳗鱼也可能是双关语"像鳗鱼一样滑"，象征着认识的某个人不可信任。

黄瓜

弗洛伊德有顽固的烟瘾，曾经说过"有时雪茄就是雪茄"，并非所有细长的东西都像阴茎。如果梦到黄瓜，黄瓜的大小可以暗示性欲的强弱。

葡萄

葡萄象征纵情享乐，这种水果经常用于和爱人嬉闹时互相喂食，暗示着口交。葡萄的汁液可以酿成葡萄酒，葡萄酒象征着陶醉、放纵和超出平淡的日常生活。但是，对于基督徒来讲，葡萄酒代表基督的血，因此象征着牺牲与复活。

无花果

在梦里，完整的无花果象征男性的性器官，切开的无花果象征女性的性器官。无论是哪一种情况，这种充满种子的水果都象征繁殖与性欲。在绘画中亚当和夏娃用无花果树叶遮盖私处。

桃子

在传统的中国画中，桃子象征纯洁与永生，过年的时候会在房子外面摆放桃树枝。但是，在西方，桃子一般象征淫荡。

巧克力

巧克力或其他任何奢侈食品通常象征着自我放纵与自我奖赏。它还可能暗示着做梦者的内疚感，感觉自己应该拒绝或节制任何形式的放纵。

燕麦粥或麦片粥

燕麦粥或麦片粥是让人深感安慰的食物，会让人联想到小时候享受父母无条件的爱和关怀。但是，它黏稠的质感也可能象征感情的僵局，或者缓慢感或停滞感。

面包

面包象征生命、大自然的富足和丰收。面包的不同形状也有不同的性别含义，法国面包棒明显形似男性的阴茎，而圆面包会让人想到怀孕的女性。

吐司

吐司也是让人感到安慰的食物，会让人怀念成长时的家庭生活。梦用吐司鼓励做梦者享受生活中简单的快乐，从日常的家庭生活中获得乐趣。梦到烤焦的吐司可能象征着做梦者的痛苦，也许因为和伴侣或家人的关系中争吵不断。

果酱

梦经常用果酱象征胶着的处境，暗示做梦者需要从中抽身。像其他红色的物质一样，草莓酱或山莓酱代表鲜血，因此象征着愤怒或暴力，也可能象征着与女性有关的焦虑，比如贞洁或月经。

玉米片

经过长期的广告宣传，玉米片如今已经和完美的家庭生活密不可分。如果它们出现在梦里，可能在表达对家庭和

谐的向往。

胡萝卜

胡萝卜明显也像阴茎，但是胡萝卜素经常和视力相关，特别是有助于提高在黑暗中的视力。梦到胡萝卜可能象征着做梦者需要仔细检视某件事才能看清真相。

盐

盐可以长久保存，并有非凡的净化能力。盐出现在梦里是一个信号，警醒做梦者保护自己不受腐化。虽然如今盐在餐桌上是普通的调味料，但是在古罗马和古中国盐非常珍贵，甚至被用作流通货币。也许无意识用盐提醒做梦者不要大意，应该关注某个人或某件事的潜在价值。

土豆泥

如果梦到吃黄油般细腻的土豆泥，可能会让人怀念小时候的舒适。相反，如果梦到一块块不可口的土豆泥，可能会让人想起在学校里不愉快的经历或青春期时的神经质。

结婚蛋糕

结婚蛋糕象征着充满了无数可能性

的新开端。如果梦到自己站在巨大的蛋糕下面，仰望上面的很多层，象征着做梦者难以承受自己许下的承诺，无论是否关于婚姻。如果梦到自己变成了蛋糕顶上的小人偶，象征着做梦者对目前的成就很满意。

咖啡和茶

作为很多人日常生活的一部分，咖啡和茶象征着常规和活力。两种都是社交饮品，也象征着和朋友的共处时光。通常认为二者中咖啡含有的咖啡因更多，梦到咖啡也暗示着需要刺激。梦里饮茶的画面更有家庭性，象征着做梦者应该花更多时间待在家里，培养和家人的关系。

香蕉

梦到吃香蕉或剥香蕉都有很强的性暗示。但是，香蕉也有与性无关的象征意义：梦到在路上踩到香蕉皮，象征着做梦者的顾虑，在某个行动中可能会有潜在的危险。

黄油

在过去，黄油用来准备祭献的肉，因

此象征着祈祷、禁欲和神圣的力量。梦也有可能是在用双关语，黄油也可能象征着奉承，就像俗语中说的"用甜言蜜语巴结某人"。也许无意识是在警告有人正在用阿谀奉承蛊惑我们，借此达到他们自己的目的。

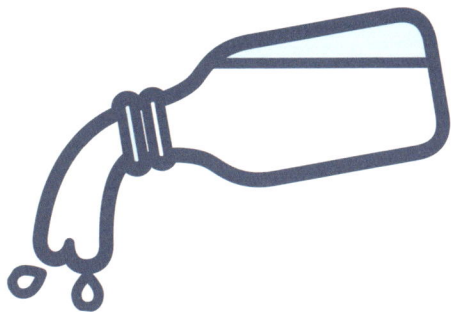

苹果

《旧约》中亚当和夏娃的故事为苹果赋予了丰富的象征意义。作为天堂中智慧树上的禁果，苹果象征着诱惑、自知或失乐园。这个《圣经》中的传说故事还有明显的性暗示，梦到偷苹果可能象征着渴望不正当的性关系。

冰激凌

冰激凌是一种甜点，必须立刻享用。如果想晚点再吃，它就会融化，什么都吃不到了。梦用冰激凌作为比喻，说明活在当下的重要性，不要沉湎于过去的失望或未来的期望中，重要的是享用现在的快乐和机遇。

牛奶

牛奶象征关怀、营养和养育，经常让人想到母亲的爱。弗洛伊德把牛奶解析为精液。

活动 Activities and States of Being

    我们在梦里会进行很多活动，有些是每天都做的日常活动，比如吃饭和上班，有些则是完全陌生的体验，比如飞行。梦到飞行看似离奇荒诞，却象征着个人或职业生活的重要方面，而且会带来极大的兴奋感。梦里的其他常见活动包括攀登、跌落、旅行、逃脱（或试图逃脱）监禁等。每一种活动都有独特的象征意义，解梦时必须仔细考虑梦里的情绪和语境，以及做梦者自己的直觉和经历。

监禁与自由

梦经常会关注我们内心的矛盾，外界强加的限制和想要自由的冲动。还有一种常见的主题是我们想主导别人，反映在梦里表现为监禁、占有或者强迫别人为我们做什么事情。即使本来无私地想要保护或照顾亲近的人，在无意识里也可能产生不被承认的自我满足倾向，于是在梦里服务变成了某种形式的主导。这样的梦当然可以反映真诚的动机，急于拯救别人脱离危险，但是也经常象征着做梦者的私心，想让别人依赖或感激自己。这些动机有时表现得明目张胆，可能会梦到强迫性地制服或压制别人，或者不给别人钥匙或阻止别人逃跑。

如果做梦者自己渴望自由，在梦里也会表现为相似的形式，只是自己变成了受害者，极力想逃脱别人的限制。

被处以死刑是限制自由的极端形式，但是这样的梦只是在反映做梦者的忧虑，甚至可能是生活中即将发生好事，比如结婚或生孩子。自由梦或监禁梦也可能象征着做梦者的心理，对自己的心理生活控制得太严格，或者某些被压抑进个人无意识的内容要求表达出来。监禁梦也可能象征着做梦者拒绝承认自己的潜能、否认了自己的理想或正在寻找精神目标。

捆绑

梦到被捆绑象征着做梦者渴望自由。弗洛伊德认为梦到捆绑反映了压抑的性幻想，想参与用捆绑寻求性快感的施虐受虐行为。这样的梦也可能是关于童年，象征着家长的感情主导，或者做梦者想主导异性家长。

主导

梦里的束缚当然有性暗示，反映了做梦者的性冲动，只是在清醒的意识中不被承认。但是，在与性无关的语境中，主导也可能象征着做梦者有压抑的追求或信念。

释放别人或动物

梦到释放别人象征着做梦者的利他冲动，想让那个人摆脱心理束缚。梦到释放动物经常象征着释放自己的感情或原始冲动。

监禁

在生活中限制我们的通常是现实或心理，而不是人身自由受限。梦到自己被关进监狱，象征着做梦者在一段关系或一份工作中陷入困境或感到挫败。监狱也可能象征着一套固定的想法或信念阻止了生活的变化，一种道德立场正在限制做梦者的个人发展。

解脱

梦到自己解开了镣铐或绳索，通常象征着做梦者想要摆脱一种境况或一段关系，因为它们不再让自己觉得快乐或满足。如果做梦者是宗教信徒或有宗教背景，可能象征着信仰不再是丰富的来源，精神、道德或身体要求变成了一种负担。

越狱

梦到越狱，比如翻过高墙，象征着做梦者渴望不受阻碍地表达情感或创造力。越狱也可能象征着做梦者掌握命运的决心，意识到了要为自己创造机会。但是，有些解梦者认为这样的梦实际上蕴含了更加黑暗的象征意义，做梦者渴望终极逃脱，甚至想逃离生命本身。如果你一直感觉忧虑或抑郁，这样的梦可能是一种信号，说明你需要向外界寻求帮助，应该找专业人士疏导心理，或者至少找信赖的朋友诉说心事。

出狱

梦到自己出狱，如果心情振奋，象征着做梦者渴望变化，或者对生活开始新阶段反应很正面。但是，梦到出狱也经常伴随焦虑感，象征着做梦者担心自由所带来的挑战，比如离开老家或工作退休。

锁和钥匙

锁和钥匙有明显的性暗示，在梦里是强烈的符号。梦到自己打开盒子的锁，可能暗示性解放；如果盒子打不开，则暗示着性挫败。

陷阱

梦里无拘无束的动物经常代表自我的创造力或毁灭力。梦到动物被陷阱抓住，例如，老鼠被老鼠夹卡住了，可能象征着做梦者感觉自己的创造力被压制了。

被捕

梦到因为偷东西被捕，或者过去的越轨行为最终被发现，经常象征着做梦者的内疚感。

攀登与跌落

按照正常的逻辑，梦到攀登象征成功，梦到跌落象征失败，但是深入解析会发现更深的意义。弗洛伊德认为攀登象征着渴望性满足。但是攀登也可能象征着在生活的其他方面有所追求。跌落有时象征着无理的骄傲，比如伊卡洛斯飞得离太阳太近而跌落下来；但是也可能象征着突然跌入令人不安的无意识。

绊倒和跌倒尤其会出现在睡前梦中，经常是在提醒做梦者过于理智的危险——太过沉浸于自己的思想而忽视了生活中的情感。梦到跌倒很少让人感到痛：做梦者要么及时醒过来了，要么会发现地面很软。这样的梦是在提醒我们，表面上的不幸不一定会带来长期的伤害。

梦到从房顶或窗口跌落下去，通常象征着个人的野心在某个领域有不安全感，比如工作或社会环境。梦到从着火的建筑里掉下去，可能象征着做梦者因为自己的抱负而陷入了棘手的情感压力。

放大解析攀登与跌落可以联想到神话中的原型，比如《圣经》中的雅各，他看见天和地之间有一架梯子，神的使者在梯子上上去下来。在文艺复兴时代，雅各的梯子成为玫瑰十字会和炼金术的重要符号，通常有七级梯级（七步登天），象征着身体与精神之间的联系。

梯子

梯子象征着进入更高的自知或者深入无意识，取决于做梦者在上梯子还是下梯子。梦里的梯子也可能暗示着运气的兴衰。

电梯

和梯子、楼梯一样，电梯也象征精神与身体之间的联系，或者反映了个人或职业发展的方向。电梯与其他上升下降的工具不同的地方在于，梦到电梯暗示着命运不在于自己努力的结果，而在于机遇和别人的行为。有时电梯向上象征着无意识里的思想冒出来了，电梯向下象征着深入无意识寻找新的想法和灵感。电梯和电梯井也可能有性暗示，类似于火车和隧道。

励做梦者，应该和伴侣或上级讨论自己的担忧。

爬山

山代表阳刚，或者更抽象的说法是，更高的自我。爬山象征着需要极大的决心才能登顶，一路上危险重重，山顶上高处不胜寒。弗洛伊德认为山的起伏象征乳房，让人怀念母亲的怀抱。

绊倒或绊脚

梦到绊倒或绊脚象征着做梦者的生活态度太过理智，太依赖逻辑而不是用本能来解决问题。一块绊脚石经常象征一个具体的情感或心理问题，对这种问题只听从大脑而不听从内心尤其危险。绊倒也可能是在比喻社交尴尬。

眩晕

梦到自己在很高的地方突然感到眩晕，象征着做梦者的焦虑。这种忧虑经常来自过重的责任或过多的工作，无论在家里还是在职业上。这样的梦是在鼓

阶梯和楼梯

爬楼梯是常见的梦，象征着个人成长

或职业进步。梦到自己绊倒
了摔下楼梯，象征着做梦者承担
了过多的责任，或者过高地估计了
自己的能力。上下楼梯也可能隐含精神
或心理意义。荣格认为楼梯和《圣经》中
雅各的梯子一样有原型意义，象征着精神
与身体之间的联系。梦到走下楼梯象征着
进入无意识；走得是不是顺利，在底下发
现了什么，都能反映做梦者的心理状态。

　　弗洛伊德有不同的观点，认为上下楼
梯象征性交。同理，打开的楼梯井象征女
性性器官，有栏杆和扶手的楼梯象征男性
性器官。

滑坡

　　还有一种常见的梦是在向下的自动扶
梯、滑坡或油污的梯子上向上爬，象征着
做梦者在自己想要的领域里徒劳无功。这
样的梦是一种提醒，要么放弃无谓的努
力，要么寻找更适合的方法。如果执意承
担过多的责任，可能会危害整个项目，甚
至损害自己的幸福。

旅行与出行

弗洛伊德认为梦里的事件如果包括旅行或出行，通常象征隐藏的性交愿望，具体方式反映了做梦者的性趣味。但是，旅行和出行也可以象征生活的很多其他方面，特别是个人和职业目标的进步。

梦中旅途的目的地可能有神话或比喻意义。向西的旅途象征衰老和死亡，向东的旅途则象征年轻和活力。去往罗马，正如谚语中所说的"条条大路通罗马"，会让人想到命运、爱情或死亡。关于死亡的梦还可能表现为旅行时紧抓或放弃行李。

荣格注意到巨梦（第三层梦）里经常出现寻找意义和成就的原型旅途，其中关于出发的梦要比关于到达终点的梦频繁得多。梦表达了人们在生活中想要进步的愿望，但是也暗示最终的目标需要意识和无意识一起决定：一旦意识做了决定，就会反映在无意识里，进而出现在梦里。

有些旅行意象的意义并不难理解。前面的路的性质可以透露很多信息，开阔的大路通常象征着有很多进步的可能性，多石的小路则暗示着障碍。

在旅途中经过的景观也能反映做梦者的内心生活，比如，梦到穿过沙漠象征着孤独、乏味或缺乏创造力。进一步的解析在于交通方式：荣格认为公共交通意味着做梦者在随大溜，还没有找到属于自己的路。

出发

离开熟悉的一切踏上未知的旅途，象征着生活的新开端，或者开始寻找存在的更高意义。如果梦到把行李留在身后，象征着做梦者准备好了向前进步，可以抛弃固有的思维和行为方式或者世俗生活的身外之物。

旅途

与出发相似，旅途也象征着向个人、精神或职业目标前进。弗洛伊德由旅途联想到动作的韵律，认为暗示着性交的欲望。

步行

一个行走的身形是孤单的思考者的经典形象，当它出现在梦里，象征着做梦者需要一段时间进行认真的反思。步行的背景环境是一种比喻，象征着做梦者的追求或忧虑。

汽车

弗洛伊德认为梦到汽车平稳行驶既象

征性满足，更象征精神分析的顺利进度。或者，汽车也可能象征做梦者的自由意志或自发行动。

出租车

乘坐出租车一般自己坐在后座由别人来开车，象征着不想自己努力而想依赖别人的倾向。但是，如果梦到自己在开出租车，象征着做梦者想要主导别人的个人旅途。

车站

车站象征清醒的决定。在火车站或汽车站的选择类似于生活中面对的问题，走还是留，要去的地方远还是近，支付的旅费便宜还是昂贵。在车站等车象征期待的心情，根据梦里的语境，结果可能是失望也可能是惊喜。

火车

弗洛伊德认为火车是男性性符号：富有韵律的噪音和运行都象征性交，尤其是火车进入隧道。梦到坐火车旅行也可以象征现实生活。火车的铁轨是固定路线，象征着做梦者感觉被困在了某一条路上，无法控制自己的命运。错过了火车或上错了火车暗示着错过了机会。出故障或脱轨的火车反而可能是因祸得福，看似灾难扰乱了计划，其实是一个信号，象征着需要改变路线，脱离原来的生活轨迹。

航海

荣格认为在海上航行象征着探索无意识。如果海面平静航行顺利，象征着做梦者在无意识深处自由探索。在暴风雨的海上颠簸象征强烈的情感。放大解析可以联想到《圣经》中约拿和鲸鱼的故事，梦在强调无视无意识里的信息的危险。

船

弗洛伊德认为大海象征子宫，因此船是强烈的性符号。船的大小象征性欲的强弱，突出的船头象征男性的阴茎，船头的人像象征女性的乳房。船在波涛汹涌的大海上来回颠簸，象征着做梦者的性生活有很高的热情或正在经历热烈的阶段。船沉

没表示被欲望吞没或爱情失败。

渡船

渡船象征着在意识的不同层次之间的过渡。船夫让人想到古希腊神话中在冥河上摆渡亡魂的卡戎，必须付费给他才能过河，也可能象征着智慧老人原型。

码头

码头在梦里如果是出发的地方，象征着做梦者离开了熟悉的环境，开始找到生活的新方向，或者开始自我发现的过程。如果梦到长途旅行后到达了码头，象征着做梦者经历了生活的动荡后，回到了平静和安全的地方。

过河

放大解析过河可以联想到古希腊神话中生死两界之间的冥河。梦到过河可能暗示着死亡，或者象征着意识不同层次之间的过渡，做梦者逐渐进入了自己的精神深处。

划艇或独木舟

弗洛伊德强调独木舟形似阴茎，因此划桨象征自慰。其他的解析认为划艇旅行

象征着个人发展的过程，探索自我和划船一样都需要付出努力。

马车

拉车的马发狂难以控制，马车失控冲出了车道，是非常典型的焦虑梦，象征着做梦者担心自己无法控制命运。如果梦到坐在老式的马车里，象征着个人或职业发展受到了阻碍，因为做梦者固守一套过时的思维或行为模式。

公共汽车

任何形式的公共交通在荣格看来都象征顺从，人云亦云随波逐流。因此梦到公

车可能是在鼓励做梦者在思维和行为上要更加独立。

摩托车

摩托车是一个非常强烈的符号，象征自由行动。荣格认为梦到自己骑摩托车，象征着做梦者决心要主导自己的命运。摩托车开得越快路上越兴奋，象征着做梦者对独立的欲望越强烈。自行车和摩托自行车也象征着做梦者需要平衡——必须在意识和无意识的力量之间保持平衡才能有所进步。弗洛伊德依然专注于性暗示，认为骑在轰鸣的发动机上象征强烈的性欲。

轮

佛教和印度教相信轮代表生命的轮回，死亡与重生的无限循环。轮还意味着生命与真理，佛教里有"八正道"，也就是达到佛教最高理想境地的八种方法和途径。荣格由轮联想到强大的创造力，认为轮是太阳的符号，因此也象征生命的原动力。

交叉路口或十字路口

在梦里和在现实中一样，十字路口代表抉择的时刻。无论做出任何决定，都有正反两方面：选择了一条新路，比如，一个新的伴侣或一份新的工作，就意味着放弃过去。根据梦里的语境和情绪，十字路口还可能象征着不同的人们或想法的汇聚或者分离。

堵塞

走在路上被熙熙攘攘的人群挡住了路，无论在生活中还是在梦里都是常见

的烦恼，代表城市生活的压力。梦到自己在人群中艰难前进，或者被困在交通堵塞中，可能象征着做梦者对重要项目的进度之慢感到挫败。

跑

跑在梦里的象征意义很大程度上取决于跑向哪里或者为什么跑。被追赶而逃跑是常见的焦虑梦，向什么东西跑过去象征着做梦者迫不及待地想要达到某个目标或结论。

路

路出现在梦里经常象征生活的轨迹。大路象征自由，窄路象征着道德或现实限制了做梦者的选择。梦到高速公路或交通要道象征着做梦者想加速实现野心或精神进步。

小路

陡峭或多石的小路象征着做梦者在追求精神领悟或成就的路上遇到了障碍。但是，按照《圣经》中所说，宽门大路走向灭亡，窄门小路通往永生，有时候小路可以解析为虽然看似艰难却应该选择的路。

纤道

梦到马拉着沉重的驳船在纤道上缓慢移动，象征着做梦者被责任的重担压得喘不过气来，或者生活的脚步被痛苦的回忆或情感的困境拖累而变慢。

游泳

大面积的水通常被解析为象征子宫里的羊水或者深处的无意识。因此，梦到游泳经常象征生育或重回安全的子宫的欲望。荣格认为在梦里游泳象征精神上的重生。逆水游泳象征个人的挣扎。

飞行

飞行梦经常带来极大的兴奋感，有些做梦者还会有莫名的熟悉感，好像飞行是他们一直具有的能力，只是因为什么原因忘记了怎么使用。飞行梦很少让人感到愉快或害怕，梦里的自由感和兴奋感打开了做梦者的想象力，突然看到了生活中无限的可能性。

做梦者并不总是自己飞行，可能身边还有朋友或陌生人，象征着别人也和他们一样看到了事物的本质。他们的身边也可能有某种动物或物品，象征着个人或职业生活的重要方面。有时飞行并不是靠自己的能力，做梦者可能发现自己乘坐在某种工具上，无论那种工具看起来多不合适。甚至做梦者并不是在飞行，而是在大步走在空中，就像印度教中的毗湿奴一样，三步跨越了宇宙的天、地、空三界。

在梦里飞行很少会担心掉下来。通常做梦者会在飘浮中轻轻落回地面，一路上欣赏下面的世界的全景。偶尔，下降的时候会借助降落伞，有时解析为对困难的挑战有一种安全的解决方法。另外，飞行还可能变得惊险刺激（比如悬挂式滑翔），象征着做梦者想在工作的某些方面或者在一段关系中更加冒险。如果违背自己的意愿被强行带到空中，可能象征着做梦者被迫承担了自己并不认同的某些风险。

放风筝

梦到放风筝和其他飞行梦的意义相似，但是更强调做梦者的自由不完全由自己控制，就像风筝在空中被自然的风力控制一样。这样的梦还可能象征着让人兴奋却徒劳无功的计划。

飞机

梦到坐飞机经常有相对直接的联想意义，比如想出去旅行或周游世界，但是也可能象征着做梦者想取得快速进步，或者在某个事业中取得辉煌的成功。弗洛伊德认为飞机象征阴茎，梦到坐飞机经常暗示着新的性冒险。

乘坐工具飞行

通常在梦里飞行乘坐的工具代表舒适和安全，比如床或扶手椅，这样的梦象征着做梦者既想冒险又向往舒适和安全。

热气球

热气球最常代表幻想和逃离的愿望，象征着做梦者希望超脱日常生活中的种种冲突。也可能暗示着做梦者的思维应该更加客观，看问题的视野应该更大。为气球

加热的火也很有象征意义，代表心爱的个人项目背后的驱动力，需要仔细维护才能一直燃烧不会熄灭。

翅膀

古希腊和古罗马神话认为翅膀象征名誉，化身为众神的信使墨丘利，头戴翅帽脚穿飞行鞋。梦到自己长出了翅膀飞了起来，象征着渴望名誉和成功。但是，梦也有可能是在警告做梦者不要太过骄傲，重蹈伊卡洛斯的悲剧故事：他用蜡和羽毛做成了双翼飞行，因为飞得太高，双翼上的蜡被太阳融化，最终跌落海中丧生。

降落伞

当飞机遇到麻烦时，降落伞帮助我们安全降落。梦到降落伞象征着解脱感，可能做梦者经历了艰难或危险的折磨，做了一场手术或者在事故中侥幸逃生。降落伞也可能是在建议做梦者在还来得及的时候"跳伞"：可能做梦者卷进了令人不安的商业冒险或情感纠缠中。

飘浮或盘旋在空中

梦到自己飘浮在空中，世界在脚下伸展开来，是令人兴奋又快乐的体验。但是，这是在现实中根本不可能的情况，其中也许隐含着梦的警告：不要与现实脱节。这种警告来自无意识，可能做梦者的野心过于自负，或者社会或行业地位迅速上升。最重要的是不要承担超出自己能力的责任，否则可能会"砰"的一声掉到地上。

做饭与吃饭

吃饭在梦里总是被解析为性欲。弗洛伊德认为口是人出生后发现的第一个性感区，把性心理的最早阶段称为口欲期，每个人口欲期的经历会影响一生的心理，口与性满足一直密不可分，甚至会造成人格上的口欲期固结，比如言语攻击。

甚至在弗洛伊德之前，梦到吃饭和食物也经常被解析为性欲。某些食物在传统中就象征淫荡，比如桃子和其他一些水果；还有些食物，比如面包，象征更加节制的、以生育为目的的性行为。

但是，作为生活的重要内容，食物和吃饭在解梦时并不局限于性，而是有更广泛的象征意义。梦到变质或不好吃的食物，象征着做梦者感情生活的核心恶化了；梦到点餐后不上菜，象征着做梦者被忽视、感情上很失望或缺少足够的支持。

做梦者对食物的反应也很有象征意义。感觉吃撑了象征贪婪、缺乏辨别力、沉迷于肉欲或做事只看眼前。拒绝接受食物象征着做梦者想结束对别人的依赖。为别人做饭象征着做梦者急于培养或支持别人，或者想和别人发展感情关系。

油炸

油炸食物的时候总有炸煳的危险，需要小心照管才能炸好。在这个意义上，梦到油炸象征着某个项目需要特别注意才能保证成功完成。

或者，油炸的象征意义在于冒出的烟：烟这个符号象征牺牲、死亡或者净化。

野餐

梦到在野外野餐一般象征渴望自然和简单，以及希望逃离社会习俗。可能习俗礼节让做梦者感到挫败。

社交聚餐

社交聚餐通常有正面的情感意义，象征做梦者和别人的亲密感，无论对方是家人、朋友或当地社区的邻居。社交关系还象征着分享、和谐、和平与温暖。如果梦到在社交聚餐上不舒服，可能象征着性冷淡，在根本上会危及个人幸福；或者象征着社交疏离，可能做梦者无法和别人交流或感觉自己被周围的人隔离了。

烘烤

无论是烤面包、饼干或蛋糕，梦到烘烤都暗示着生育与养育。弗洛伊德认为揉面团的韵律象征性交，酵母使面团膨胀起来象征女性怀孕时肚子鼓起来。烘烤在本质上是一个创造过程，因此也可能象征着未被开发的艺术冲动需要表达出来。

在饭店吃饭

在饭店吃饭涉及很多与别人的交往。梦到看不懂菜单或点菜时犹豫不定，象征着某个决定让人烦恼或不知所措。梦到支付不起账单象征着对金钱的忧虑，梦到不速之客或失礼的同伴可能泄露了做梦者下意识里不信任某个密友、爱人或生意伙伴。

禁食和暴食

弗洛伊德认为，食物经常象征生命必不可少的两个本能——自我的生存与种族的生存，也就是贪婪与性。口是食物进入身体的通道，也是人体主要的性感区，禁食和暴食象征性欲（被拒绝或太放纵）。在梦里没有目的地暴饮暴食象征着强烈的性欲，也许是禁欲太久的结果。暴食也可能是暴力的、毁灭性的行为，泄露了内心压抑的愤怒，尤其是野兽般凶残地把食物撕碎。禁食象征自我惩罚，或者净化与克己。

做梦者应该听从"内心的本能"。

肉

在北欧和萨满信仰中，吃动物或敌人的肉就能吸收对方的力量和能量。弗洛伊德认为，现代做梦者如果梦到肉，象征着吸收自己本能里的能量，因为迄今都被压抑或否认了。

周日烤肉

在基督教传统中，周日烤一只鸡或一大块肉是大家庭聚会的一部分，让人怀念自己的童年。如果做梦者周日不再去教堂或者和亲友一起聚餐，这样的梦是在表达一种愿望，做梦者应该参与更多传统的家庭或社区活动。

鱼

荣格认为鱼代表未生的孩子，象征原始的生命力，"因为孩子在出生之前像鱼一样生活在水里"。弗洛伊德认为鱼是生殖器符号，具体的象征意义取决于做梦者对鱼做了什么，比如吃它还是看它游泳，以及鱼的状态（完整的、没头的还是剖开的）。梦到鱼产下很多卵尤其有性暗示。梦到一大群鱼象征自然的丰裕。

内脏

动物的内脏在古代用来预测未来。内脏出现在梦里可能是来自下意识的建议，

水果

大量的水果是生育的原型意象，出现在梦里象征着做梦者希望怀孕。平时人们也会说某个项目取得"成果"，在这样

的语境中水果也象征着辛苦工作或创造的回报，或者期望或野心的实现。

喝酒

荣格认为任何形式的液体都象征生命力，梦到喝东西象征着做梦者想更加了解宇宙的本质。梦到喝酒直到喝醉，暗示着做梦者需要提高意识的水平。

蔬菜

摆放大量蔬菜作为感恩节大餐或丰收庆祝的一部分，代表人们希望享受大自然的慷慨馈赠。在梦里这是非常正面的意象，象征着做梦者的满意，可能努力完成的工作现在有了回报。但是，如果梦到渴望大量蔬菜，做梦者可能在担心财务福利状况。

调料

调料为原本平淡的食物增加了各种风味，梦里凸显调料象征着在生活中渴望更多刺激。直立的调料瓶也可能有性暗示，象征着在性上需要更主动。

工作与休闲

大多数梦都很活跃，做梦者很少发现自己正在放松：躺在棕榈树下喝鸡尾酒和冲往机场赶上改签的航班，后者更有可能出现在梦里。但是，梦里表达对休闲的愿望，或者积极准备可能的休闲活动，比如准备休假，都是很常见的梦。

梦对休假的概念很现实，知道很多情况下休假的情节会让人倍感压力。因此，无意识会用象征手法表现休假，也许是过去经历过的一个假期。以此来象征做梦者生活中其他方面的焦虑。

有时候梦会把做梦者自己的焦虑不安与周围人的放松状态形成鲜明对比，强调做梦者在生活中需要自我减压。做梦者还可能由于别人的不作为而激怒，象征着做梦者在内心深处的怨恨，可能在生活中没有得到足够的帮助，或者愤怒于自己的无能为力。做梦者甚至会发现周围的人们变成了假人或娃娃，自己非常气愤地想把他们摇醒，却怎么都叫不醒他们。

与工作相关的梦在某些特征上近似于焦虑梦甚至噩梦。诸如失控或工作失败等主题可能会定期反复出现在梦里。

如果你的工作状态很糟糕，甚至害怕去上班，反映在梦里可能是上班路上筋疲力尽，比如在齐膝深的泥泞里艰难行走。

工作上的同事在梦里也会被象征性地表现出来，泄露你对他们的真实感情或内心反应。例如，飞扬跋扈的老板可能表现为抢劫犯，在上班的时候抢劫了你。

梦也会告诉我们在职业生涯中前进的方法，凸显出自己出于职业骄傲可能不愿意承认的某些问题。注意梦里透露的信息，我们就能做出需要的改变，提高在工作中的满意度。

休假中的麻烦

梦到自己在休假中，却仍然被烦恼和焦虑困扰，象征着做梦者无法逃离现实生活的种种责任。一个麻烦接着一个麻烦，旅馆预订、天气变坏、突然生病暗示着根本上的悲观主义，也许做梦者太习惯于充满压力的生活方式；或者梦是在警告做梦者，不要把另一种生活想得太过完美。

与世隔绝的地方

　　梦到在深山里静修或在偏远的小木屋里，象征着做梦者迫切希望逃离现实生活的磨炼与苦恼。也许做梦者的时间被太多人占用，所以在内心极度渴望安宁和独处。与世隔绝的地方也可能象征着做梦者想过更加简约、少些物质化的生活，或者做梦者需要一些独处时间。

收拾行李

　　梦到准备休假通常象征着做梦者想逃离日常生活中的问题，或者想寻求新的刺激或经历。轻装上路暗示着做梦者承认在生活中背负了太多不必要的"行李"。行李太多象征着做梦者执拗地不想放弃内心的负担。为带多少行李而焦虑象征着害怕或忧虑死亡。

荒岛

梦到自己站在一座荒岛上，象征着做梦者感到被抛弃和孤独，也许刚经历过离婚或丧亡。岛被困在无边无际的大海中间，也可以象征意识和无意识的关系。我们平时习惯于待在意识的陆地上，但是却无法逃避更深的未知的存在——无意识。

沙滩

我们经常由沙滩联想到长长的假期和童年时快乐的回忆。阳光、大海和沙滩的画面既干净又有活力，梦到去沙滩让人感觉清爽并恢复了生机。但是，沙滩也有令人不安的隐含意义。弗洛伊德认为沙堡的高塔形似阴茎，梦到沙堡被海水冲走象征

阉割焦虑。同理，梦到把父母埋进沙里可能被解析为谋杀愿望，表明做梦者有强烈的俄狄浦斯情结或厄勒克特拉情结。

赶往机场

梦到手忙脚乱地开车或坐出租车赶往机场，生怕错过休假的飞机，象征着做梦者担心错过了生活中的欢愉。

休假中的艳遇

在浪漫的花园凉棚下或在高石遮挡的小海湾里发生一场艳遇，是休假梦的一个常见主题。这样的梦当然是愿望的满足，同时也强调了做梦者对现实中恋爱关系的某些方面不满意，也许渴望像假日浪漫史似的自由、兴奋和高昂的情感，也许渴望

在与伴侣的性关系上更加主动。

游泳池

游泳池里的水象征意识或无意识里的情感。游泳池出现在梦里，象征着做梦者需要深入探索情感的本质。如果游泳池里没有水，象征着做梦者的空虚感和情感的空白。

秘书

秘书在梦里是一个矛盾的符号。秘书通常是女性，协助主管避免不受欢迎的拜访并且安排好主管的时间表，在这个意义上，秘书象征照顾人的、母亲般的人格面具。但是，如果梦里的秘书百般谄媚，可能暗示着做梦者希望在性上掌握主导权。

从办公室窗口跌落

梦到自己从高高的办公室窗口跌落，象征着做梦者担心自己的能力不足以承担管理责任，或者在内心深处忧虑自己可能会失业。

办公桌

在梦里坐在办公桌前，象征着无意识在催促做梦者，需要花些时间评估自己遇到的问题，然后想出一些理智的解决方案。凌乱或杂乱的办公桌象征着个人事务需要关注，做梦者要重新考虑各种事情的轻重缓急。

文件柜

梦到文件柜象征着做梦者需要明确事实，保持逻辑清晰。打开的文件柜表明做梦者愿意学习，对新观点和新视角很开放。如果文件柜的抽屉锁着，暗示着做梦者在隐藏什么，可能是过去的某件事情或本性的某个部分。

会议

梦到开会迟到象征对工作责任的焦虑。如果到了会场才发现自己把笔记或仪器忘在了家里，象征着做梦者担心自己没有为即将到来的挑战做好足够的准备。

失业

梦到自己被解雇了，象征着做梦者想结束一段关系，或离开对自己有负面影响的情境。同时也象征着自尊心不足，实际上做梦者可能并不相信自己的能力足以承担被赋予的工作责任。

典礼与仪式

自从人类历史伊始，全世界各地文化产生了各种节日和仪式，每年用来庆祝重要的事件、感谢上天维持生命的运转、纪念时间流逝的标志等等。每个社会都有独特的仪式，庆祝每个人生命的过渡，从一个阶段进入下一个阶段，出生、成人、结婚、生育、死亡。我们的祖先还用动物或战斗中被俘的敌人作祭品，模仿自然界的生死轮回，希望主动献上一条生命后，自己的生命能够得到赦免，上天能对大地赐予丰收。

仪式也是一种戏剧，在梦里邀请做梦者摆脱意识的限制，进入想象力的奇妙世界。表演者们戴着面具或穿着特殊的衣服，唱着特别的歌或念着固定的咒语，扮演了全新的角色，超脱了现实身份，进入了无意识的原型世界。

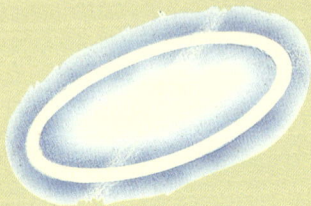

梦到圣诞节或其他主要的宗教庆典，象征着和平、宽容、仁慈、家庭和朋友；在更深的层次上，象征着坚信精神的真理。梦到婚礼或其他纪念日，象征着人生短暂；更正面的意义是，象征着家庭和人类纽带的重要性，以及当初的誓言和承诺；如果引发的感情是负面的，象征着许下的承诺的限制。

梦到洗礼通常象征净化、新的开始或接受新的责任。在第三层梦里，洗礼象征着开始进入智慧的全新领域或者精神成长。

丰收仪式

梦里的丰收仪式通常来自集体无意识。荣格认为丰收仪式试图终止意识和无意识的分离，把做梦者和遗传的本性融为一体。这样的仪式包括向玉米神或收获神献祭，象征着过去死亡之后才能保障未来的丰收和富足。弗洛伊德认为经常梦到丰收符号的人很可能渴望怀孕。

祭品

梦到人祭可能是来自无意识的警告，不要在心理上冒险成为烈士。"烈士情结"指的是一个人过多地牺牲自我来获得别人的认可和感激，最终的结果并不能使自己得到满足，是一种不健康的心理。杀死活人来献祭也可能会让人想起至爱的死亡，梦是在提醒做梦者要忘掉回忆走出悲痛。如果逝去的人是长期病痛之后离世，梦也许是在表达一种解脱感。

婚礼

婚礼通常象征着本性里相反却互补的部分融合为一体，以及未来发展的希望。如果是第三层梦，婚礼还有原型意义，象征着做梦者内心根本的创造力的融合，男性与女性、理智与想象力、意识与无意识、物质与精神。

梦到婚礼也可能象征着对家庭纽带的正面肯定，或者重要的承诺。如果自己或亲友最近要结婚了，无意识可能在用梦表达对这段关系的担心。如果新郎或新娘没有出席婚礼，或者其中一方把戒指丢了，做梦者可能对其中一方的承诺心存疑虑。如果没有宾客到场，做梦者可能在担心两方家庭中的一方不同意他们的结合。

获奖

荣格认为在梦里获奖——英勇奖章或运动奖杯象征着做梦者想和英雄原型产生共鸣。这种渴望获得承认的梦也可能暗示着不安全感和自尊心不足。可能做梦者在担心别人不重视自己，除非能够证明自己的价值。

放弃仪式

在仪式中取下做梦者的任何代表虚荣的符号，比如头发、衣服、珠宝，都表示做梦者需要放弃世俗权力或骄傲，或者放弃自我的某些部分。这种放弃经常出于宗教目的，梦到自己出家变成了和尚，象征着做梦者渴望更加专注于生活中的精神方面。

加冕礼

加冕礼让人成为国王或女王，从此承担起了君王的权力和责任。梦到自己是君王被加冕，象征着肯定自己准备好了承担新角色，但是也可能暗示着过多的虚荣或自我中心的利己主义。

圣餐仪式

基督教的圣餐仪式代表基督的体变，或者物质与精神的融合。它出现在梦里象征着做梦者强烈渴望获得更高的精神力量。

万圣节

万圣节，全称万圣日的前夜，来源于一个古老的庆祝仪式，当时的人认为每年十月底夏天结束冬天开始，于是用这个仪式来庆祝时间的过渡。人们也相信在这个晚上，阴阳两界的界限会失效，所有亡魂，不论好坏，都会回到人间。这是转化的节日，当它出现在梦里，象征着做梦者的人生观发生了深刻的变化。如今庆祝万圣节增加了很多符号，人们装扮成黑猫鬼魂或骷髅，在家里装饰雕刻的南瓜灯，在水桶里玩抢苹果游戏。用荣格的理论可以由绝大部分这些主题联想到各种各样的原型符号。

割礼

年轻的犹太男孩和穆斯林男孩要施行割礼，弗洛伊德认为这是象征阉割的替代仪式。他认为这种仪式是父亲的先发制人，因为儿子可能成为竞争对手。

成人礼

弗洛伊德认为犹太人的成人礼充满了俄狄浦斯式的象征意义。年满十三的少年正式宣称"今天我成为男人"，仪式开始先和母亲一起跳舞，都象征着儿子与父亲之间的竞争。

排灯节

印度教、锡克教和耆那教都庆祝排灯节，这个灯的节日庆祝光明驱走了黑暗、善良战胜了邪恶。梦到自己参加排灯节的庆祝活动，象征着自己成功战胜了更低的本性，或者经过长期抑郁或悲痛后终于清醒过来。

艺术、音乐与舞蹈

在各种古老的文化中，比如古希腊和古印度，人们相信艺术已经存在于另一个时空，艺术家们的使命是充当通道，把这些神谕传递到人间。因此，艺术一直与神密不可分。古希腊神话中太阳神阿波罗也是音乐之神，宙斯的九个女儿称为缪斯女神，专司文艺各有专职。印度教敬仰萨拉斯瓦蒂，智慧、艺术与音乐的女神。值得注意的是，英国诗人罗伯特·格雷夫斯在《白色女神》一书中认为诗歌的灵感起源于对原始女神的崇拜。同样，在梦里，艺术也不只代表做梦者个人的创造力，而且是一条通道，通向更高的意识层次。

有时候我们从梦里醒过来时，脑子里还残留着精美的旋律。我们想不起来是什么乐器演奏的或者音符的顺序是什么，但是醒来时感觉精神振奋灵感迸发。这样的音乐通常来自第三层梦，象征着内心发展到更高层次之后的精神状态。

18 世纪的意大利作曲家朱塞佩·塔蒂尼梦见魔鬼在梦里现身，在他的小提琴上演奏了一曲无比美妙的独奏，他醒来后回想起来的不完全版本（《魔鬼的颤音》）

被公认为是他最好的作品。古希腊人不会
相信塔蒂尼梦里出现的是魔鬼，而是半人
半羊生性好色的潘神，他用有魔力的音乐
让众神和人类陶醉不已。

　　如果梦到自己进行艺术表演，象征着
自己的潜力还没有实现；如果自己是观众
或听众，象征着做梦者乐于分享创作经
历，或者需要借鉴别人的灵感。某些乐器，
比如竖琴，尤其象征神性；其他乐器（比
如管乐器）经常有性暗示。同样，不同种
类的音乐也有完全不同的含义。朋克或摇
滚象征叛逆，民间音乐象征着做梦者个性
中更务实的一面。

　　因为梦和想象有共同的源泉，梦里也
会出现艺术的灵感和丰富的创意，有时甚
至会出现完整的作品。

刺耳的音乐

　　梦到混乱而刺耳的音乐象征着创作
潜能已被扭曲。或者，不和谐或走调的
音乐象征着做梦者日常生活的某些方面
杂乱无章或紧张无序。也许做梦者的生
活状况与自己的需求或欲望"不一致"。
梦所反映出来的这种不适是来自内心的，
说明做梦者无法适应日常生活的压力，

可能是在工作中局促不安或者对网络的侵害感到不快。

耳熟的音乐

梦到一段耳熟的歌曲或旋律经常会让人心生怀念，在解梦时可以试着分析歌词或曲名。比如，爵士歌曲《秋天的落叶》表达的是对时间流逝的惋惜。

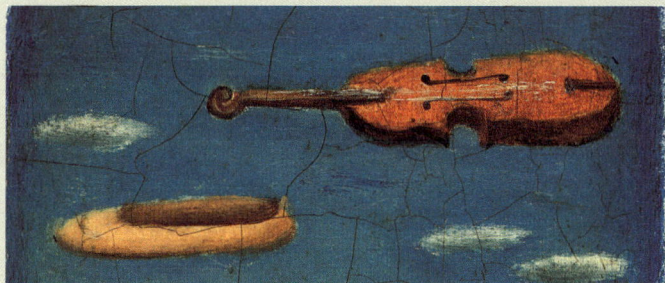

美妙的音乐

梦到美妙的音乐象征着创作的无限潜力，古希腊古罗马时代相信神界的"天籁之音"也可以被人界听到。

跳舞

荣格和弗洛伊德都认为，跳舞在第一层梦和第二层梦里象征着求爱或者是性交的隐喻。在第三层梦里，跳舞经常代表生命的律动、创造力与毁灭力（印度教中的湿婆之舞是典型象征）或者想象力的野性创作。跳舞通常都是正面的含义。梦中狂热的舞蹈是在表达强烈的愿望，希望身、心、灵融为一体，或者象征着过于活跃的性欲。梦到集体舞蹈，比如队列舞或苏格兰传统舞蹈凯利舞，可能会激发做梦者的集体感。

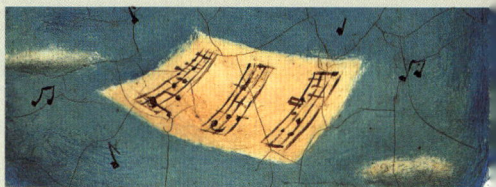

CD 或 MP3 播放机

这些录制音乐的播放平台本身是中性的，重要的是它们是否正常运转。出现故障的播放机可能在笼统地暗示某种挫败或身体疾病。有划痕的唱片象征着微小的不完美正在困扰平静的内心；也许做梦者对太过完美的期望感到内疚。

留声机

留声机代表怀旧或向往过去的时光。梦到坏掉的留声机象征失望感，例如，有件事期待了很久却突然被取消了。如果梦到损坏的唱片不断重复同样的几个音节，象征着来自无意识的警告，可能做梦者只顾反复谈论自己的问题，身边的朋友们已经厌倦了总是听到同样的抱怨，既然朋友们对自己如此耐心，做梦者应该反过来倾听他们。

单簧管

有时乐器的象征意义在于它们的形状或演奏方式，而不是它们发出的声音。弗洛伊德认为单簧管、双簧管和其他用口演奏的管乐器象征着口交，或者可能暗示着太过轻信或言语攻击。

弦乐器

很多弦乐器的形状，比如小提琴、大提琴和吉他，让人想起女人的身体曲线，梦到演奏弦乐器象征着性行为。小提琴还可以联想到古罗马暴君尼禄，据说罗马大火时他正在弹琴。

唱歌

唱歌的人声有神性，让人想到赞美诗、圣歌和天使般的唱诗班。唱歌是人类情感的深刻表达，梦到自己唱歌象征着强烈的感情，比如忧伤或爱情，或者象征着对更高的存在或事业的虔诚。

小号

小号既可以预告巨大的成功也可以预告巨大的灾难，号角齐鸣用作欢迎仪式，军号召集军队冲锋。小号也用于宣告末日审判，梦到小号象征着需要马上做出重大改变。

长笛

所有的管乐器，包括长笛，只要用到簧片都可以追溯到潘神，半羊半人的好色牧神，因此都有强烈的性暗示。在吹魔笛的人的故事里，笛声诱使孩子们离开了家，暗示着引诱或魔法。梦到横笛（一种小短笛，用于军乐中与鼓合奏）象征着压抑的愤怒或攻击性。

钢琴

梦到钢琴或弹奏音乐可能象征着亲友的死亡。如果钢琴走调了，象征着做梦者应该更加关注思想或身体的冲动——也许现在的状态与自己的需求已经不一致了。

鼓

鼓象征着人间的魔法和意识的变动状态，在西伯利亚和其他地区的萨满文化中有特别意义。击鼓是萨满仪式的根本成分，可以让参与者们进入冥想甚至神示状态。如果鼓或鼓声在梦里很重要，象征着做梦者需要和内心根源重新连接，探索自我本性中的精神方面。鼓也有战争意义，也可能暗示着做梦者未察觉到的攻击性。

队伍

梦里的队伍可能是绚丽的狂欢节游行，也可能是正式的国家盛大游行。热情的游行队伍在梦里象征着庆祝和欢乐，肯定了生活中一切好的东西。解梦时需要注意人们所穿的服装和经过的彩车有什么意义，以及在观众或游行队伍里有没有认识的人。梦到庄严的队伍象征着维护自己的信仰的重要性。

绘画

在梦里成功作画象征着做梦者的创作潜力，在第三层梦里，甚至象征着人生观的正确；不成功的尝试暗示着创造力还在寻找合适的表达方式，或者反映了做梦者内心的混乱或不确定。鲜艳的颜色象征着无意识里的能量，单调的颜色暗示着做梦者离马上领悟还有一层隔膜。

艺术家

弗洛伊德认为艺术作品"无法进行精神分析"。无论媒介是绘画、雕塑、文字或电影，艺术家都在用本能表达，而不是用理智或逻辑。

展览

当艺术家举办展览时，把自己暴露在了公众的评判目光中。梦到把自己的创作作品展览出来，不论真实的或想象的，象征着做梦者的脆弱感，可能是关于深藏的野心、珍视的天赋或宝贵的个人项目。

博物馆

博物馆在梦里是文化遗产的神圣保护者，或者象征艺术的停滞和真实的陵墓。如果梦到自己大声喧闹，打破了博物馆里恭敬的静默，象征着做梦者希望推翻现存的艺术习俗。

雕塑

雕塑是高度注重感觉和触觉的艺术。所用的材料、成品的规模（真人大小或放大化）和

描绘的主题都会影响我们对一件作品的反应，在梦里和在现实中一样。雕像在梦里活过来让人联想到古希腊神话，塞浦路斯王皮格马利翁倾尽心力雕刻出理想中的少女，深深爱上了这个少女像，向神祈求让她成为自己的妻子，爱神阿芙洛狄忒被他打动，赐予了雕像鲜活的生命。梦到相似的主题很有可能是一种警告，不要把某一个人或广泛的异性想得太理想化。如果把别人奉为完人，最后难免会失望。

肖像

弗洛伊德认为铅笔或钢笔象征阴茎，因此在梦里画肖像有性暗示。人们总是会被和自己相像的人吸引。肖像的表情暗示着在做梦者的想象中对方对自己的感觉。如果画的是自画像，画中的脸可以反映做梦者的情绪。

艺术品拍卖

如果做梦者担心自己的创作的真实价值，可能会梦到自己的作品被拍卖。谁争相出价代表做梦者最渴望得到谁的认可。

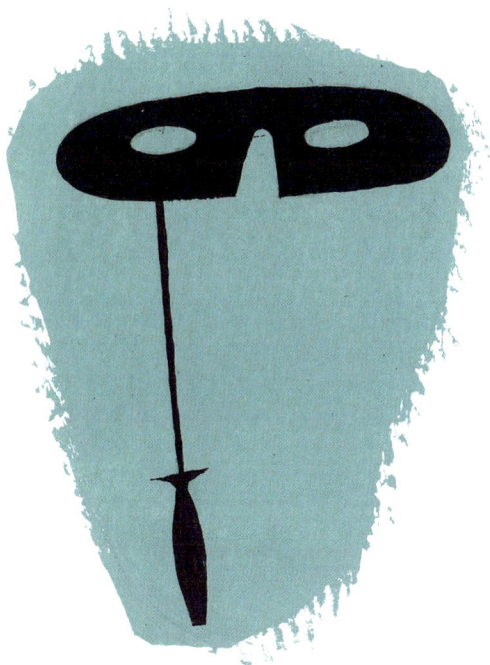

化装舞会

梦到在化装舞会上人人都戴着面具，象征着做梦者察觉到了在工作或社交中人们普遍戴着人格面具。他们的装扮会泄露他们的本性或他们试图营造的形象。做梦者自己的装扮也一样。

竖琴

竖琴最早出现在埃及，距今至少5000多年。竖琴的声音如同天降，不用人的呼吸只用几根丝弦就发出了迷人的乐声，在梦里象征着自我本性的精神方面。竖琴在

传统中代表神与天堂，古希腊音乐之神阿波罗的乐器是里尔琴，绘画中天使们总是手持竖琴。

管风琴

管风琴让人想到教堂和典礼，比如婚礼或葬礼。梦到管风琴象征着做梦者准备好了做出重大承诺，或者做梦者害怕死亡。

军号

军号在传统中用于号召军队集合或进攻，在梦里象征着做梦者必须开始激活隐

藏的潜力，或者必须意识到生活中急迫需
要什么。

口哨

令人惊奇的是，口哨声有时候有神奇
的暗示。另外一种可能的含义在于人和动
物之间，就像主人吹口哨叫狗一样。

运动与玩耍

对小孩子来说，玩耍与工作没有什么不同：二者都是活动，唯一的区别在于是享受还是无聊。成年人的梦对二者仍然不加区别。因此，在梦里，玩耍和游戏可能象征着工作和其他严肃的事情，正如工作梦可能象征着生活中的私人方面。

玩耍梦的象征意义有时在于用到的物品，有时在于玩耍的性质或结果，有时在于别人，也就是陪做梦者玩的玩伴们。

运动梦也一样：运动的种类，对手的技能，自己在场上的角色，都会影响梦中经历的象征意义。运动在本质上是一种游戏，只是有输有赢，还有一套规则。运动在梦里可以象征生活中的进步，尤其当做梦者正被卷入某种形式的竞争中。

玩耍符号有很多种解析意义。例如，弗洛伊德认为荡秋千的韵律象征性交，其他解梦者认为这个符号更有可能让做梦者想起童年的兴奋和自由。

玩耍梦也经常强调创作有一种不严肃的属性，当头脑处于玩耍似的放松状态时才会产生最好的创意。另一方面，这样的梦也可能象征着做梦者对某些严肃的事情太掉以轻心了，或者说者无意听者有心，别人一句无心的消遣却引起了做梦者内心

的担忧。玩耍也可能暗示着做梦者打破了某些规则，人际关系或重要事务应该遵守规则。

在第三层梦里，玩耍还可以联想到原型，比如恶精灵或圣童，或者隐含的信息是宇宙本身也有一种玩性，从某种角度来说世界在本质上就是印度教所说的"玩"，神在玩中创造了生命和世间万物。

象棋

象棋游戏富含各种符号，象征着生命根本上的二元性：黑与白；生与死；男与女。棋盘上有性别竞争，也有最狡猾的计谋，每一方都力图把对方将死。这是一场光明与黑暗的战争，在解梦时需要仔细检视自己走的每个棋子，谦卑的兵还是致命的后，迂回的马还是防守的车，借此洞察自己的无意识。

彩票

梦到自己中了彩票可能只是愿望的满足或对财富的渴望。弗洛伊德认为梦到金钱与心理上的肛欲期固结有关，中彩票也可能象征着做梦者希望不再私藏，而是和别人一起分享。

打赌或赌注

梦到在赛马登记人那里下注或者和朋友打赌，象征着做梦者正在进行有风险的商业投机。你真的已经完全想好了这种赌博可能的影响吗？

算命

在梦里听到预言或被告知命运，梦的意义取决于做梦者对算命的态度。怀疑论者可能正在经历心路的转变，这样的梦象征着愿意考虑自己平常拒绝的观点。而对于相信水晶球和看手相真的有魔力的人，梦到算命象征着对前途的担忧——职业上、财务上或爱情上。梦里的预言表达了做梦者对未来的希望或担心。

运动场

运动象征个人成就或社会交往。任何正式的运动场所——足球场、篮球场、网球场或田径跑道，本身都暗示竞争，具体可能是某个机构场景，比如学校或工作场所。梦到自己在运动场上获得全场观众的赞赏，象征着做梦者内心渴望得到别人的认可。

拳击

拳击是一种暴力的运动，在梦里象征着攻击性和愤怒。如果自己被击打进了角落，梦可能是在表达生活中的困境，可能做梦者感觉有些事情超出了自己的控制，或者自己被迫做出了一个平时不会做的决定。梦到自己被击倒在地可能象征着深感内疚的自我惩罚。

棒球

棒球运动中有很多性符号，形似阴茎的球棒是男性性符号，长帽舌的棒球帽和手套是女性性符号。弗洛伊德的解析更加深入强调其中的性含义，认为球员和父亲般的裁判员之间有俄狄浦斯式的竞争关系。

板球

与棒球比赛的装备相似，板球中的帽子、手套和门柱也有很强的性暗示。作为一种业余爱好，这种典型的英国运动比其他很多运动更加轻松，板球出现在梦里可能在表达做梦者的愿望，希望把竞争激烈的工作或家庭环境换成压力更小、更加放松的环境。

赛艇或快艇

荣格认为，梦到赛艇更可能象征着对集体无意识的探索。弗洛伊德认为这项运动象征着从母亲子宫中出来开始人生旅程。

足球

足球比赛的兴奋让人想到性冲动，进球象征高潮，差点进球象征性挫败或害怕性无能。和其他运动一样，荣格把梦里的赢或输解析为反映了做梦者的精神进步。

击剑

击剑的性暗示也很明显，剑象征阴茎，刺或挡对手的动作象征性交。击剑手的头盔掩盖了他们的身份，梦里最有意义的瞬间就是拿下头盔的时刻。和自己决斗的是什么人或什么东西？是伴侣吗？是兄弟姐妹吗？还是无意识里的冲动？

赛马

骑马的韵律是弗洛伊德式的性符号。骑手扬鞭打马的动作暗示着未被察觉的

施虐受虐冲动，跳过的栏架象征着必须跨越障碍才能满足性欲。甚至输赢也有了另一层解析：兴奋的胜利象征高潮，苦涩的失败暗示着对性能力的焦虑。或者，因为赛马经常是赌博的目标，梦到赛马还可能暗指好运或噩运，或者代表冒险。

滑冰

梦到滑冰可能会让人想到"如履薄冰"，也许做梦者参与的某个商业投机有风险，可能危及诚实正直或财务安全？滑冰也是解放性的运动，让人感觉到自由和兴奋，尤其在梦里自己还能做出现实中根本不敢尝试的花样动作。也许是时候走出心理舒适区到外面尝试新的经历？

角色扮演

在梦里像孩子一样扮演角色（比如妈妈和爸爸、警察和强盗、牛仔和印第安人）可能暗示着现实生活中的人格面具并不能代表做梦者的本性。也许做梦者经历了个人转变，但是在别人眼中的形象还没有相应地改变。

滑雪

从山坡上滑下来是典型的弗洛伊德式的性交符号，滑雪的刺激又添加了让人愉悦的兴奋。对滑雪的享受还经常伴随着对危险的恐惧感，或者可以说因为危险而更加享受。梦到滑雪还可能象征伴随着性冲动的内疚感，或者在不正当的性行为中害怕被发现。

捉迷藏

捉迷藏的童年游戏在梦里的象征意义取决于自己的角色。如果自己在藏，梦可能是在表达焦虑。也许做梦者害怕过去的越轨行为还会回来困扰自己，或者现在生活中有一件令人痛苦的事情必须解决。如果自己是寻找者，在荣格的解析中象征着追求精神领悟。

互动 Transactions

　　即使是梦里最微不足道的互动也可以反映深刻的现实和重要的事务。有些是与别人的直接互动，最典型的例子是购物，商店象征着在生活中遇到的大量机会。其他互动可能并不明显，在梦里考试的情景最初看起来只有自己是主人公，但是仔细分析会发现还有与考官的互动。当一个人对另一个人做出什么行为时，表面之下的内心可能激起了各种义务和情感。

冲突

暴力在梦里经常奇怪而抽象，就像在电影上看到的一样。即使做梦者自己做出了暴力行为，内心的感情还是很古怪地保持平静，这说明梦在用身体暴力作为隐喻，象征其他形式的斗争，不同的理论或观点、相反的看法或者做梦者自己的思想里冲突的各个方面。

如果做梦者是暴力的受害者，并且情感反应很激烈，梦象征着对地位或关系的抨击，或者对财务、健康或幸福的威胁。如果做梦者在梦里乐于看到暴力，可能在自己的内心深处有不被承认的暴力冲动。在弗洛伊德的解析中，梦里对父母施暴经常象征着希望摆脱权威。

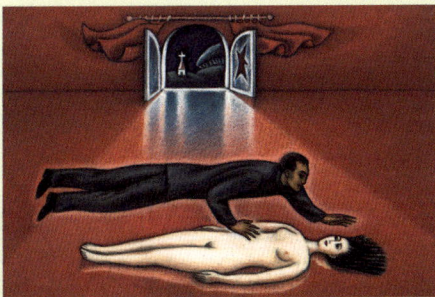

自己被施暴

梦到自己被施暴经常象征内疚感和自我惩罚。可能生活中一段关系结束了或者亲近的人死亡了，做梦者在意识中

或在无意识中觉得，如果自己当初做了什么，也许就能避免这种恶果。或者，梦里的暴力象征自尊心不足甚至自我憎恶。这种源于负面自尊的破坏性冲动，最终会爆发进入意识或者在无意识里继续恶化，必须引起做梦者足够的重视去解决它们，否则它们会造成严重的伤害，无论是身体上还是心理上。梦到自己被伤害或被攻击也可能暗示着做梦者面对外面的世界时太脆弱或太恐惧，好像有无形的暴力在殴打自己，自己只能安静地屈服。

对别人施暴

在梦里对别人施暴象征着自我肯定的挣扎，或者做梦者想奋力摆脱内心或外界生活中不想要的方面。梦到打孩子象征着不能接受自己内心的孩子，梦到打老人暗示着拒绝听从别人的智慧。对身边的人胡乱痛打可能象征着做梦者与无意识里反叛的冲动的斗争。

战争和斗争

　　荣格认为梦里的战争和斗争象征着意识和无意识之间的主要冲突。这样的梦很可能是在反映内心深处的本能冲动和清醒行为的社会规则之间的斗争。梦里的斗争典型的内容是无意识里的本能冲动叛乱，意识镇压它们并要求恢复秩序。这种斗争需要和解而不是胜利，做梦者要接受自己的黑暗面，而不是徒劳地试图驱散它。

摔跤

　　梦到自己和可怕的对手摔跤，象征着正在努力解决个人或职业生活中的一个问题。如果梦到相扑选手，象征着做梦者感觉在巨大的困难面前相形见绌。荣格由此联想到《圣经》中雅各和天使摔跤，象征着抵抗通往领悟的艰辛之路。

杀人

　　杀人在梦里反而是非常正面的符号，和暴力或攻击冲动完全没有关系。如果做

梦者经历了一段时间的精神分析或自我发现，在梦里杀了人或动物象征着终于消除了痛苦的记忆或破坏性的思维方式。在梦里杀死了权威人物，象征着做梦者希望逃离现实生活的道德或社会限制，或者做梦者可能对某个家长、老板或老师还有未解的积怨。

斗殴

在斗殴中立刻还手象征着绝望的挣扎，可能自我的某些方面、某个人或某件事正在压迫或试图控制做梦者。如果发现自己身体麻痹无法挥动拳头，梦可能是在暗示做梦者无能为力或自尊心不足。

敌人

如果梦里出现一个敌人，却和自己没有争论，象征着做梦者应该仔细检视生活中的人际关系。这个梦也可能是来自无意识的警醒，虽然外表可能不一样，但是这个人不值得信任。充满仇恨的敌人也可能象征阴影，也就是荣格所谓的人格黑暗面。

伤痕

在梦里自己身上出现了伤痕，可能是在反映目前的情感状态。也许有人严厉斥责了做梦者，让自己感觉受到了伤害而且很脆弱？受伤的身体部位也有象征意义。

沙袋

梦到看见或猛击沙袋象征着做梦者正在寻找发泄挫败的方式。解梦时要考虑沙袋可能象征什么人或什么事情，才能保证无处发泄的气愤不会迁怒于无辜的人或自己。

考验与考试

考试是生活中最让人倍感压力的一种经历，也难怪在结束中学和大学生活很久之后，它们还会出现在我们的梦里。考试梦最让人焦虑的情况是到了考场才发现没有复习，或者考试铃响后马上就要开考了，自己还在手忙脚乱地找考场。

即使我们已经长大成人离开了学校，生活中也充满了各种考验，比如工作面试、和未来姻亲一起吃饭。有时候我们会感觉自己的表现一直在被人评估，有些人可能还会觉得自己不令人满意。

面对考官

口试比笔试更容易让人焦虑。梦里面对的一排考官象征着自我的某些部分，是一种自我投射。在考官面前说不出话来，象征着做梦者对良心的质问没有自信的答案，或者拒绝面对一些需要表达的感情。这样的梦也可能象征着做梦者和某位家长或其他权威人物的关系很艰难，这些人在心理学上都可以被界定为"审问者"。这些人一直在盘问和质疑我们，虽然他们经常是出于好意，但是他们的行为侵害了我们的隐私，甚至严重削弱了我们的自信。

考试

在梦里跑过一个又一个走廊，试图找到正确的考场，最后经常会迟到，象征着做梦者无力掌握自己的命运。梦里的考试也象征着在个人或职业生活的某些方面正在接受考验。在考试中失败了是让人非常难受的经历，梦是在鼓励做梦者敢于面对自己不愿意承认的弱点。如果考试发生在寒冷而冷漠的环境中，象征着权势和权威的无情权力有时控制了做梦者的生活，他们任意做出的决定却对做梦者的未来产生了深远的影响。

申请表

在梦里填一张看不懂的问卷，象征着做梦者在无法解决的难题面前无能为力。梦到填申请表可能象征着在生活中错过了什么事情，解梦时可以仔细分析梦是否明确了申请的是什么。

赠送与接受

赠送礼物是有象征意义的社交行为，在梦里可以反映我们和别人的关系的本质。送出的礼物受不受欢迎当然对象征意义至关重要。在节日收到很多礼物，比如自己的生日，象征着做梦者受到别人的尊重；如果礼物送到的时间不合时宜，可能暗示着做梦者容易接受过多的不受欢迎的建议。

买礼物表示我们希望为某个人做出特别的努力，或者笼统地讲，代表我们对别人的慷慨。如果礼物特别贵，象征着做梦者希望做出特别的牺牲，或者在特别重要的方面帮助或满足对方。如果送给别人许多礼物，尤其是对方拒绝接受，暗示着做梦者太坚持给别人自己的建议，过于关注别人但别人并不需要，或者用不合适的方式试图让别人接受自己。任何梦里的意象，外表看起来诱人而令人激动，打开才发现里面有缺陷，比如破损的礼物，象征着让人失望的期待、某种隐藏的心计、恶伪装成了善。全空的礼物盒子象征着空洞的许诺，也许是来自无意识的警告，某个计划可能看似利润丰厚，答应给多少财务回报或个人收益，但是永远不可能兑现。没有完全包好的礼物象征着隐藏的奥秘，做梦者已经开始揭开了，但是目前只是一知半解：梦里透露的信息是，只要继续坚持就能最终理解真正的意义。19世纪有一本流行的解梦书，认为在梦里送出礼物预示着不幸；如果收礼物的人是伴侣或爱人，则意味着他们对爱情不忠，或者身体不健康。

不合适的礼物

梦到自己收到不合适的礼物，或者因为收到礼物而不安，暗示着做梦者不希望受到别人的注意，或者觉得自己不值得别人称赞或敬重。如果自己是赠送者而不是接受者，梦可能是提醒做梦者把自己的弱点或本性暴露给了别人。

一盒巧克力

一盒巧克力经常代表生活中的各种机遇和各种滋味的快乐。用弗洛伊德的解析方法，巧克力可以联想到吸吮或排泄，也就是幼儿时的口欲期或肛欲期，因此可能象征着心理上的肛欲期固结，造成做梦者控制欲过强或对金钱过于吝啬。

花束

一束花几乎被公认为代表爱情或欣赏。在全世界不同的文化里，美丽而短暂的鲜花都是内心感情的外在表达。在梦里，花束的颜色和种类尤其有象征意义：雏菊象征纯真和顽皮，红玫瑰象征热情和性欲。和打开包装才发现礼物破损一样，凋谢的花束象征着让人失望的期待。

包装礼物

梦到包装礼物象征着做梦者急于隐藏，也许是假装乐观掩盖内心的痛苦，或者自己比表面上更加自私；也许是自己至今为止一直在压抑，现在需要面对令人不快的真相。

信件与包裹

梦到通过邮递收到包裹或信件，经常
预示着生活中意料不到的事情，比如新的
机会或挑战。做梦者对信件或包裹的内容
的反应也有象征意义。比如，无法把信件
从信封里拿出来，象征着无法充分利用眼
前的机会；满怀期待地打开信件，象征着
更加正面的态度。寄件人的身份也
很重要，经常象征着做
梦者的无意识的某一方
面，也许是来自无意识深
处的直觉和领悟。

但是，很少有做梦者反映
真的在信里读到了什么信息，梦更
喜欢把明确的方法留给清醒的意识去
解决。

梦到自己寄信也可能象征着由于某种
原因很难面对面地直接沟通。

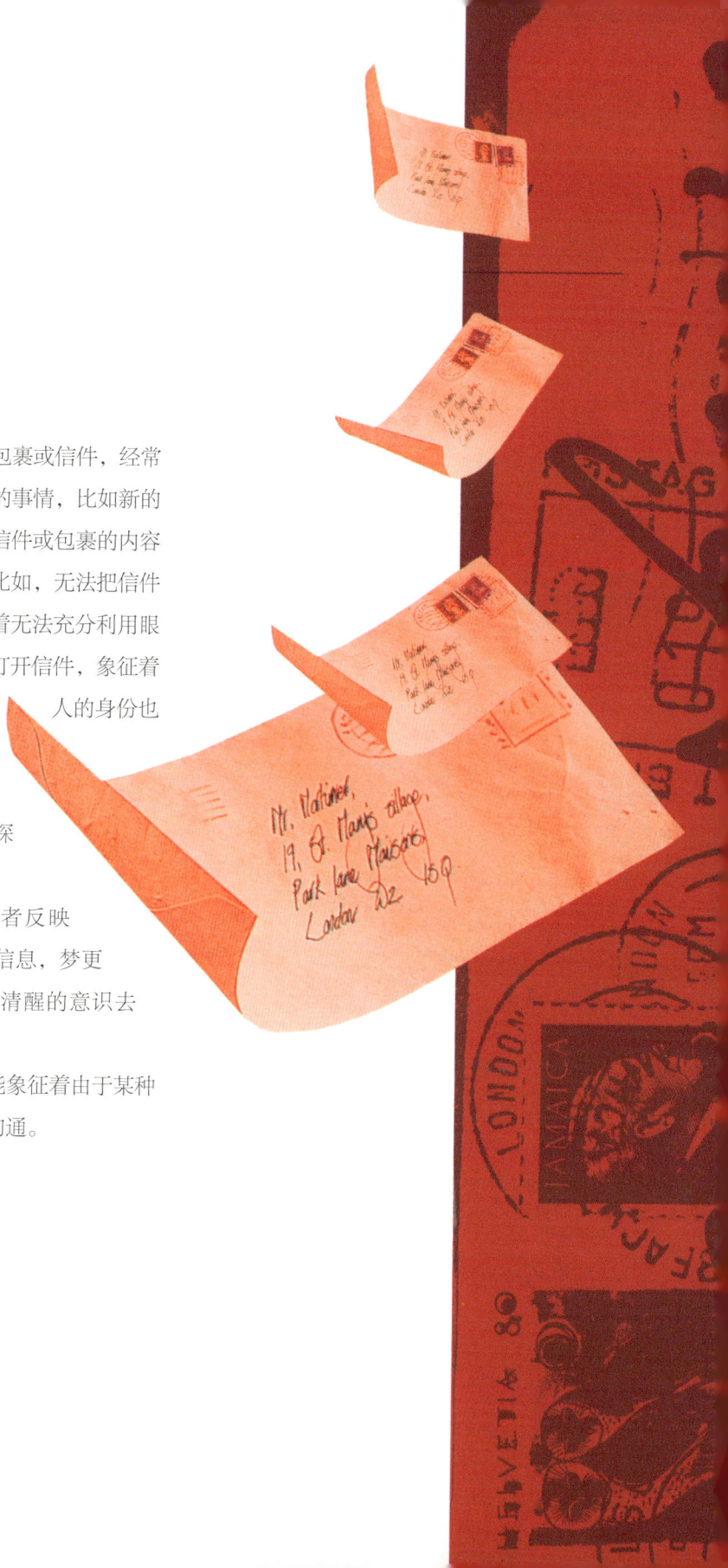

邮票

梦到信封上没有邮票，象征着还没有实现的志向，或者没有处理生活中重要的细节。贴满邮票的信封象征着狂热的热情，或者出于不安全感而做的过多努力。

邮差

如果梦到自己是邮差，或者要把信息传达给别人，象征着做梦者愿意承担责任，或者值得托付保守秘密。也可能暗示着做梦者有权给或不给别人快乐，或者开始意识到自己的重要性。

传递消息的邮差经常象征着生活中新的机会，梦到邮差经过自己门前却没有留下信件，通常暗示着做梦者的失望，也许是对某一件具体的事情，也许是对生活的整体方向。如果在梦里追赶邮差，象征着做梦者决定积极行动，为自己创造机会。

看不懂的信

如果梦里的信是用外语写的，或者字迹难以辨认，象征着做梦者的挫败感，可能是某件事情难以解决，或者感觉自己与别人的沟通应该更有效。或者，如果打开信封发现是一张白纸，可能是无意识在催促做梦者要更加控制自己的生活。

匿名信

匿名信象征着来自无意识的警告，可能做梦者正在经历情感的混乱期，应该反思生活正在走的方向。或者，做梦者可能感觉别人对自己了解得太多了。

明信片

明信片通常是一种轻松愉快的交流方式。在运送途中每个人都可以看到明信片

上的内容，它出现在梦里象征着做梦者希望生活更加开放快乐。明信片正面的图片也有象征意义，可能暗示着做梦者渴望旅行和冒险，或者如果图片是自己生活过或去过的地方，象征着做梦者对过去那段岁月的怀念。

信封

弗洛伊德认为信封是女性性符号。未打开的信封象征女性的贞洁，或者不愿意进入亲密关系。信封也可能象征着自己不愿意面对的事情。打开信封或把信件插进信封象征性行为。

契约和证书

契约和其他重要文件，比如出生证、结婚证，经常出现在生活经历动荡或变化时的梦里。它们象征着做梦者对稳定和确定的渴望，或者对即将发生的重大事件的反应。梦到自己烧毁契约和文件，象征着生命的一个阶段结束了，或者象征着做梦者内心渴望生活发生重大的改变。

包裹

和信封类似，包裹也被弗洛伊德解析为女性性符号。在梦里收到包裹后的反应

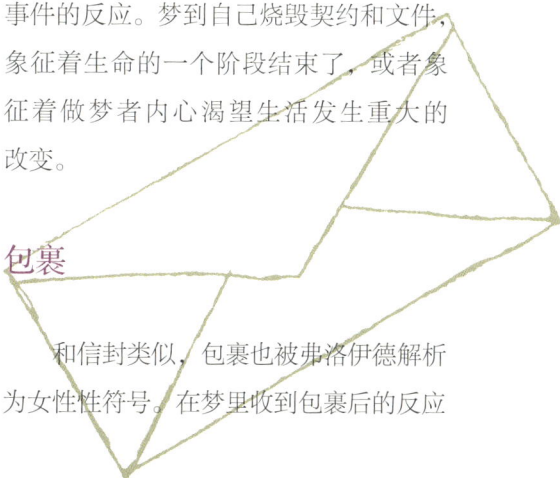

象征着做梦者对女性的态度，尤其做梦者是男性时。如果撕开包裹渴望看到里面的内容，象征着做梦者遇到了新的爱情或者期盼见到伴侣。如果不愿意甚至害怕打开包裹，象征着做梦者害怕亲密关系中严肃的感情承诺。

电子邮件

现在的人们更常发电子邮件而不是写信，因此这种网络沟通方式出现在梦里也不奇怪。梦到自己不小心把一封邮件发送给了通讯录里的所有人，象征着来自无意识的警告，可能做梦者的观念太过开放而毫无保留。在焦虑梦里自己还没有编辑完信息就按下了"发送"，反映了做梦者担心与人沟通时自己的想法还没有完全成形，可能，但也不一定，是关于工作。梦到按下"删除"，象征着做梦者渴望把不喜欢的人或境遇从生活中删掉。

合同

合同象征着自己还在疑虑的个人或工作承诺。在梦里撕毁合同是一种愿望的满

足，象征着做梦者希望逃离约束自己的协议，或者离开讨厌的丈夫或伴侣。

墨点

梦到一个墨点模糊了信件或其他文字信息的部分或全部内容，象征着沟通不畅或不够清楚。如果信上有泪痕会让人产生内疚感，可能做梦者对别人造成了伤害。如果泪痕是自己的，会让人想起感情上的痛苦，可能一段关系就要走到终点了。心理学上有专业的罗夏墨迹测验，墨点的形状也很有象征意义。

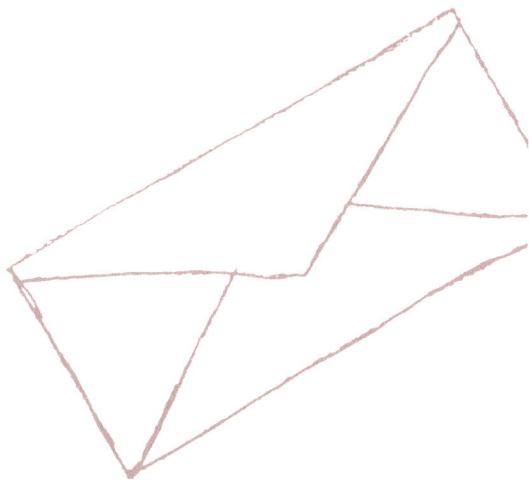

购物与金钱

　　商店经常象征着生活中可以获得的大量机会和回报。我们能否利用这些机会，反映在梦里自己口袋里有多少钱。

　　梦会用很多购物的经历作为比喻，象征我们能不能利用好生活中的机会，或者为某些问题找到解决的方法。我们可能会梦到商店马上要关门了，还没有找到自己想要的东西就被赶出了门口；或者因为货架太高，自己够不到上面的东西；或者展示的商品太丰富多样，自己无法选择该买什么。

　　对荣格而言，金钱象征能力，能够达到某个目标的能力。在梦里发现自己的钱不够支付想要的东西，象征着做梦者自认为能力或资历不足以达到某个特定目标。弗洛伊德认为金钱象征人的排泄物。在梦里私藏钱象征肛欲期固结，也许是小时候训练上厕所时被过于热心的家长管束太多。心理上的肛欲期固结通常会造成人格上的过于规矩与高度控制。

　　当然，梦到金钱也可能只是反映了我们对财务的焦虑，尤其是在奥巴马时代经济衰退时期。

橱窗陈列

梦到橱窗里陈列着吸引人但得不到的商品，象征着做梦者感觉自己在生活中遇不到好事。梦也可能是在提醒做梦者，应该另外寻找更易得到的成就，也许最终这些成就更加值得努力。荣格认为梦到药房或药店与炼金术有关，象征着内心转化的过程。

商店内部

梦里的商店象征着做梦者认为生活呈现给自己的机会。买了多少东西、买到的东西是不是自己想要的，都反映了自己认为能否达到目标。在梦里找不到自己想买的东西，象征着做梦者的挫败感，在生活中得不到自己想要的成就。梦到在关门时间之前慌乱地冲进商店，象征着做梦者担心人生短暂，不足以达到自己想获得的全部成就。商店也可能象征着对生活的物质享乐主义。

商店柜台

梦到商店柜台里摆满了诱人的商品，比如熟食或珠宝，自己不得不从大量不同的商品中选择。这可能只是愿望的满足，也可能象征着被太多选择压垮了。如果是在柜台挑礼物，可能做梦者感觉自己对对方（甚至是伴侣）了解得不够，无法做出明智的选择。

交易

交易可以象征任何形式的人际交往。我们在个人生活、职业上和理智上一直都在交易：无意识地评估每一个可能的同事、朋友或性伴侣可以为我们提供什么，他们可能想从我们这里获得什么回报。

小贩

街上的小贩让人想到自由和劣质商

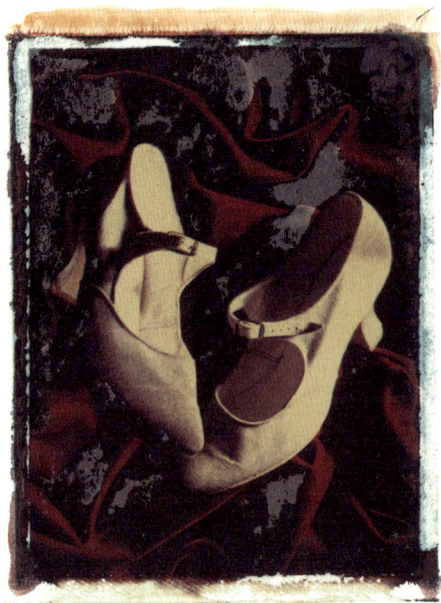

品。不受租金约束，也不用承担店主的责任，他们生存在正统社会的边缘。梦到小贩象征着做梦者渴望逃出日常生活的束缚。或者，做梦者可能是在怀疑一个新认识的人的动机，或者是在质疑生意往来的另一方的诚信。

账单

在梦里收到账单强调了生活的根本事实，必须投入个人资源才能有所进步。做梦者可能会震惊于账单的金额，也就是自己要付出的代价。但是，大额账单既象征个人代价之高，也象征眼前的机会之大。在焦虑梦里自己无法支付账单，因为钱包空了或信用卡被拒收了，既可能象征着自尊心不足或害怕社交尴尬，也可能只是在反映现实生活中的财务担忧。梦到写发票或收到报酬，象征着做梦者感觉自己的努力应该在某一方面获得回报——个人生活上、职业上或精神上。在梦里仔细检查饭店的账单，象征着对生活中的人有些不信任，甚至可能是朋友或家人。

买卖

买卖在本质上是说服的艺术。我们总是在试图把自己的想法或计划"卖"给同事或家人，或者需要决定是否"买"别人的想法、解释或理由。在生活中，小到搬家大到求婚，任何决定都包括某种形式的说服。在梦里，自己试图卖或买什么东西（尤其对东西的价值并不确定时），通常是在表达对人际交往的焦虑。

租金

荣格在他著名的梦里，把房子解析为自己。梦到支付房子的租金，象征着保持自己的诚实正直的重要性，即使面对专横的家长或其他权威人物的反对，也应该勇于表达自己的观点。但是，如果梦主要强调房子不是自己的，象征着做梦者对自己缺乏自信心。可能做梦者正在经历身份危机，或者感觉身体不太舒服。也许最近增加或减少了太多体重，自己很难接受这种改变。

局也会开始松散。但是同时也要注意，不要太专注于细枝末节而忽视了根本事实。

集市

一堆堆的奇异香料、一卷卷的鲜艳布料、一碗碗香气扑鼻的炖菜，这些中东集市的画面、声音和气味让人渴望旅行或向往新奇的经历。但是，无论在现实生活中还是在梦里，狭窄的街道和纠缠的小贩也会让人感到幽闭恐惧和胆怯害怕。可能做

保险箱

弗洛伊德认为保险箱象征女性性器官或性冷淡。但是，锁进保险箱的东西也可能象征着自己急于隐藏的秘密，或者强迫自己秘藏起来的本能。荣格认为金钱象征达到精神领悟的能力，因此保险箱象征智慧宝库。

杂货

商店里卖的各种各样的杂货——钢笔、铅笔、线轴、纽扣、丝带、回形针等等，象征着日常生活的普通细节。重要的是在大局和细节之间保持平衡，如果不关注细节，特别是微小的日常杂务，整个大

梦者发现很难适应新工作或个人状况的其他改变。梦到和商人讨价还价象征着和苛刻的朋友、亲戚、邻居或同事的交往。

当铺

梦到去当铺象征着绝望感。做梦者可能担心入不敷出，或者被迫牺牲了珍视的志向或理想。用低价当掉自己的东西，也象征着做梦者感觉自己在某些方面被低估了，可能没有受到自认为应该得到的认可，无论是工作中还是家庭中。

股市崩盘

梦到资本市场发生了重大灾难，银行家或股票经纪人从摩天大楼的窗口跳下去，象征着剧烈的失望感，也许是婚姻失败了，也许是在喜爱的科目上考试成绩很糟糕。梦会用"投资"的概念象征任何形式的投入，无论情感上、理智上或职业上。投入的时间和精力都是宝贵的，徒劳无功的挫败感反映在梦里，可能就是戏剧性的股市崩盘。

市场

露天市场通常多姿多彩，有大量的商品供人仔细挑选。在梦里，市场象征着在正常渠道之外展开的各种可能性。这样的梦尤其会发生在生活转变或变化的时候，比如年少离家或年老退休。

沟通

　　良好的沟通是我们与人交往的支柱，无论是个人生活中还是工作环境中。相反，糟糕的沟通会阻碍我们的快乐或成功，甚至会让人陷入绝望。因此，很多梦集中在沟通主题上。当我们感觉沟通不畅时，除了不能清楚表达自己的观点之外，还有各种各样的其他原因，比如，可能因为自己在社会上有自卑感。解梦时经常需要突破表面主题的限制，从更广阔的语境中理解梦的意义。

　　通常来讲，沟通梦的情景主要是做梦者无法在噪音中让别人听见自己的话，或者不顾一切地努力吸引别人注意，或者试图警告别人即将到来的某种灾难。但是，做梦者也可能发现无论自己多么努力，别人还是用各种方式轻视或贬低自己。当做梦者试图表达观点或给出建议时，别人也许会轻蔑地转过头去，也许会展开愉快的交谈。有时候做梦者还可能发现别人撕毁了写下的什么东西。

　　在观众面前说不出话来，或者被在场的人嘲笑，象征着做梦者的不安全感，可能是对自己本身，也可能是对自己的观念或想法。

公开发言时观众难以控制

　　梦到自己发言时观众不安静，不仅象征做梦者缺乏支持，而且象征着做梦者在生活中的观点让人困惑。梦到下面没有观众，象征着做梦者的观点被别人彻底忽视了，或者自己的成就完全没有得到认可。梦到人们在自己脚下大喊大叫发出嘘声，反映了自己总体上对别人的真实感觉，是否自认为"高人一等"而心生愧疚？

　　或者，梦是在用难以控制的观众掩饰某一个人的身份，在生活中那个人对做梦者的攻击行为让人难以容忍。

争论

　　在梦里公开争论象征着做梦者对迄今为止深信不疑的定论产生了怀疑，梦里的对话是内心矛盾的戏剧化表达。但是，这也是个人发展中的建设性时刻，根据实际经验公开检验新的观点。

争吵

梦到和别人大吵一架象征着现实生活中的挫败感。如果对方固执地不听自己的观点或论据，可能会让做梦者产生不安全感，怀疑自己对个人需求或观点的沟通能力。

演讲

梦到自己在观众面前坦率地公开演讲，象征着做梦者希望自己的观点得到表达和理解，或者有某件事需要向人们陈述真相。受到观众热情的欢呼可能是愿望的满足，象征着做梦者渴望受到周围人的欢迎。

规则与规定

规则让人联想到体系、强制、控制。如果我们在梦里给别人或自己下达严格的指令，无意识可能是在提醒生活应该少些随意多些确定。如果是别人在制定规则，隐含的信息是生活需要更多自制，或者需要意识到生活的方向被外界强加的限制约束了。

在梦里被控告违反了自己并不知道的规则，象征着生活中很多经历并不公平。这样的梦有助于缓解做梦者的挫败感，或者表示做梦者并没有完全接受生活中的不公平，并且发现很难表达自己的真实看法。

在梦里遵守规则暗示着做梦者太容易被别人引导，但是也象征着忠诚与正直。解梦时需要探索规则的本质，无意识可能是在鼓励我们仔细反思盲目遵守的观念或习俗。

梦到和别人争论规则象征着某种内心矛盾，也许是本能与良知发生了冲突。或者梦是在反映在新的或变化的关系中，我们需要重新调整生活的重点。

大量的电视节目或电影让大多数人对法庭有了充分的了解，即使自己没有直接的个人经验，梦里也很可能会出现法庭上的场景。

违反规则

在梦里公然违反规则，例如，在禁止拍照的画廊照相或在公共图书馆举行吵闹的野餐，经常会让人想起童年，小时候在建立自信的过程中，故意测试别人强加的限制，这种自然的冲动被家长或老师压制了，但本性中的反叛还潜藏在无意识里，在梦里凸显为肆意违反规则。这种不守规矩的梦表达的是健康的创造冲动。但是，如果梦里的犯罪是恶性的，比如偷车，可能做梦者心里有所愧疚，或者害怕别人利用自己的弱点。

诉讼

诉讼象征着做梦者希望惩罚反对自己的行为或观点的人，或者象征着做梦者内心深处想获得同辈的认可——在梦里表现为赢得陪审团的支持。

律师

雄辩的律师在法庭上为自己辩护，象征着做梦者在饱受压力的时期支持自己的亲友。但是，律师也可能象征着做梦者过于依赖别人，也许是时候代表自己勇敢说出自己的观点。同样，梦到自己是律师，也强调了代表自己的最大利益的重要性。

陪审团

仔细回想陪审团里每个人的身份：这些人有权决定做梦者的未来，他们的身份有助于解开做梦者的内心运作。如果陪审团里有朋友、亲人或同事，可能与生活中的某件事有关，这些人对那件事应该有自己的观点。他们的观点会对做梦者的决定产生重大影响，比如找工作或找伴侣。如果陪审团里没有自己认识的人，暗示着做梦者感觉自己受制于命运，或者其他超出自己控制的力量。如果自己出现在陪审团里，象征着做梦者对自己的命运有一定影响力，或者做梦者不得不对他人做出评判。

原告

梦到自己在审判中是原告，为了自以为的伤害或不公起诉别人，可能是一种坚定自信的行为，或者可能来源于内心的多疑。如果在梦里有报复心态，想让对方受到惩罚，输了官司象征着焦虑对自我的毁灭力，赢了官司也不是正面的结果，暗示着做梦者自以为正直其实心存恶意。

质证

梦到自己在法庭上被质证，象征着做梦者的生活的某些部分正在经受严肃的质疑和审查。被问的问题象征着怀疑，也许是做梦者对自己的怀疑，也许是在做梦者的想象中别人对自己的怀疑。或者，梦是在表达做梦者被要求解释自己的挫败感，可能做梦者对自己的想法、说过的话或做过的事感到内疚。

传票

被要求出庭做证可能象征着做梦者的

内疚感（与质证一样），但是也可能象征着做梦者应该挺身而出，为需要自己帮助的某个人或某件事出力。被强制要求上庭也反映了做梦者厌恶强加给自己的义务。

判决

虽然法官象征父亲或其他重要的权威人物，但是判决，无论有罪还是无罪，更常反映了做梦者本人对自己的评价。

讨债人

梦到讨债人出现在门口，或者有人要收回自己的财产（比如房子），象征着做梦者需要关注自己一直忽视的某些义务。当然，这种梦的表面意义明显是对个人债务的焦虑，焦虑感太过强烈，甚至渗透进了无意识。

小偷或窃贼

梦到自己被抢劫或盗窃象征着做梦者的焦虑，很可能是来源于性关系的某些方面。在梦里，真实的或想象的伴侣经常被表现为个人财物。如果自己在梦里是小偷，要偷的东西对于整个梦的意义至关重要，无论男性性符号，比如枪或车，还是女性性符号，比如钱包或项链坠，都暗示着偷情或其他不正当的愿望。被人持枪或持刀威胁抢劫，反映了做梦者害怕暴力，尤其是性暴力。同样，梦到窃贼破门而入，或者别人未经允许进入了自己的房子，暗示着做梦者害怕强奸或感情纠缠，或者害怕别人离自己

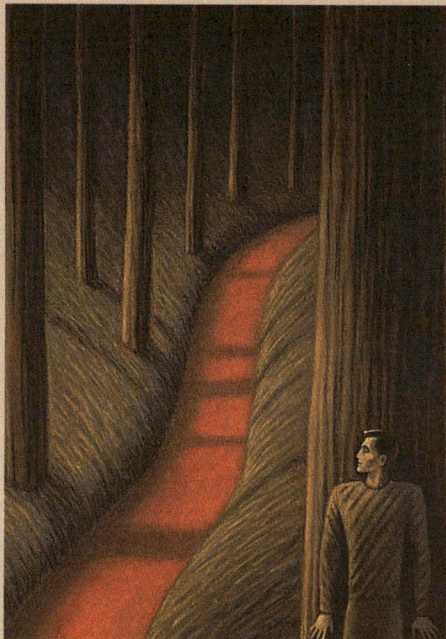

真实的本性太近。在路上遇到黑影强盗，象征着本性的黑暗面渴望脱离社会束缚获得自由。

犯罪

在梦里犯下严重的罪行绝不暗示着做梦者内在有暴力或反社会人格。相反，梦是在表达做梦者的内疚感，或者更普遍的意义是做梦者希望逃离现实生活中的社会、经济或道德限制。

非法侵入

梦到自己未经允许进入别人的房子或土地，象征着做梦者渴望冒险进入未知的领域，无论是情感上、理智上或精神上。危险带来的恐惧感也是满足感的一部分。梦到非法侵入也有性暗示。如果自己是侵入者，暗示着希望偷情或者篡夺别人在一段关系中的位置。如果自己是被侵入的受害者，暗示着害怕背叛或强奸。

逃兵

逃离自己岗位的士兵在梦里是一个模棱两可的意象。一方面，他象征着一种诱惑，做梦者可以选择无视某个困难的心理或个人问题，不用正面解决而是逃避问题。或者，他也可以是勇敢的人物，勇于越过敌对的环境。也许做梦者感觉自己为之奋斗的事业并不属于自己，或者不再值

得耗费自己的精力。梦到自己是逃兵，心中混杂着害怕、内疚和解脱，这种情形特别适合表达主动结束一段关系的焦虑感。

另一方面，如果自己是个不幸的士兵，被同部队的战友遗忘在了岗位上，这样的梦象征着做梦者的被抛弃感和被忽视感。也许时隔多年做梦者仍然在怨恨冷漠的家长，也许最近刚经历了至爱的死亡或感情的分手，不得不自己照顾自己。解梦时也不要排除长期的有益意义，这样的梦也标志着心理上开始更加独立。

走私

走私物品既诱人又充满风险。走私的东西象征着本性的某些方面，做梦者宁愿保留给自己；或者象征着有价值的新发现，做梦者希望和朋友们一起分享。

伪造

梦到伪造象征着一种警告，不要相信别人表面上的承诺。如果认识的人试图把伪造的商品或钱给做梦者，象征着来自无意识的告诫，应该小心质疑与某个人的个人或职业关系。如果自己试图以假乱真，象征着做梦者的挫败感，在个人成就上没有真正的进步。

下毒

梦到给认识的人下毒，象征着做梦者对某个人尚未承认的敌意，或者希望清除某些"毒害"内心平静的感情。

环境 Environments

　　生活中的任何环境或场景，从乡村学校简陋的教室到美国白宫的总统办公室都可能出现在梦里。当梦里的场景与真实回忆相符时，我们知道梦来源于自己过去的经历，比如，梦到曾经受雇的工厂，在那里的那段时间很不开心，可能象征着当时困扰我们的问题现在仍然在影响我们，虽然生活环境已经完全不同。当然，每种环境都有独特特征和大量物品，解梦时充满了象征意义。

家

家庭事务是梦里最常见的主题。大多数情况下，它们出现在第一层梦和第二层梦：经常明显关于最近（尤其是前一天）经历的琐事，梦之所以选择了这些琐事，是因为认可了它们的象征价值，可以反映（因此，也有助于做梦者进入）储存在无意识里的重要内容。

在解析家庭梦时，要注意寻找梦里的情节相比现实经历有没有反常之处。梦的场景经常是在自己的房子里，事件也是熟悉的日常生活，但是有些细节会变得奇怪和不准确。家具的位置可能会发生变化，日用品或电器可能会变大或变小，做饭的原料或清洁的材料可能会找不到，陌生人可能会突然出现在家里，好像房子是他们的一样。

家是我们生活的主要部分，在家里进行的活动多种多样，反映在梦里也有很多象征符号。家里的每一个房间都有潜在的意义，每一件用具——淋浴、炉子、茶匙、筷子等都可能被梦利用来表达特定的目的。

粉刷

粉刷象征着掩饰令人尴尬或有潜在损害的不端行为。这些被隐藏的真相也许是做梦者自己的，也许是无意识怀疑别人在掩盖他们的性格或过去。

做饭

梦到自己为别人做饭，暗示着做梦者想影响别人或者让别人依赖自己。一起吃饭代表和睦，准备聚餐象征着渴望爱和关怀。如果梦里的重点是食物本身，隐含的意义是做梦者想把某些真相或领悟塑造成比较容易接受的形式，或者把生活中分散的元素合成对灵魂有滋养的原料。灶火在传统中是家庭生活的焦点（焦点在拉丁语

里的原意是"壁炉"），因此象征做梦者内心最深的中心。

地毯

梦里出现地毯，准确的象征意义在于它的颜色或上面装饰的图案。花卉图案象征花园甚至伊甸园，更普遍的意义可能象征着生命之树，在全世界无数信仰和神话中都出现了同样的概念。根据经典的解梦理论，房子象征做梦者自己，地毯如果盖住了通往下一层的入口，暗示着做梦者正在压抑无意识里的冲动。

锅碗瓢盆

厨房里的容器经常有性暗示。把柄象征男性性符号，锅体象征女性性符号，具体的意义在于哪部分更明显。锅里有什么也很有象征意义，是营养丰富的浓汤还是自己喜欢吃的东西，或者做饭是为了给别人留下好印象？

盘子

一盘刚刚做好的菜通常会趁热上桌，在梦里象征着灵感或想法应该立刻付诸行动，或者某个问题应该尽快解决。一盘冷掉的剩菜暗示着应该把过去遗忘，生活才能向前走。

水壶

水壶伸出的壶嘴有性暗示，主要象征男性性符号。水壶里沸腾的水象征热情。正如热水和蒸汽会烫伤人一样，梦用这个意象警告做梦者，过于强烈的感情可能会伤害与自己接触的人们。

桌子

梦到有人藏在桌子下面，很可能是源于童年的记忆。桌布像帐篷一样把人围起来，是小孩子捉迷藏的好地方。这个藏身之地也有危险，在焦虑梦里桌边坐着别人，桌布底下的人就不可能溜走。梦也会在桌子上面摆放各种物品，在解析中桌子象征开放，桌面上的任何东西可以被所有人看见。

餐具

总体来讲，一整套餐具象征做梦者在家庭生活中追求的目标。分开来讲，每一件餐具都有不同的隐含意义。刀叉在本质上是缩小版的武器，象征着被驯服的攻击性，或者在看似和谐的家庭环境中暗含紧张。小勺象征女性性符号，形状是圆形，里面能盛东西。如果做梦者感觉脆弱或疲惫，梦里的小勺代表想被"用勺喂"，也就是想被别人照顾。茶匙或糖匙暗示着要慢慢来或少量品尝，汤匙或汤勺鼓励做梦者尽情享用生活中的快乐或价值。

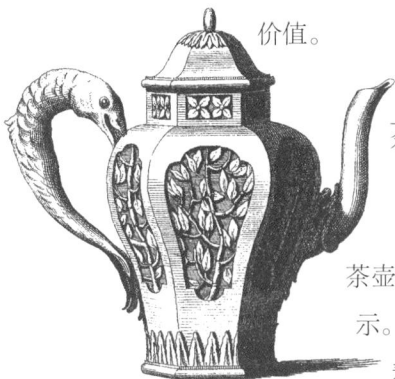

茶壶

和水壶一样，茶壶的壶嘴也有性暗示。华美的茶壶象征着日常生活中蕴含的美，只要用心寻找就能发现。

洗碗

与洗手类似，洗碗象征着希望洗掉内疚或羞愧，很可能是因为性经历。

破裂的东西

破裂的东西象征做梦者性格上有缺点，或者某些论点、想法或人际关系上有问题。弗洛伊德认为破裂的碗、花瓶或杯子象征女性性符号，荣格认为它们象征着做梦者对世界所抱希望的幻灭。

或者，破裂或破碎的花瓶或杯子象征破碎的心。梦到自己在房子里暴走，摔碎各种东西，通常暗示着愤怒或幻灭，摔碎的东西象征着愤怒或幻灭的对象。

吸尘器

用吸尘器清扫房子可以彻底清除灰尘，象征着做梦者希望把不好的记忆或过去全部消除。梦到用吸尘器除尘或清灰，也可能暗示着做梦者希望走出亲友死亡的悲痛。

大扫除

梦到对房子大扫除（尤其是春天），象征着做梦者需要清除不安的记忆或坏习惯。现在是时候深入自己的内心，丢弃本性中没有建设性的部分，才能有一个全新的开始。

擦窗户

梦到自己清洗擦除窗子上的尘垢，象征着做梦者想对生活有更加清楚的视野。也许是太多的内省模糊了对外面的世界的看法，也许是做梦者无法突破自己的成见。

洗衣服

洗衣机里旋转的水有时让人联想到子宫。也许是时候清理往事，甚至是内心深处童年的伤害，现在终于"水落石出"，心理上才能更健康。

在梦里洗衣服也会让人想到穿衣服是为了掩盖裸体。把洗好的衣服挂在公共晾衣绳上，可能隐含着内心的渴望，希望重拾过去的纯真，或者暗示着做梦者的表现欲。

滤锅或筛子

水、面粉或糖从滤锅或筛子的孔里漏走，象征着生命力或能量正在流失。也许生活中有人或有事正在削弱做梦者的力量。筛子也象征着做梦者发展对生活的新态度的过程，筛除或冲掉过时的或无益的思维或行为模式。

家具上光漆

上清漆或上光漆可以保护并提升家具或地板的外观。在梦里上光漆象征掩饰失败，或者表示需要更加强硬地面对别人的批评，或者暗示着掩盖一段关系中的裂痕。

饼干罐

饼干罐或铁盒在童年是糖果和奖励的来源。梦到自己充满渴望地看着饼干罐，它却在高高的架子上根本够不到，象征着做梦者渴望得到别人的赞赏或认可，但是愿望好像永远不会实现。梦到饼干罐里有各种各样的饼干或曲奇，象征着做梦者需要做出一个重要的决定。

建筑

房子在梦里通常象征做梦者自己，也可以象征做梦者的身体或意识的不同层次。和人的身体一样，房子有正面有背面，窗看到外面的世界，食物从正门进入，垃圾从后门排出。

荣格做了一个关于房子的梦，受梦的启发创立了集体无意识理论。梦里的房子看起来并不熟悉，但是毫无疑问是他自己的房子。他从上到下逐层查看，发现了一扇沉重的门，向下通向一个美丽而古老的拱形地窖。他走下去又发现一段楼梯，再往下通往一个洞穴，里面散落着陶器、骨头和人的头骨。他把地窖解析为无意识的第一个层次，把洞穴解析为自己无意识里的"原始世界"，集体无意识。但是，弗洛伊德把荣格的这个梦解析为愿望的满足，认为骨头和人的头骨是死亡符号，象征着死亡愿望，可能是针对荣格的妻子。

其他建筑也象征自我的某些方面。法庭象征判断力，博物馆象征过去，工厂或磨坊象征生活中的创造力。

图书馆

图书馆通常象征想法，以及取之可用的知识。梦到够不着书架上的书，象征着某些想法超出了做梦者目前的理解能力。如果在梦里无法专心看书，象征着现在的想法可能不会有收获。图书馆也可以象征做梦者内心的知识：应该向自己的内心寻找答案，出于本能的理解也许会有意外的发现。

房间和楼层

和人的意识一样，房子包括不同的层次和部分，每一区域都有不同的功能，彼此之间用楼梯和门连接起来。在梦里，每一个房间和楼层都象征着人格或意识的不同层次，彼此之间应该连接起来（整合），但是实际上经常没有联系。荣格认为由低到高的楼层象征无意识、意识和更高的精神追求。上锁的门或危险的楼梯象征着深入无意识的困难。

阶梯和楼梯被弗洛伊德赋予了性暗示，梦到自己乘坐自动扶梯被动地上下楼，暗示着不带感情的性生活。

阁楼

位于房子最高处的阁楼通常象征更高的精神追求或创作目标，过去阁楼是艺术家或作家的传统工作场所。阁楼里经常是一团乱，反映了生活给人的杂乱感。像在真实的阁楼里一样，解梦时也需要仔细归整里面的东西，才可能对梦的意义有合理的解析。装满私人物品的箱子暗示着被做梦者轻率丢弃的物品或心事。但是，如果箱子看上去像棺材，梦是在警告做梦者应该放弃不切实际的追求。过于整洁的阁楼暗示着精神生活中的教条主义或公式思维，或者在创作过程中过于依赖逻辑和理智。

窗

弗洛伊德把门和窗都解析为女性性符号，荣格认为它们象征做梦者对外面的世界的理解能力。在梦里看别人的窗子（弗洛伊德解析为窥秘癖），象征着做梦者对别人的生活太过好奇，也许用对别人的好奇代替了对自己的反省。

阳台

阳台在弗洛伊德的理论中是典型的女性性符号，象征女性的乳房，阳台在法语里是乳房的俗称，也是法语里胸罩的词根。梦到站在阳台上象征着希望重回母亲的怀抱。如果做梦者是男性，弗洛伊德认为还暗示着俄狄浦斯情结，以及儿子对父亲的仇视。

门

向外打开的门表明做梦者需要和别人多接触，向里打开的门邀请做梦者探索自我。上锁的门象征挫败感，暗示着做梦者应该寻找新的技能或想法，找到钥匙才能开门。门没有把手是梦里常见的符号，象征着各种挫败感，比如工作没有晋升，或者求婚被拒绝了。

天花板

现代英语用"玻璃天花板"比喻女性在职业上的升迁遇到了无形的障碍。任何人如果感觉有什么原因阻碍自己达到职业或个人目标，可能会梦到从地板上升起来之后头撞到天花板上。

墙壁

墙壁在梦里有内在的双重意义，既象征监禁也象征保护。人们可以在情感上筑墙把自己围在里面，或者用繁忙的时间表或对工作的过度投入当作隔离墙，虽然这

样可以让自己免受伤害，但是同时也失去了很多好的经历。

地下室或地窖

地下室或地窖经常象征无意识。梦到自己走下地窖的楼梯，象征着下定决心或试探性的自我探索。在地窖里发现的东西象征着无意识里不同的冲动，食物和葡萄酒象征对性的热情，散落的骨头暗示着压抑的杀人倾向。

烟囱

烟囱是强烈的性符号，既可以代表男性也可以代表女性，取决于从外面看还是从里面看。坍塌的烟囱象征着害怕性无能。在传统传说中，女巫们通过烟囱出去举行夜半集会，因此烟囱也可以联想到黑魔法和黑暗艺术。

家具

房子里的家具象征人的思想和情感。梦到在没有家具的房子里徘徊，表明做梦者的情感生活不如意，可能感觉受到了阻碍，或者象征着新的开始，做梦者准备好了用新的经历填充生活。修理、打扫或调整家具暗示着渴望情感上的痊愈，或者希望个人生活更有秩序。

窗帘

窗帘象征着做梦者希望把自己和外面的世界隔离开。虽然表面上是谦虚的符号，但是也暗示着表现欲，想想经典的画面：天鹅绒帷幕缓缓升起，露出了光鲜亮丽的舞台。

衣柜

衣服经常象征人格面具，每个人展示给世界的形象。衣柜里面各式各样的服装代表在不同场景戴上的不同"面具"，做梦者对每一套服装的反应可以表明哪一种最能代表真实的本性。溢出的衣柜象征精力旺盛甚至表现癖。上锁的衣柜表示做梦者不想公开，希望隐藏自己的本性。

客厅

荣格认为房子的不同房间象征自己的不同部分。客厅或起居室是人们最安心示人的地方，象征着做梦者的意识。

厨房

家里的厨房让人联想到爱、养育和创造。厨房里的食物和用具充满了男性和女性性符号，整体环境富含母性联想。温暖的烤炉或发出火光的壁炉都是生动的象征符号，代表做梦者内心深处对家人或朋友的爱。但是，如果梦到厨房里有东西烧着了，暗示着做梦者和亲近的人有冲突。

杂物间或洗涤室

杂物间或洗涤室用来存放家什、洗衣服或干其他家务杂活，在梦里象征无意识及无意识里进行的活动。

卧室

卧室让人联想到出生、死亡、睡眠和性。如果与人合住或生活在大家庭里，自己的卧室可能是唯一私密的空间，因此对某些人象征着清静、安全和内心的本性。在梦里卧室也可能象征安息地。梦到父母睡在床上，可能会让人回想起他们的死亡，或者表示做梦者害怕失去他们。空卧室会让人想到自己的死亡。

浴室

经历了一天的紧张和烦恼，舒舒服服泡个热水澡，是很多人放松自己的方式，在梦里洗澡的意义更深一层，暗示着生命

在子宫里的安全感。如果浴室有一扇窗开着，无意识是在提醒做梦者，在外面世界的现实生活中还有要承担的责任。

梦到厕所或抽水马桶，象征着做梦者希望冲走不健康的思维方式或情感。如果厕所堵了，说明很难摆脱无益的习惯。

农场

梦到农场象征着做梦者想回到更加简单、更加田园的生活方式。或者，如果做梦者一直生活在城市里，梦到农场暗示着希望更贴近自己的根或自己赖以生存的现实。做梦者未必想搬到乡村，只是希望在城镇或城市里，按照更加传统的价值观生活。或者，农场也可能象征某种职业挫败：做梦者希望自己的工作对社会更有责任。

谷仓

谷仓是传统的符号，象征着生活中收获的好东西——无论在家里还是在工作上。梦到谷仓也可能暗示着道德"成果"，或者善有善报。看到谷仓里有田鼠或蜘蛛，表示心里的内疚正在破坏幸福感。

栅栏

俗话说"栅栏好邻居才好"，栅栏象征着保护自己的世界不被别人侵入，有时因此而忽视了社会责任或错过了有益的人际交往。需要修补的栅栏象征着内心渴望私密空间。

车库

车库在传统上是男性的活动区域，但是车库里面能够停车，也可以象征女性性符号。梦到自己在车库里修车，可能暗示着在两性关系中遇到了问题。

喷泉

喷泉充满了丰富而神秘的象征意义，比如生命之源、智慧源泉、长生不老。对于陷入创作瓶颈的艺术家，梦到喷泉预示着新的灵感。作为生命之源，喷泉也可以象征母亲。也许做梦者经历了一段时期的消沉、抑郁或悲伤，终于重新获得了一股能量。

棚屋

花园里的棚屋是适合静思的地方，或者用于存储杂物，各种不想看见的东西都被收拾进这里。梦到存放杂物的棚屋，象征着过早放弃的项目。经常使用的棚屋，比如，用作书房象征着无意识里的活动。解梦时需要仔细回想在里面看到了什么。

温室

温室里丰富多彩的异域花草象征着无意识里压抑的未被承认的本能。

工厂

在工厂里辛苦工作象征着做梦者的创作。根据不同的语境，梦可能是在强调工厂的生产率，也可能是在突出工厂机械刻板的本质。梦到工人罢工象征着创作遇到了障碍——时间不够或资源不足，或者陷入了瓶颈。没完没了的生产线象征单调和挫败，也许是时候寻找新工作、新职业或者新的灵感来源。

煤气厂

天然气的硫黄味和易燃性使煤气厂近似于基督教里的地狱。在象征意义上，黑暗混乱的无意识也类似于地狱，因此煤气厂在梦里象征无意识。煤气厂让人感到险

恶或恐惧，精神的黑暗面同样让人很难面对，在梦里看到煤气厂的反应象征着做梦者对探索无意识的态度。如果做梦者感觉煤气厂快爆炸了，通常暗示着内心情感太过压抑。

酒吧

酒吧是社交聚会的场所，也是借酒消愁的地方。酒吧里没有拘束，梦到去酒吧象征着表达出真实的情感。在梦里可能会跟陌生人说自己最黑暗的秘密，或者在桌子上狂热放纵地跳舞。酒吧的欢乐氛围也会让人渴望陪伴，更加突出了做梦者的孤独感。但是，如果做梦者在酒吧卷入斗殴，梦是在指出过于压抑的情感正在变得

危险，即将爆发成为极具破坏力的、无法控制的愤怒。

在梦里喝醉象征着生活中的陶醉，强烈的幸福感和快乐感。但是，如果喝醉后并不愉悦，反而感到不舒服甚至惊恐，梦是在警告做梦者正在失控，也许做梦者对酒精或毒品即将成瘾，也许感觉自己的生活受制于机遇或别人的操控。梦到在昏暗的酒吧里独自饮酒，暗示着做梦者想忘掉艰难的回忆或逃避现实的问题。

塔

塔是强烈的男性性符号。如果做梦者是男性，塔的力量和坚固反映了他对性的自信或缺乏自信。在很多欧洲民间传说

中，年轻的少女被残暴的国王或父亲囚禁在高塔里。这些故事，以及梦里的类似情节，都象征着女性屈服于男性权威的压迫，无论在家庭中、工作上或社会上。塔的坚不可摧也有象征意义，暗示着某个人对做梦者很重要，但在情感上却一直冷漠而疏远。

法庭

梦到法庭象征着本性里的冲突，或者做梦者与亲近的人有矛盾。也可能是要用全部的判断力做一个重大的、改变一生的决定，或者协调家人之间或同事之间复杂的权力斗争。

钟塔

无论是主要的地标，比如英国国会大厦的大本钟，或是更加常见的建筑，比如市政大厅或乡村教堂，钟塔都标志着时间和地理位置。

嘀嗒作响的钟表是梦里常见的符号，象征心跳以及时间或生命的流逝。钟结合了塔的外形，钟塔象征男性的精力与勇气，二者结合才能实现真正的目标。钟塔在每个整点敲响报时，钟鸣也预示着重大事件或个人转折点，比如婚礼或孩子出生。

埃菲尔铁塔

法国巴黎的埃菲尔铁塔是明显的男性性符号，在梦里可能象征男性性欲。埃菲尔铁塔也代表了人们普遍认为的巴黎生活方式——革命与浪漫的强烈混合，以及艺术和康康舞。电影《红磨坊》把这些意象灌输给了广大观众。

灯塔

弗洛伊德认为灯塔毫无疑问是男性性符号，在象征女性的大海中高高矗立。更

多现代的解梦理论关注灯塔的功能，既是灯标又是向导。灯塔里的光线警告船只远离危险的礁石，在梦里也象征着一种警告，做梦者可能会进入危险的境地。在雾里探照的灯塔暗示着应该避免某一区域，而不是向那里前进。

风车

风车磨出面粉才能做成面包，象征着做梦者要养家糊口。工作就像"每天磨面"，虽然单调乏味但又必不可少。

城堡

城堡是房子的一种，在梦里可能会变化为堡垒、宫殿或监狱。梦到自己在城堡里面象征安全，但是也意味着这种心理防御本身会把做梦者与别人隔离开来。心理防御在梦里表现为城堡的高墙，虽然让做梦者免受伤害，但也付出了其他代价，比如重要的人际关系和成熟的情感。如果在梦里自己降下了城堡门口的吊桥，象征着做梦者已经准备好开始一段新的情感联系。梦到城堡被毁灭，象征着做梦者以前的伪装或人格面具被破坏了。

宫殿

外表高雅华丽的宫殿象征做梦者展示给世界的人格面具。如果与外表相比宫殿里面很破旧，梦是在警告做梦者现在追求的目标不太可能达到。

宗教场所

教堂、大教堂或寺庙象征做梦者的精神世界，或者表示做梦者向往安宁和智慧，或者更笼统地讲，代表更清晰的目标感。梦到自己在教堂里像个陌生人，象征着做梦者要达到精神追求还有很大的差距，或者想在团体里面获得更受敬重的地位还要走很长的路。尖顶有明显的男性性暗示，穹顶则象征着女性的圆满，无论是身体上还是心理上。

教堂的尖顶也是重要的避雷针，如果梦里着重强调这一点，暗示着做梦者遭遇突然的灾难感觉很脆弱。

破败或着火的房子

梦到自己的房子破败不堪，可能是在夸大某个困扰已久的问题。也许并不是什么大事，与家庭生活没有关系。但是，这种意象也可能象征着做梦者感觉身体出现了机能障碍。房子里需要修补的地方可以暗示具体哪个部分出现了故障。梦到房子着火了，虽然看似毁灭却有正面的意义，象征宣泄和净化。有时需要彻底清除不合时宜的心态和想法。

未完工的建筑

　　房子这一典型符号象征自己，身体、思想与情感。梦到未完工的建筑，表示做梦者还在变化和发展，这种变化和发展甚至会持续一生。仔细解析建筑里未完工的具体部分，可能会意外地发现自己还要在哪些方面继续努力。地下室象征需要更加深入无意识，窗户象征需要更多了解外面的世界。如果梦到自己在做建筑设计，象征着做梦者准备开始某个大项目。

学校

学校的经历对人的一生有重大影响，甚至老人也会经常梦到学校。有时梦里的情节是记忆中的具体事件，让人感到自豪、尴尬或压抑。但是，梦里的学校经常是通用的，梦只是用学校来传达某种信息。梦到自己重回学校，但是被降到了更低的班级，或者很丢脸地被赶出教室，或者被剥夺了人人羡慕的职位，都象征着源于童年的不安全感至今还没有解决。

与学校的场景一样，学校的职工也有象征意义。老师是典型的权威符号，象征着父亲或母亲、比自己年长的家人或者其他让自己爱恨交加的人，他们都对做梦者的人生轨迹有决定作用。或者，老师也可能象征着做梦者人格中的自我审查，控制住了无意识里的各种冲动。

梦到自己被叫到校长办公室，象征着自卑感或内疚，或者害怕自己的过失被别人发现。被老师公开表扬、在学校里获奖或赢得了体育比赛，都表示做梦者相信自己或渴望相信自己作为学生或作为人的能力。

书包

梦到自己快乐地背着书包，里面装满了书、笔和纸张，象征着做梦者积累了知识并希望继续学习。如果书包很重或让人不舒服，可能暗示着过去、现在或未来的某些部分成为负担。

破败或破旧的学校

梦到重回小时候的学校，却看见校舍破败不堪或已经废弃，象征着做梦者仍然背负着童年时令人沮丧的期望或令人不安的记忆。这样的梦有时也会让人感慨时光飞逝、人生短暂，应该向前看而不是沉溺于过去。

欺凌

在欺凌梦里，做梦者通常是被欺负而不是欺负别人。这种梦经常象征童年的痛苦经历。或者，也可能暗示着做梦者渴望主导或被主导，也许是施虐受虐的性关系。

老师

老师对学生的一生影响深远，无论这种影响是好是坏。老师的权威相当于父母，在梦里也可以象征家长。如果梦里的老师让自己非常尊重，做梦者应该谨记他们的建议，因为他们传达的智慧代表来自无意识的信息。

处罚

梦到自己在学校里受到处罚，经常暗示着屈从于某个权威人物。体罚泄露了对性虐的欲望。因为没做作业而受罚，经常象征着没有尽到个人或职业义务的内疚感。在墙角被罚站，是过去常见的一种处罚，反映了被社会排斥的感觉；被罚抄书反映了对例行公事的不满。

学期结束

梦到学期结束假期开始，庆祝的心情里略带失去朋友的遗憾，因为回到各自的家里后不能再见面。梦也可能是在表达生活进入新阶段的乐观，或者艰难或徒劳无功的时期终于结束了，做梦者感到解脱。

墨水

梦到打翻墨水弄脏了课桌或课本，象征着某种行为违背了自己或别人的道德标准。黑墨水象征恶行或在夜幕掩盖下的不正当行为，红墨水象征鲜血或性。

教室

教室一般象征学习，学习对人的一生都非常重要。教室也可以象征竞争、公开的好评或批评，或者需要重新思考个人、社会或职业责任。教室还可以象征怀旧，或者做梦者需要重新点燃生命最初的热情。坐在教室后面不被老师注意，暗示着做梦者有逃避责任的倾向。积极举手回答问题，表示做梦者希望证明自己。

课本

课本或笔记本的状态可以反映做梦者的精神状态。胡写乱画的笔记本象征创作或困惑，或者可能二者皆有。干净整洁的

笔记本反映出生活很有条理，或者希望在混乱状态中更有条理。如果笔记本上应该是单词表或算术公式的地方变成了涂鸦，梦可能是想让做梦者关注内心中尚未开发的创作宝库。

课桌

弗洛伊德认为有盖子能装东西的传统课桌象征女性性器官。因此在课桌里乱翻象征性交，无论是真实的还是想象的。另一种解析方法是集中于课桌的个人性，在满是人的教室里课桌是属于自己的领地。

出于显示独立和私人性，把自己名字的首字母刻进课桌，象征着做梦者想在外面的世界和别人的眼光中确立自己的身份。课桌里也可以藏东西，因此象征着无意识，也许是年少时代的无意识，在未受成年经历的影响之前的无意识。

学校铃声

现实生活中的闹钟响了，反映进梦里可能就变成了学校铃声。如果铃声宣布课堂结束，象征着生活中的困难阶段过去了。如果铃声宣布课间休息结束，梦可能是对某个愉快经历的结束表达遗憾，也许是爱情或性爱。

操场

梦到操场象征需要更多休闲。如果自己在梦里看着别的孩子玩耍却拒绝加入，梦是在反映做梦者强加给自己的孤独。如果梦到别人不带自己玩游戏，象征着自尊心不足或害怕被拒绝。听到上课铃声后不愿意回到教室，暗示着职业生活中令人不快的处境，或者宁愿用劳累来分散精力，不肯正面面对自己的责任。

黑板

在黑板上写下白色的粉笔字，象征着知识的力量战胜了无知。梦投射在黑板上的内容反映了引导做梦者人生的原则和理想。虽然坚持原则很重要，但是也要记住：珍视的信念像粉笔字一样并不永久，擦去原来的痕迹才有空间写下新的内容。

学院或大学

高等教育象征更高的智慧或精神追求。梦到大学的课程有点抽象或不切实际，是不是反映了放纵自己的内疚感？

毕业典礼

毕业典礼通常是非常重要的人生仪式，在梦里象征其他里程碑式的事件，特别是让人有成就感的人生大事，比如第一个孩子的出生。

剧院与马戏团

梦里的世界就像剧院的舞台，上演着神奇的变形、丰富的想象和生活的情节。有些梦落实了这个比喻，用真实的剧场、电影院或马戏团当作场景。这种梦通常特别清晰而生动，有时类似于"巨梦"的特征。这些场景在梦里和在现实中同样让人感到兴奋和期待。

梦里的剧场是幻想中的幻想，可以帮助做梦者理解世界表象之下的奥秘。但是，有时候做梦者会发现剧场或马戏场是空的，或者电影院的银幕是空白的，孤独感如影随形，好像除了自己之外，别人都能看到精彩的表演。这种梦反映了做梦者与朋友和家人的隔离感。

如果发现自己在舞台上，或者在马戏场中参与了表演，演出的内容可能是内心的矛盾或冲动，做梦者需要向台上的角色或剧情学习。如果自己是旁观者，梦可能暗示着陷入幻想的危险，或者象征着未实现的愿望，做梦者希望摆脱日常生活的常规，进入更加本能、有趣和激动的世界。

演员象征做梦者生活中重要的人，或者可能象征原型，也就是做梦者展示给外

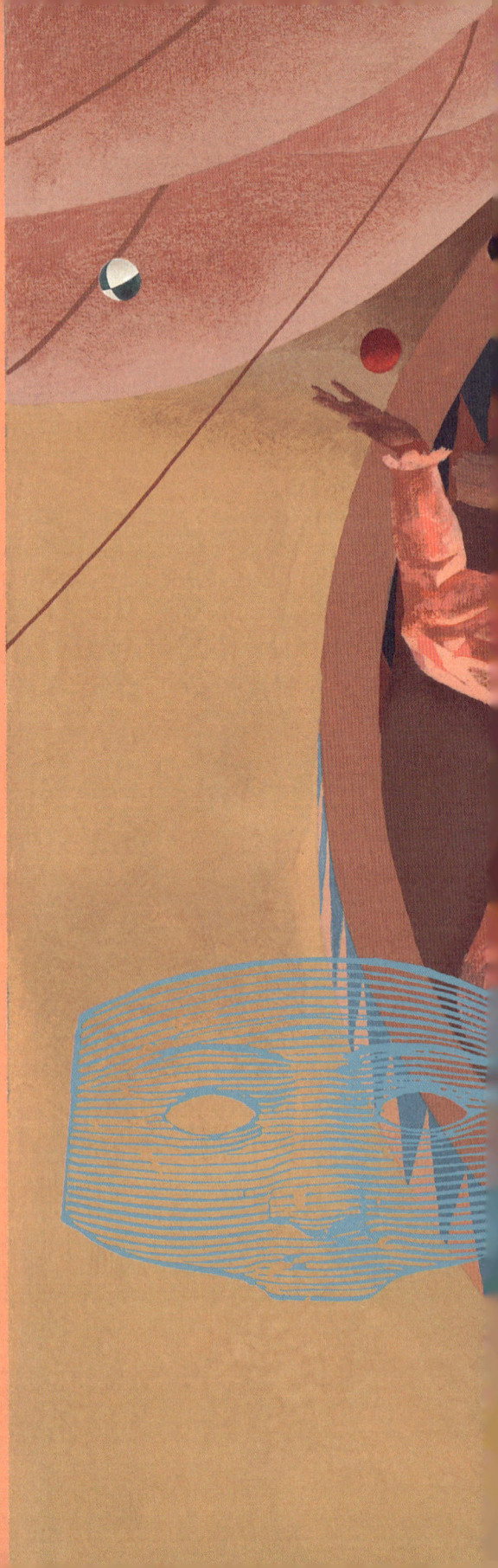

面的世界的形象。人和动物互动表演也有特定的象征意义，反映了意识与无意识、理智与本能的互动。

舞台

梦里的舞台是幻想中的幻想，象征着做梦者努力理解世界的表象。梦到自己在舞台上，反映了在做梦者的心目中自己投射给别人的形象。

戏剧

剧场里的戏剧经常反映了做梦者的无意识里黑暗的冲动。舞台上展开的情节是

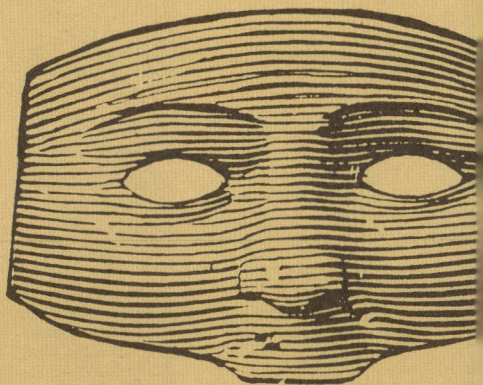

关键的线索，象征着现实生活中压抑的情感。台上是喜剧还是悲剧？是滑稽剧还是幻想剧？演出的是什么内心的冲动？演员扮演的角色怎么样？这些问题都有助于解析梦的意义。

演员

梦里的演员经常象征做梦者决定展示给公众的形象，既可以代表最高的追求，也可以直白地泄露最低的冲动。台下的观众对演员有什么反响，暗示着做梦者的人格面具是否令人信服地掩饰了本性。梦到著名的男演员或女演员，象征着阿尼玛或阿尼姆斯原型，或者象征父母。

喜剧演员

喜剧演员是恶精灵原型的化身。他们对社会的反叛一般比较温和，但是喜剧演员会嘲弄固定的规范，还会奚落做梦者的装腔作势和自我形象。仔细回想梦里的喜剧演员让人感到快乐、愤怒还是嫉妒，有时做梦者会羡慕他们勇于颠覆。

电视访谈节目

梦到自己上电视接受访谈，表示渴望曝光或成为名人。访谈节目也可能象征着想公开表达自己的观点，也许某件事让做梦者感想强烈，但却没有得到充分的讨论。

电影

电影里光怪陆离的世界，象征着做梦者想为无意识里难言的冲动添加一层光鲜的虚饰，让它们看起来更容易接受。鉴于电影明星全球知名，梦里可能还有愿望满足的成分。看过的某些电影不可避免地渗入了做梦者的无意识。解析电影梦时不要忘记摄影机有两个维度。

替身演员

这个意象在梦里表达的是做梦者的担忧，象征着生活中被别人提出了过多的要求。比如，梦到从着火的房子里跳下来，可能是在幻想逃离一段关系。因为被强加了过多的要求而感到不公平，在梦里表现为替身演员的勇敢没有得到认可，最终功劳都归了电影明星。

电视游戏节目

电视游戏节目中可以获得巨额大奖，暗示着做梦者对财务状况的担心。或者梦是在指出做梦者自尊心不足（能否成功全靠运气），或者害怕公开丢人。

马戏团

马戏团的表演是接连不断的兴奋刺激、翻跟斗的小丑、惊险的杂技和各种力量或勇气的技艺。马戏场里多种多样的活动和表演者反映了繁忙的现实生活的多面性。也许做梦者会担心某个人的安全，是不是象征自己？或者会担心某个表演可能会失败，反映的也是自己的担忧。

杂耍

梦到杂耍反映了做梦者的焦虑，要同时应付多个任务才能跟上应尽的责任。抛接的球或旋转的碟子越来越多，象征着做梦者面对没完没了的任务清单渴望获得帮助。

小丑

小丑是恶精灵原型的一种化身，通过让自己出丑来嘲笑别人的虚伪，还有做梦者自己的装腔作势或膨胀的自我感觉。或者，小丑也可能反映了做梦者的焦虑，害怕自己的行为不恰当。

杂技

杂技代表力量与优雅的结合，因此象征男性与女性的融合。高空秋千象征精神

勇气，梦是在向做梦者显示只有突破心理安全防线才能实现真正的精神进步。如果梦到自己和伴侣是杂技搭档，梦是在表达情感关系的深厚和谐。杂技表演必须双方相互信任、沟通和合作，只有齐心协力才能成功演出。更显而易见的解析是杂技反映了做梦者害怕从高位上掉下来。

驯兽师

驯兽师象征着战胜本能，不是用压抑而是用诱导。用荣格的理论来讲，驯服动物暗示着当人们努力引导原始冲动时会达到惊人的效果。

如果做梦者认为野兽代表某个亲近的人，也许是在不切实际地渴望控制别人的性格或热情。或者驯兽师的鞭子也可能是在表达性虐欲望。

吞火人

吞火人象征做梦者本性里凶残、愤怒的一面，内心的怨恨和挫败。通过从毁灭性的力量中获得解脱，吞火人暗示着做梦者可以控制这些冲动。吞火人也经常象征着效率、控制及反常行为可以战胜困难。

魔术师

舞台上的魔术师是幻想的大师，用欺骗性的花招表演神奇的变形，真正的魔术师可能一生也未必能做到这种效果。因此他象征捷径、意外的解决办法、狡猾和欺骗。马戏团里的魔术师获得观众的赞赏，不是因为魔术能力而是因为个人魅力，梦可能是在提醒做梦者小心某个人的魅力只是表面的。

动物表演

荣格认为马戏团里上台表演的动物，如马、大象和海豹，象征着做梦者的低级本能，对原始本性加以管理可能会产生意识不可能想到的效果。弗洛伊德认为训练动物为人类表演把戏是在表达渴望对性的主导。

演出指挥

演出指挥命令马戏团里的人和动物，但是自己不上台表演，因此依赖别人维持生计。他出现在梦里暗示着阶级或地位所带来的权力在本质上是贫乏的，真正的技术含量很有限。他也可以代表某个权威人物，比如父亲或老板。梦里的演出指挥也可能是在行使名副其实的权力，就像乐团的指挥一样，没有指挥作为中央焦点，整个表演都可能崩溃。在这个意义上，演出指挥象征智慧老人。

走钢丝

梦到摇摇晃晃地走钢丝是梦的一种警告，做梦者前进时必须极度小心，或者象征着被要求做不可能完成的任务。

耍蛇人

耍蛇人用音乐把眼镜蛇从篮子里引诱出来，暗示着做梦者可能会被虚假的承诺或虚伪的奉承蒙骗。耍蛇人的异国情调也可能象征着渴望旅行或刺激，或者开始了解东方神秘主义或宗教习俗。

城镇与城市

在荣格的分析心理学中，房子代表自己，因此城镇或城市代表集体，也就是自身以外的社会环境，包括家人和朋友，以及包围自己的不可避免的责任网。

繁忙的城镇，或房屋门窗打开的小楼，或人来人往的咖啡馆，都象征着做梦者和别人的关系很温暖；如果城镇里的街道宽阔却空旷，广场宽广却偏僻，都暗示着做梦者感到孤独或被社会排斥。

梦到没有人情味的大城市，表示做梦者意识到自己虽然认识很多人却没有亲近的朋友，因此需要建立更加亲密的人际关系。巨大的城市让人望而生畏，承受不住

的人倾向于退缩，活在自己的内心世界里；另一种方法是走出去，在钢铁水泥的丛林里留下自己的印记。

如果城市里的房子模糊而昏暗，象征着做梦者缺乏自知或不了解别人。如果城市在地面或海面之下，通常象征做梦者的无意识，梦同时也在指出所有人与别人都有共同的联系，需要矫正孤立主义。

弗洛伊德按照惯常的解梦理论，认为城镇象征包容一切的女性，根据城镇里的街道是灯光明亮或黑暗空旷，暗示着做梦者受到邀请或拒绝。

村庄

村庄代表更慢的生活节奏和更小的生活范围，像田园诗一样出现在梦里，象征着做梦者对大城市的幻灭。村庄也可能暗示着监视，因为在小村庄里人们很难不互相认识。

有城墙的城市

被墙包围的城市（或单独的房子）既表示不希望让别人进来，也表示希望保护珍爱的财产。有城墙的城市还暗示着做梦者的冲动，想拒绝改变不接受新观念。梦可能是在表明要坚持个人价值这样的墙是必要的，或者梦是想让做梦者意识到墙的存在并反思其中的含意。

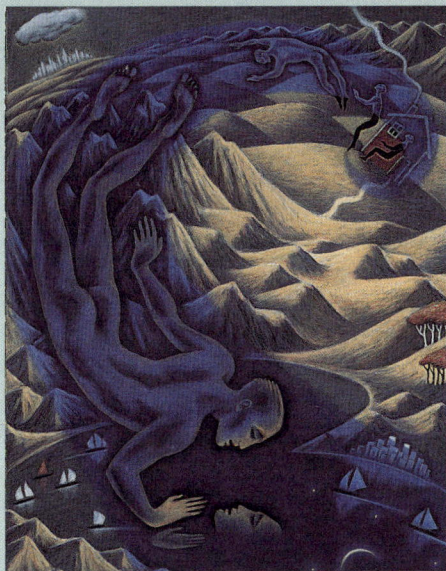

破败的城市

破败一般象征忽视和衰落，而不是蓄意破坏。梦里破败的城市或社区是想让做梦者注意自己忽视了社会关系，或者忽略了以前头脑中坚定的目标或理想。如果城市不是现代的而是古迹，做梦者可能是在感慨过去无法复原，也许是把过去过于理想化了。月光下的遗迹是浪漫的愿望在梦里实现，渴望冒险和神秘气氛。

未来的城市

未来的城市出现在梦里，可能是受到科幻电影的影响。有时其中的含意是高科技机器弱化了人性，人与人之间失去了联系。

山顶的城市

　　通常来讲，梦到城镇或城市在山顶上，尤其是在第三层梦里，象征着智慧、天堂、神的家园、正义的堡垒。这个意象可能代表做梦者努力追求的目标或理想，梦是在肯定这个目标最终可以达到，或者是在提醒做梦者，无论目标多么高远，也要脚踏实地心怀谦逊。

贫民区

　　梦到城镇里破旧的地区、黑暗肮脏的街道和摇摇欲坠的房子，象征着做梦者对自己的社会或家庭关系感到羞愧，或者希望人们不再佯装若无其事，彼此的关系应该更加诚实更加开放。

　　如果城镇代表自己而不是人际关系，梦到贫民区象征自尊心不足。但是，大多数人会避开贫民区，做梦者却在里面闲逛，象征着愿意探索本性里不令人愉快的方面。梦可能来源于心底的渴望，无论无意识里隐藏着什么黑暗冲动，做梦者都想正面面对。

自然 The Natural World

　　生活在城镇和城市里的人们可能感觉与自然的距离很远，但是人类源于自然、向往自然的本性在无意识里得到了充分的承认。解梦时常见的错误就是全部集中于与人有关的内容。如果梦里出现了风景、动物、植物，即使只是次要内容，也可能蕴含着重要而丰富的象征意义。在解析具体的象征符号时，请记住自然有普遍的意义。象征生命力，也就是所有生命必需的活力。

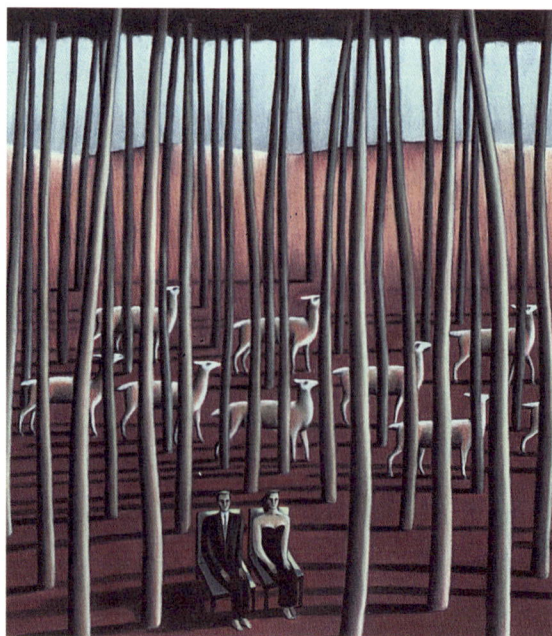

要素与季节

四大要素与季节经常与第三层梦有关，因为它们代表自然的能量和生命的节奏。这些鲜明的符号既可以象征做梦者的心理构成，也可以象征生活中重要的变化。

春天明显象征新的开始。夏天象征成就，生命需要享受现在，而不是沉湎于过去或未来。秋天象征收获，种瓜得瓜种豆得豆，同时也让人注意到衰败。冬天象征无意识，以及做梦者本性中隐藏的黑暗面，但是也暗示着休耕期，经过一段时间的反思才能迸发出新的想法。

河流和溪流是特别强烈的比喻，象征时间的流逝和无意识的深渊。

雨是从空气中掉下来的水，象征着思想的想象力与理智，二者相互补充。雨也维持了生命，虽然会破坏人们的野餐，但是从长期来看利于万物生长。

土

梦到坐或躺在地上象征现实主义，结束不切实际的幻想。土地象征生育，土和水都象征女性。休耕地暗示着新的想法即将产生：老的土壤必须犁地播种，经过一段时间之后，新的生命才会发芽开花。

火

火既能吞噬又能清除，会激起人们强烈的感情，比如嫉妒、情欲、热情。火是模棱两可的符号，既可以毁灭也可以净化，为新的生命开辟道路。梦到火象征着需要做出牺牲，同时保证会带来新的机会。火是男性的能量，代表公开而正面的意识。但是，如果梦到火势失控，表示做梦者需要控制住无节制的热情或野心。火也可能暗示着清理一段关系中堆积的种种烦扰，或者重要的是全新的开始。

气

气让人联想到自由、精神和清醒。做梦者可能发现自己在野外大步跳跃，轻轻飘回地面，在气球里旅行或在云端漫步。这种要素象征超脱世俗，但是梦也可能是在警告与现实脱节的危险。气还可以表示做梦者的自信，能够清楚思考并果断行动的能力。人活着必须呼吸，气也象征着健康或幸福所必需的成分，如果梦到自己由于污染而窒息，可能某些事情正在剥夺做梦者的健康或幸福。

水

水是典型的象征符号，象征无意识、想象的深渊和创作的源泉。梦到游泳表示做梦者应该勇于进入无意识的领地，但是如果挣扎着浮在水面上，梦可能是在提醒做梦者要更加谨慎，需要更加仔细地多做准备。弗洛伊德认为水象征子宫，在梦里

快乐地漂浮在水中，暗示着做梦者想"回家"到母亲身边。当然，水和空气一样对生命不可或缺，也有相似的象征意义。

彩虹

彩虹在全世界都是吉祥的符号，象征着救赎、好运、承诺、宽恕。在第三层梦里，彩虹可以联想到追求珍贵的自我了解的神奇旅程，或者精神顿悟的人从人间进入天堂的桥梁。

天空

天空象征精神与沉思。清澈的蓝天象

征思想单纯而超脱，如果天空多云或有暴风雨，表示做梦者不能清楚思考或洞察重要的真相。

雪

雪象征转化与净化，或者如果梦到雪在融化，表示做梦者在路上遇到的障碍和担忧都在消散。冰象征石化，进步中的停顿，或者创作思路遇到了阻碍。雪和冰都代表缺乏情感的温暖，暗示着做梦者对自己的感觉没有给予足够的关注。

风

和煦的微风象征令人愉快的变化，大风或飓风象征令人感到威胁或害怕的变化。如果自己的房子或财物被风吹走，梦是在警告情感狂乱的危险或自毁倾向。

雨

雨让人想到滴下的眼泪，因此象征悲伤，但是雨也有正面的暗示，象征成长与再生。更具体地来讲，雨象征精神成长。弗洛伊德认为雨象征小便，雨出现在梦里表示入睡时膀胱太满。

暴风雨

梦到暴风雨天气，表示做梦者想要强行推动事情的进展得出确定的结论，或者为了改变彻底调整所有事情。暴风雨也可能暗示着情感危机或宣泄。梦到飓风摧毁汽车或房子，象征着做梦者为自己建造的物质世界或非物质世界很脆弱。

雷

在人类早期的很多信仰中，雷被认为是强大的天神的声音或行动。古希腊神话中的宙斯和北欧神话中的托尔都是雷神；在犹太人的基督教传统中，上帝用雷声向摩西传达了《十诫》。人们小时候都本能地害怕打雷，长大后大部分人才克服了这种恐惧。因此，雷象征父亲或其他权威人物的怒火，梦里对雷的恐惧可能源自深埋于童年的创伤。

闪电

闪电象征灵感，片刻的灵光一闪。当然，闪电也有破坏性的一面。闪电和打雷让人敬畏大自然的威力，象征着做梦者的意识控制不住的力量（闪电击中地面会着火，因此也象征性行为中的精子）。

冰雹

雷雨夹杂冰雹象征着受到良心上的内疚的谴责。

洪水

对很多人来讲，梦到洪水会联想到为新生命和新开端做必要的准备。这种理解既符合弗洛伊德的概念，水象征子宫，也符合荣格的观念——大洪水既造成了死亡也带来了新生。梦到自己住的房子或城镇被洪水淹没，也可能暗示着做梦者被家庭或工作中的责任压垮了。弗洛伊德认为洪水象征母亲，被洪水淹没可能在表达乱伦欲望。

大海

荣格认为梦到自己转身面朝大海，象征着做梦者准备好了面对无意识里的秘密与恐惧；看到人或生物浮出海面，象征着强大的原型力量。弗洛伊德认为大海象征女性性欲，海浪涨落暗示着性交中的欲望起伏。

河流

河水不停流淌代表时间的脚步永不停歇。站在河里象征着依恋过去，过河象征着改变过程中的风险。

黎明

梦到新一天的黎明标志着长时间的悲痛、疾病或抑郁终于结束。和春天一样，日出代表全新的希望和能量。黎明也可能象征着做梦者开始了新想法或新理解。

日光

日光透过窗帘照进来是积极的象征符号，充满了能量。梦是在鼓励做梦者行动起来，走出去面对世界，充分利用眼前的机会。一道日光也可能是在引导做梦者注意梦里的某个物品，仔细回想自己在梦里看到了什么。

夏日

温和的夏日令人愉悦，反映了做梦者的乐观和满足。但是，炙热的太阳和刺眼的阳光象征着精神或理智受到了冲击，或者长期持续的悲痛突然中断。如果梦里的太阳让人感到闷热窒息，做梦者可能感觉自己被强迫接受了别人的想法。

焦木

烧焦的木头象征着做梦者对一段关系或一种长期的奋斗失去了热情，或者暗示

着害怕不可逆转的改变，无论什么原因导致了改变。

地震

用荣格的理论解析，地震象征着无意识里的黑暗力量爆发出来，这些积压的强烈力量甚至会吞没做梦者的意识。地震也可能象征着创造力的解放，或者用弗洛伊德的理论解析，暗示着无法表达的性热情的释放。

雾或烟

雾或烟象征着困惑模糊了洞察力，可能做梦者正在努力理解某个新观念，或者被某个重要的决定可能的影响冲昏了头脑。如果一束光穿透了雾，表示困惑只是暂时的。烟有非常重要的精神含义，也可能让人联想到战争的狼烟。美国土著居民相信人的祈祷通过烟传达给造物主；焚香在全世界的宗教仪式中都是必不可少的部分。

云

清澈的蓝天上飘来了一朵云，梦是在提醒做梦者平静的满足不可能永远持续，也许应该抓紧时间享受现在。梦到云朵挡住了太阳，象征着洞察力模糊了，也许是

被感情遮蔽了；梦到亲爱的朋友或亲人飘浮在天上的云上，暗示着做梦者想让死亡的事实更容易接受。云也可能是一种比喻，表示人的想法不切实际，在生活中"想入非非"。

暮色

暮色代表时间的过渡或矛盾，既不是白天也不是晚上。世界的轮廓模糊了，所有的东西看起来不再或更加令人害怕。发生在暮色里的梦可能会出现在生活的变化期。黄昏的光线让做梦者更加客观地看待某种处境，因为平时会回避不会直接反思。

落叶

落叶象征着做梦者对死亡和衰老的焦虑。相似地，潮湿的叶子一堆堆地落在地上象征着希望的破灭，也可以代表弥漫的忧郁情绪。但是，明亮的红色或黄色落叶会引发乐观主义，让人想到即使衰老也会美丽，冬天过后生命又会复活。

黑暗

黑暗象征着无意识里的压制力量，阻止做梦者检视其中隐藏的令人不安的想法。梦到黑暗中有光，象征着个人发展中的突破。

沙子

梦到身体陷进温暖的沙子里，象征着渴望重回母亲的子宫。沙子在梦里经常代表时间的流逝，在沙漏里流淌或在指缝间流失。沙堡被大海淹没象征着短暂。

动物

动物是特别强烈的象征符号，通常有普遍的象征意义，如果做梦者认识某一个具体的动物，它出现在梦里就是个人的象征意义。梦里不仅有真实的动物（普遍的或具体的），还可能会利用电影、神话或童话里的动物。有时候，动物会让人联想到惯用语中的明喻和套语里固有的意义（狐狸代表狡猾，大象代表长期的记忆力，猪代表贪婪，等等）。

动物一般象征原始的、本能的、低级的能量和欲望，但是在梦里，动物经常让做梦者注意到本性里被低估或压抑的方面，帮助做梦者连接到集体无意识深处转化能量的源泉。吃动物象征着吸收自然的智慧，北欧神话中齐格弗里德吃了恶龙法夫纳的心，学会了动物的语言。很多土著文化相信吃某种动物能让人吸收某种能力。比如，吃鹿让猎人跑得快，吃兔子增强繁殖力。

动物在梦里可能吓人也可能友好，可能是野生的也可能是驯养的，它们的外形和行为都有助于解梦。它们甚至可能说话或变形。在美国土著传统中，萨满在梦里会寻找一种强大的动物当作智慧向导，一路上保护萨满进入精神的世界。

狗象征忠诚，就像古希腊神话中的阿戈斯一样，奥德修斯经过传奇的征程终于回到家乡，他养的老狗阿戈斯第一个认出了主人；但是狗也可以象征被滥用或忽视的本能的毁灭力（古希腊神话中的狩猎女神阿尔忒弥斯养了一群猎狗，凡人阿克特翁偶然看到女神沐浴，无意中侵犯了女神的隐私，于是被变成了一头鹿，被猎狗追逐并撕成碎片）。猫是梦里最常见的动物之一，经常象征女性的直觉智慧和无意识的力量。

野兽

弗洛伊德认为凶猛的、未驯化的野兽象征着让做梦者感到羞耻的热烈冲动。动物的数量和种类越多，这些冲动越危险越迷惑。野兽也象征着人内心深处的恐惧，尤其是对死亡的恐惧。

蝙蝠

对很多人来说，蝙蝠是邪恶的符号，象征盲目的愚蠢和无意识里的黑暗冲动。但是，在中国和美国土著文化中，蝙蝠代表好运与重生。另外，蝙蝠在黑暗中有导航能力，象征着在不确定的时候本能或直觉可以指引方向。

鸽子

鸽子代表和平、爱和反战主义，也代表希望，在诺亚方舟的故事里，诺亚看到鸽子嘴里衔着橄榄枝，表示洪水退去万物开始重生。鸽子出现在梦里反映了做梦者想推动和谐与和解，或者想促进与家人和朋友之间的爱。

蝴蝶

蝴蝶经常象征灵魂及人死后灵魂的化身。中国的道教传说中有庄周梦蝶的故事：不知是庄子做梦变成了蝴蝶，还是蝴蝶做梦变成了庄子。

鱼

鱼经常被当作神性的象征，代表精神的丰盛可以供养一切人。在梦里，鱼也可以象征无意识里的领悟。梦到鱼被网捕获拉出水面，象征着无意识里的领悟被意识完全了解了。

狼

狼象征无意识里未驯化的冲动。狂野而凶残的狼在梦里让人感到恐惧。但是，在某些情境中，孤独的狼也能鼓舞人心，象征着追求精神发展与自我实现所需要的自立、勇气和顽强。

昆虫

昆虫和很多其他小生物经常出现在孩子的梦里。梦到杀死昆虫可能会让人回想起对兄弟或姐妹的敌意，也许一直持续到了成年生活中。

蠕虫

蠕虫代表死亡与腐烂，在梦里象征着有关财物或爱情的危险。但是，它们对于分解必不可少，看到蠕虫腐蚀尸体，会让人想到死亡之后生命的延续，或者更加比喻性的延伸意义。

蚊子

蚊子象征无意识里令人痛苦的本能，因为它们滋生在水里。

蠼螋

这主要是一个焦虑符号，因为过去人们以为睡着的时候蠼螋会爬进人的耳朵。

飞蛾

梦到飞蛾扑火比喻吸引人的事情，即使可能带来负面的影响。在最严重的情况下，这种梦甚至象征死亡愿望。梦到衣服被虫蛀得全是破洞，象征着一段关系慢慢破裂了。

苍蝇

在古埃及，英勇的武士获得黄金苍蝇，像项链一样戴在脖子上。苍蝇在梦里可能有完全不同的意义，象征着让人厌烦却坚持不懈的追求，比如纠缠的债主、自负的顾问或执着的爱慕者。

猴子

猴子经常代表贪玩、顽皮，也象征着无意识里本能的智慧，尚未发展但要求表达。猴子也可能是恶精灵原型的一种化身。在东方，猴子还象征着野性喧闹的思想，需要用冥想平静下来。

狮子

狮子在梦里几乎总是尊贵的符号，代表权力与骄傲，经常象征着父亲原型的强大令人钦佩。梦到狮子捕猎并杀死猎物，可能会让人憎恶父亲的专制主义倾向。但是，荣格认为野外的狮子代表隐藏的热情，梦到狮子象征着做梦者想拥抱本能的能量。

熊

熊在梦里也是强烈的符号，让人想到大自然永远重复的节奏。在每年最冷的几个月里，熊会躲进山洞进入冬眠，直到春天再出来。这样的梦可能象征着做梦者需要进入一段时间的内省才能重新开始，或者梦只是在提醒死亡后会有新的生命。母熊为了保护熊崽攻击性特别强，因此，熊也可能象征保护，也许是精神上的守护者，或者是在提醒做梦者有义务照顾身边亲近的人。

蟾蜍或青蛙

蟾蜍是女巫的常用品，经常象征着无意识里的黑暗冲动。青蛙更可能让人想到生育与活力，因为它们产卵极多。

马

马通常象征控制野性。梦到有翅膀或会飞的马象征着心理或精神成长中能量的释放。在弗洛伊德的解梦理论中，马是性的符号，尤其是骑马。野马象征父亲可怕的一面，或者象征无意识里的野性冲动。偶尔，半人马（一半是人一半是马）也可能会出现在梦里，代表思想与身体的平衡。

牛或公牛

牛或公牛是最有力的符号之一，象征男性力量。力大无比的公牛被拴上缰绳套到犁上，象征着土地的丰收与辛苦的回报。这种体格强壮的动物不仅代表大自然的创造力，还暗示着潜在的危险，虽然几乎无关暴力。梦到斗牛象征着做梦者需要控制住本性里狂热的方面才能实现个人进步。

DE TAVRO.

奶牛

在世界上的很多地区，奶牛的奶、粪、肉是人类生存必不可少的组成部分。在梦里，奶牛是安详的意象，象征生育与母性。但是，给奶牛挤奶可能在表达乱伦欲望。

兔子

兔子在梦里是常见的符号，代表生殖力旺盛，象征着积压的性欲或者创建或扩大家庭的欲望。兔子也可能象征着因为太害怕而不能行动，就像"车前灯下的兔子"似的被震住了。或者，无意识可能用兔子指出做梦者需要休养生息保存精力。

野兔

在很多民间传统中，野兔象征恶精灵原型。梦可能用野兔警告做梦者有一个或多个荒谬的伪装。

鹿

高雅的鹿代表精致的女性，它也许比外表更加坚强，甚至是阿尼玛原型的化身。在梦里，鹿会唤起人性中最温柔的部分，以及天生的优雅和美丽。梦到鹿被猎人杀害，象征着纯真的本能精神被无意识里的黑暗冲动毁灭了。

海龟或陆龟

长寿的海龟或陆龟，以及坚固的外壳，象征着毅力与智慧。瞥见海龟或陆龟的头伸出外壳有明显的性暗示。它们背着

移动的家，随时退回安全的保护中，象征着情感上的退缩或防御。

河狸

河狸是勤劳而辛苦的动物，象征行动与成就。梦到河狸建成的水坝阻断了河流，是在比喻创作思路受到了阻碍，或者与人沟通不畅或给予不够。

鲨鱼

梦到险恶的鲨鱼绕着自己盘旋，象征着做梦者最害怕的无意识里的力量。光滑又吓人，它们也可能让人想到"放高利贷者"，债主等着抢夺做梦者的房子、财物或生意。张大的嘴里露出锋利的牙齿，在阉割焦虑的梦里代表女性生殖器。

鲸鱼

鲸鱼会让人联想到约拿的故事，因此象征精神重生。在弗洛伊德的解梦理论中，鲸鱼象征子宫，因此暗示着对母亲的乱伦欲望。

猪

尽管猪是农场里最聪明的动物之一，但是它们的名声却不好听，经常代表贪婪、无知和污秽。猪在梦里象征着最卑劣的本能和追求低级、物质享受的倾向。梦到猪在粪便里打滚暗示着肛欲期固结。

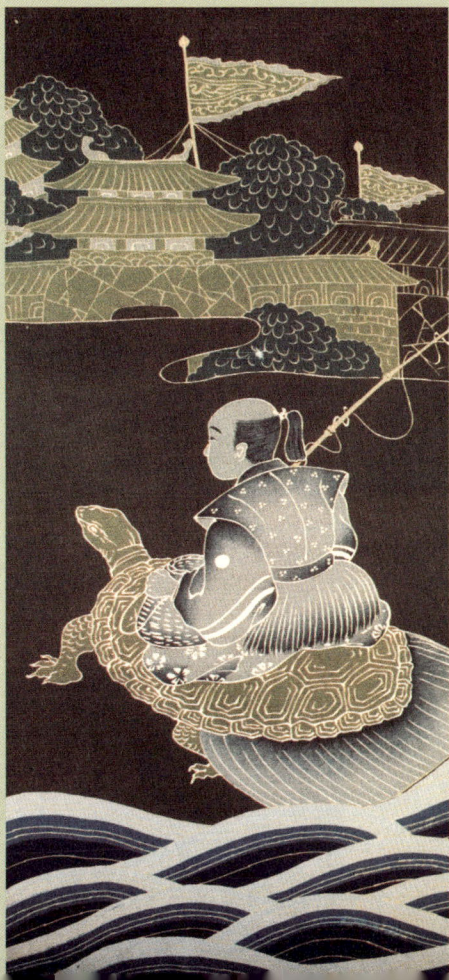

猫

猫代表神秘、直觉与女性。猫是夜间生物，不仅柔软美丽，而且极为独立，对猎物有致命的危险。和狗一样，猫在梦里也是向导或同伴，但是要小心它们带领的方向，猫是女巫的帮凶，它们可能故意想让无意识里的冲动挫败更高的精神追求。黑猫也预示着运气，可能是噩运也可能是好运。

羊

羊有双重象征意义。替罪羊让人想到无辜的受害者，为别人的恶行承担罪责。但是，羊也是人们熟悉的魔鬼的化身，淫荡而邪恶，包括分趾蹄、头上的角和恶臭的呼吸。在这个意义上，羊象征着对性冲动或恶行在良心上感到内疚。

狗

狗在梦里通常是忠诚的同伴或向导。它们会陪伴做梦者进入无意识，警告可能出现的危险。斗牛犬象征固执的决心，一群野狗象征着隐藏在意识下的剧烈力量和野性热情。

老鼠

毛茸茸的小老鼠让人想到阴毛，经常有性暗示。老鼠在洞里进进出出是男性性符号；老鼠落入陷阱暗示着阉割焦虑，或者在进行不正当的性行为时害怕被发现。

老鼠也象征着做梦者小心翼翼地开始精神探索，陷阱、猫、老鼠药都象征着精神探索之旅上可能遇到的危险。

田鼠

田鼠经常出现在焦虑梦里，象征自我憎恶或羞耻。田鼠在地底下到处钻洞既象征肛门又象征阴茎，还可能暗示着对性的内疚或愤怒。

麻雀

麻雀也有性暗示（在古中国，麻雀被认为可以壮阳，在古希腊，麻雀被联想到爱神阿芙洛狄忒）。但是，和其他鸟类一样，它也可以象征精神或灵魂。

鹦鹉

鹦鹉有鲜艳的羽毛，还有模仿人说话的天赋，在梦里象征不诚恳，暗示着某个人（也许是做梦者自己）哗众取宠，但是没有做出有价值的或独立的贡献。在中国民间传说中，鹦鹉会告发偷情的妻子——因此象征内疚与诱捕。或者，鹦鹉代表热闹的丛林。

猫头鹰

猫头鹰是强烈的转化符号，它出现在梦里预示着做梦者生命中某些方面的死亡与重生。猫头鹰在夜晚捕食，象征着看不见的和未知的事物。在梦里，这种生物的夜视能力也有象征意义，洞察力与直觉力。"夜猫子"指的是过于专注于学习的人，有时候会损害健康的人际关系。猫头鹰的哀号有时会惊醒做梦的人。

秃鹫

这种鸟是死亡的预兆，梦到秃鹫在天空盘旋，象征着做梦者对某项事业的未来

结果有不祥的预感。更直接地讲，秃鹫反映了做梦者对死亡或疾病的忧虑或者对遗传的担心。

老虎

与狮子不同，老虎在西方文化中不代表尊贵或威严。老虎是可怕的形象，代表暴力、美丽与力量。它在梦里象征着无意识的丛林里潜伏的野性冲动或者自我意志的强烈能量。

熊猫

安静地定栖在同一个地方，熊猫这种图腾动物象征平静与满足。它依赖低能量的竹子为唯一的食物来源，可能象征着做梦者过于依赖某一种收入来源或情感支持。

豹

英语中，用豹无法改变身上的斑点比喻本性难改，人不能改变或否认自己的本性。梦可能是用豹警告做梦者不要做不像自己的人。

鳄鱼

鳄鱼是原始时代流传下来的捕食性动

物，长时间潜藏在水里，用看似无害的木头或石头当作伪装。鳄鱼在梦里象征无意识里潜伏的恐惧或冲动，正在等待机会爆发进入意识控制做梦者。

大象

大象代表强壮和不畏疼痛，在梦里象征着对别人的感情不敏感。也许做梦者正在粗心大意地践踏周围人的感情，在应该婉转处理的事情上造成了伤害。大象寿命很长智商极高，也可以联想到祖父母或老一代的智慧。也许现在最好向比自己经验丰富的人寻求建议。大象的鼻子象征阴茎。

天鹅

天鹅尤其是性符号，白色的羽毛象征理想中女性的贞洁，长长的脖子明显象征阴茎。

蛇

蛇在伊甸园里象征诱惑，但是也可以理解为人类的性欲，性本身是自然的，不应该受到指责。在弗洛伊德的解梦理论中，蛇无疑象征阴茎。在荣格的解梦观念中，蛇象征本性中看不见的、难以理解的黑暗面，做梦者必须面对黑暗面才能实现个人成长与满足。

动物园

不同的动物象征精神的不同方面。因此，动物园里各种动物关在一起是一种比喻，象征着需要控制本性里各种混乱的、可能相互冲突的方面。梦到动物逃出动物园，暗示着做梦者感觉无法控制生活中的分心，或者无法控制自己的情感。

风景

风景通常反映了做梦者的内心本性或情感生活。我们每天的日常活动都发生在特定场景里，这些习惯场景可能原样出现在梦里也可能大部分被打乱。正如在现实生活中，风景可以在精神上打动人心，或者极大地改变人的情绪，在梦里看到的场景也会让我们感到惊奇、满足、兴奋或恐惧。梦里完全陌生的风景可能是现实中各种地方的合成。

乡村

在梦里向外看见一派平和的田园风光，表示做梦者向往更加缓慢、更加现实的生活。城市居民尤其会把这样的风景看作美好生活的画面。但是，如果梦里的乡村被雨湿透，或者做梦者从远处的窗里看到乡村，梦可能是在警告渴望乌托邦式的完美生活的危险。弗洛伊德认为乡村风景的高低起伏象征女性生殖器或身体曲线。

山丘

山丘不像高山一样令人望而生畏，攀登山丘也没有太高的成就感，虽然山顶也可能有美妙的风光。它们出现在梦里可能是在安抚做梦者，自我了解是可以达到的目标，不必感到压力太大。山丘在弗洛伊德的理论中暗示女性的身体。

高山

弗洛伊德认为，高山（以及山丘）的主要象征意义在于形似女性的乳房。望着山顶感到胆怯表达了做梦者面对性欲的焦虑，骄傲地站在山顶上反映了做梦者对性的满足或者渴望在性上占据主导。荣格认为山象征自己，登上山顶让人有客观判断力，仰望山顶象征着在自我实现的过程中遇到的挑战。高山也可能象征精神与超脱，因为高山离天堂不远。

森林或树林

黑暗茂密、无法穿越的森林是一种恰当的比喻，象征做梦者的无意识深处。根据荣格的解梦理论，害怕进入森林表达了做梦者对深入检视无意识的焦虑。弗洛伊德认为森林象征阴毛，穿过缠结的灌木丛暗示着性行为。

橄榄园

这是一个乐观的意象。橄榄树在传统中代表和平、繁荣与胜利。梦到橄榄园象征着结束争斗或家庭矛盾，或者象征着做梦者战胜了困境。另外，梦也可能标志着开始了创作的新阶段。

葡萄园

葡萄园让人想到葡萄酿成了酒，最终会带来活力、放纵与欢愉。收获葡萄可以象征因果报应，所有的行为或想法都会产生相应的后果。

果园

结满果实的果园代表丰裕与丰收，在

梦里象征怀孕或非凡的创作。在精神和知识领域，果园里只有未熟的果子，是在提醒做梦者还要做很多努力才能达到目标。掉在地上的水果腐烂了，表示做梦者正在破坏成功的机会，也许是没有意识到机会的潜力，也许是等了太久才把想法付诸实践。果园里有各种各样不同的果树，象征着丰富的内心生活，或者众多的选择令人迷惑。

花园

　　花园象征清醒的自我。杂草丛生的花园暗示做梦者失去了自制；精心照管的花园表示辛苦的努力或学习之后才能得到收获。被墙围起来的花园象征贞洁或天真。花园也有精神含义，体现在天堂的概念上。在绝大多数宗教里，花园代表上帝（神圣的园丁）对人类的祝福，人类能够不负天恩，达到精神的和谐状态。

丛林

　　丛林比森林更加野性、充满异域风情，象征着做梦者更深的焦虑，不知道无意识里可能隐藏着什么。大大小小的野兽、蔓生植物和有毒生物，象征着内心深处潜藏的黑暗冲动。丛林也可能暗示着藏起来的宝藏，也许里面埋藏着失踪的古城？电影《金刚》和其他关于越南的电影故事（或者真实经历）把丛林里的景象植入进了观众心中。

沙漠

　　根据做梦者的态度，沙漠可以象征空虚与孤独，也可以象征反思、净化、复苏，是启发灵感的空间。如果梦到没有生命的荒漠，重要的是反思生活的哪些方面让人觉得贫瘠——职业、家庭、创作或精神。放大解析可以联想到亚瑟王的传说，受伤的渔夫国王统治的就是一片荒漠，其中的象征意义非常丰富。梦到沙漠里开花暗示着出于习惯而被视为理所当然的天赋。

岛

　　岛可以是安全的庇护地，也可以是露

天的监狱。岛被海围在中间，象征着意识是一片牢固的陆地，做梦者本能地想待在意识的岛上，不想进入无意识的昏暗大海。梦到在汹涌的大海上向岛游去，表达了做梦者想重新控制自己的生活，或者害怕自己不肯承认的隐藏的冲动。在古希腊罗马神话中有极乐世界群岛，在亚瑟王传说中有阿瓦隆岛，都是精神的领地，这种岛是上天的恩宠，是人死后灵魂的庇护地。

河岸

和岛一样，河岸也象征安全地带，表示做梦者在无意识的水里畅游后回到岸上；或者做梦者可能只是在岸上看着水面，沉思自己内心的本性。如果河水决堤冲破了河岸，做梦者可能是在担心被无意识里的冲动击垮。梦到人造堤岸表示情感生活过于受理智的约束。

平原或草原

开阔的平原代表自由与想象力，但是穿越平原需要勇气与决心。这种梦是做梦者的强烈共鸣，可能做梦者正在开始生活的新篇章，或者着手做令人胆怯的新项目。平原或草原也可能暗示着沙漠或者暴露，自己完全暴露在上帝面前。

梯磴或大门

这些从一个地方进入另一个地方的方法，象征穿越两个世界的中间状态，或者象征跨越障碍的办法。弗洛伊德认为梯磴是性符号，因为越过梯磴需要跨坐在上面。

战壕

对很多做梦者而言，战壕让人联想到第一次世界大战中的死亡陷阱，因此象征着受围心态和顽固态度。梦也许是在警告做梦者，职业、社会或财务状况并不像最初看起来那么稳固，或者做梦者的良心或自尊正受到困扰。

沼泽

沼泽看似稳定的表面把人卷入了泥泞，象征着大母神原型的占有和控制欲。试图在泥泞里开出一条路来，象征着摆脱压抑个人的力量的困难，或者象征很难解决的各种问题。

矿井或采石场

荣格的理论把矿井解析为无意识里的冲动，弗洛伊德的理论更倾向于解析为对女性的焦虑。

田地

熟透的田地等待收割象征着想法和灵感正待被有效利用，也可能象征着经过一段时间的辛苦工作后终于收获回报。已经收割完毕的田地暗示着做梦者充分利用了最近爆发的创作灵感，正在准备寻找新的灵感来源。躺在太阳底下的牧场上象征平和，是一种愿望满足的梦。

山谷

山谷经常被解析为女性性符号。陡峭的峡谷或溪谷，两边长满了树木，下面奔腾着急流，暗示着危险的或刺激的性体验。无论做梦者是男性还是女性，山谷都象征一段新的关系，或者象征着探索自己性向中的女性方面。茂密、丰裕的山谷里有宽阔的河流和长满草的河岸，结合了土和水两大要素，代表丰收与富足。这样的画面可能会出现在性生活很满足的人的梦里。

悬崖

悬崖峭壁象征着看似无法解决的问题，可能做梦者在某条路上已经走到了尽头，无法修复的关系或者无法升迁的工作。站在悬崖顶上向下看到多石的峡谷或汹涌的大海，象征着做梦者被迫做出了不情愿的决定，或者预示着积极的改变。虽然这样的场景让人害怕，但是应该充满信心地跳下去。如果看到悬崖在自己上面，是已经掉下来了吗？也许唯一的路就是上去。

井

井象征创造力的源泉或者最珍贵的天赋。梦到自己从已经干涸的井里取水，暗示着做梦者担心自己内在的资源达不到外界的要求。井也可以象征无意识。向井里扔进一块石头听到落水声，象征着做梦者试探性地想要接触隐藏的本能；从井里向上取水表示做梦者想让意识了解最深埋的情感，无论自己会发现多么令人不安的真相。

湖

湖是丰富的比喻，既可以象征无意识，也可以象征重生与魔法（水象征女性）。做梦者是把无意识视作直觉的宝库，还是担心里面隐藏了最不能接受的本能，都会影响在湖里看到的景象。如果是前者，做梦者可能会看到深蓝的湖水里满是鱼；如果是后者，湖水可能浑浊不堪，暗示着水面之下未知的恐怖。湖既可能是消遣的去处，也可能暗藏着怪物。

石墓

石墓和其他史前遗迹象征着做梦者想重新联系自己的根，或者接触人类普遍的本能和直觉。或者，石墓暗示着做梦者想追求一种新的生活方式，不受现代社会的肤浅和奢侈的玷污，反映了一种出于精神追求的禁欲冲动。

洞穴

洞穴是无意识的原型，也可以象征子宫，暗示着做梦者想逃避喧闹的现实生活。洞穴里面是黑暗的，象征着本性里的秘密；洞穴外面是光明的，象征着精神追求。在传统中，洞穴是地球集中孕育生命的地方，在洞穴里上天传达神谕、灵魂升入天堂。

泉水

清澈的泉水象征母性、纯洁与生命之源。在弗洛伊德的理论中喷出的水象征旺

盛的性欲，荣格的理论认为由泉水可以联想到内心本性和精神能量的源泉。

瀑布

　　瀑布直流而下的汹涌水流象征着重大的、可能艰难的改变。也许做梦者感觉自己不情愿地被带向了某种改变，也许做梦者正在热切期待越过改变的边缘之后的兴奋。突然掉下来涌出泡沫的水也可以暗示高潮（无论男性或女性），或者重大的情感释放。

树篱

　　树篱中茂密的植物象征女性性器官，树篱作为墙或篱笆又是一种屏障，既象征保护也象征限制。梦到树篱表示做梦者认为性关系或恋爱是对自由的一种限制。在社会语境中，树篱代表郊区生活方式，看起来千篇一律，在窗帘和灌木后面也许有令人吃惊的事情。

植物

植物是地球的肺，通过光合作用把太阳的光能转化为有机物，动物通过食用植物获得能量。在梦里，植物也有原始的象征意义，象征生长与和谐。

树

树根深埋地下，树干伫立地上，枝叶高耸入天，一棵树可以象征整个宇宙。对基督徒来讲，树会联想到耶稣基督被钉上的十字架。此外，树还可以反映做梦者的个人成长：树根象征无意识或稳定感；树干象征物质世界与身体的力量或天赋；枝叶象征最高的精神追求。

常青树

在现代社会，冷杉通常被用作庆祝圣诞节的圣诞树，它出现在梦里可以反映做梦者对这个年度节日的态度，或者对节假日家族团聚的感想。常青树是永生的符号，可以象征强大的信仰或恒久的爱情。常青森林整齐阴暗令人敬畏，也被视为绿色的沙漠。松树在东方代表长寿或永生。紫杉在英国的墓地里很常见，因此可以联想到死亡。

橡树

橡树经常象征威严与智慧，为做梦者提供身体上或精神上的保护。由橡树也可以联想到男性或庄严的男性权威人物，比如顽强不屈的父亲，在凯尔特文化中，橡树代表男性性能力与智慧。梦里的橡子可能是在提醒做梦者，看起来不起眼的小种子也有潜力发展成参天大树。

悬铃木

悬铃木在城市的道路两旁是常见的绿

化植物，在充满水泥、石头、砖块、玻璃和钢铁的世界里代表唯一的自然元素。它们出现在梦里可能是在提醒做梦者，要忠于真实的感觉与内心的本能，并且学会正确判断虚假与世故。

坚果

打开坚果享受里面的果仁，很可能暗示着女性生殖器。打不开的坚果象征难以解决的问题。

棕榈树

棕榈树在热带气候中长势茂盛，树根紧靠水边（女性），树冠沐浴阳光（男性），这个生动的画面象征性交或精神融合。棕榈树洋溢着活力和异域风情，在梦里代表热情富足的美好生活，或者可以联想到放纵自己的奢华。棕榈树也有宗教含义，基督徒用棕榈树枝庆祝基督荣进耶路撒冷，复活节前的星期日被称为圣枝主日，是圣周开始的标志。

开花

开花代表春天，也象征女性的贞洁，尤其是粉色或白色的花。梦到开花也可能暗示着精神或知识的潜力或者无知。

花

一朵花有花瓣、花粉和花蕊，是女性性器官的完美符号。野花暗示着渴望性自由。花也有精神含义。

莲花

莲花在佛教里是精神觉悟的象征符号。莲花从湖底或河底的污泥里生长出来在阳光下盛开，因此象征着人可以培养自己的知觉超越物质，在领悟的阳光中绽放。这种花也可以象征不那么超脱的个人成长，比如，打开心胸以及新生与重生。

菊花

橙黄色的菊花是秋天盛开的花，在日本代表幸福、长寿、完美与太阳。它们出现在梦里可能象征着上述这些意义中的一种或几种。

三叶草

三叶草对基督徒代表三位一体（圣父、圣子、圣灵）。对于其他信仰的做梦者或不可知论者而言，三叶草可能象征着身、心、灵的统一。四叶草被公认为是幸运的标志。

兰花

兰花象征生殖力或生育，英语中的兰花来自希腊语的词根，原意是睾丸。兰花的美丽又精致又罕见，多少世纪以来一直备受赞誉，因此代表奢华与精巧的华丽。

向日葵

顾名思义，向日葵代表太阳、快乐、乐观、开放。向日葵面朝太阳逐日而转，可能暗示着做梦者太容易被引导或分心。在梦里还可以让人联想到凡·高，他画的向日葵举世闻名。结合凡·高的传奇人生，向日葵可能象征强烈的创作欲或疯狂。

槲寄生

现在槲寄生用于装饰圣诞节，站在槲寄生枝下的人要互相亲吻。在凯尔特文化中，槲寄生是一种有治愈力的草药，它的力量能够避邪。虽然是一种寄生植物，从寄主身上吸收养料，但槲寄生可以让被寄生的树在冬天长青，因此象征着在艰难时期也要保持希望。

矢车菊

矢车菊的天蓝色花瓣可以联想到精神。梦到干枯的矢车菊表示信仰已经干涸。矢

车菊还可以象征令人吃惊的力量与决心，这种花虽然精美，花茎却异常坚韧。

雏菊

雏菊经常让人想到小孩子戴的花环。这种白色的小花充满怀旧意味，在梦里象征年少的纯真。

鸢尾

鸢尾有模棱两可的性暗示，直立的长花茎象征男性性器官，花的形状象征女性生殖器。

剑兰

剑兰得名于叶子的形状，在拉丁语里的词根就是"剑"，在传统中象征道德上的诚实正直和面对困境时的力量。

原型符号 Qualities and Myths

　　荣格的集体无意识理论特别重视梦里的原型符号，来源于人类共通经验的象征符号，出现在全世界各地的神话和宗教中。这些符号也会不时出现在我们的梦里，也许一开始会让人觉得和生活没有关系。即使不是倾向于精神追求的做梦者，也会由它们想到价值与责任，以及更简单地讲，快乐。我们每个人都在追寻某种意义上的成就，这些原型符号蕴含着普遍而丰富的象征意义，在我们前进的路上可以充当有用的路标。

数字与形状

流行的解梦方法一直特别重视梦里出现的形状与数字。

荣格注意到原型符号，比如圆形、三角形与正方形，普遍存在于病人的梦里，以及病人的胡写乱画里。当他的病人们开始转向心理健康时，这些几何图形，经常是由一个中心点辐射出很多重圆形，开始在梦里变得越来越突出。荣格发现这些图形和宗教图案有着惊人的相似性，多重圆形的曼荼罗是藏传佛教中用于冥想的焦点。

荣格确认这种几何原型后，在全世界各地的神话和宗教系统中都发现了相同的形状。他认为曼荼罗就像是人类完整精神的地图，它的美丽与复杂反映了人的精神走向完整的过程。

数字也代表了集体无意识里的原型能量，在全世界各地的符号、神话和神秘传统中都有重要的地位。大部分人都有一个"幸运数字"——在一生中重要的时刻反复出现的数字。很多文化都相信某些数字是神圣的，比如3和7，它们出现在梦里是来自上天的力量的启示。弗洛伊德认为，

梦里的数字通常"暗指某些事情，这些事情无法用其他方式表达"。

梦里的数字可能并不直接（这才是常见的情况）。在回忆梦的时候，做梦者可能会发现物品或人物是按某种数字顺序出现的，或者在梦里做出的行为有确定的次数。然后解梦和放大就可以集中于这些数字，确定它们对做梦者个人的象征意义。

"1"

"1" 是创世时万物起源的原动力，由唯一的原则生发出多样性。在梦里象征生命的起源、存在的根基、世界旋转所围绕的静止的中心。"1" 代表个人（"自己"）或勃起的阴茎。"1" 还象征家庭或集体内部的和谐与团结，但是也可能暗示着顺从，否认多样性。"1" 还可以让人联想到极权主义的当权者。

"2"

"2" 代表二元性、神圣的对称、平衡。二象征男性与女性、父亲与母亲的融合，由一生发出来的二元对立界定了创世后的世界。"2" 是对话不是独白，象征着意识与无意识之间的互动。"2" 还暗示着意义的模棱两可和怀疑论。

"3"

"3" 被古希腊数学家毕达哥拉斯视为完美的数字："3" 代表综合和人的三重本质，即身、心、灵的统一。"3" 还象征创造力，表现为父亲、母亲、孩子与基督教中的三位一体。对弗洛伊德而言，"3" 是男性生殖器的象征符号。"3" 还可以表示人际关系的复杂性："二人成伴，三人不欢。"

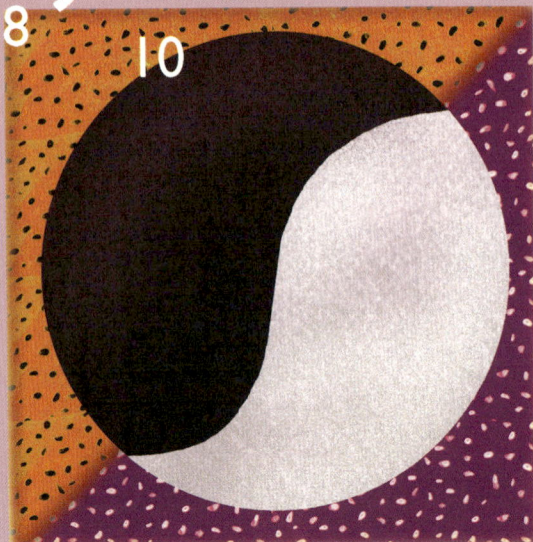

"4"

"4" 代表正方形、和谐和世界赖以存在的稳定。"4" 可以联想到春、夏、秋、冬四季，东、南、西、北四个方向，土、气、火、水四大要素，以及荣格提出的心理四种机能：思维、情感、感觉、直觉。

"5"

"5" 代表五角星，象征人类及人与天地之间的联系，双脚站在地上，双臂水平伸展，头向天仰望（可以联想达·芬奇在文艺复兴时期的名作《人类解剖图》）。

"6"

"6"代表完美和爱，在梦里象征人走向新的精神领悟和内心和谐。"6"还代表直觉或"第六感"，或者可以联想到炼金术中善恶之战的符号：两个叠加的三角形，一个向上指向天堂，一个向下指向地狱。

"7"

"7"是神秘的数字，在基督教和印度教中代表上帝和神祇。在梦里，"7"象征风险和机会，还象征内心转化的力量。基督教中有七宗罪，印度教中有七轮。"7"是生命的节奏（古代天文学家观测出七个天体，将历法定为每月二十八天、每月四周、每周七天），据说人体每七年一个周期。在

西方社会 21 岁生日是隆重庆祝的年龄，犹太男孩自 14 周岁起开始承担成人的责任。

"8"

"8"代表创始，在佛教中有"八正道"，还代表再生与新的开始。"8"象征永恒，除了 0 之外，"8"是唯一没有开始或结束的阿拉伯数字。"8"正反都是双纽线，在数学中代表无限。

"9"

"9"代表不灭与永恒。"9"是 3 的倍数，9 有一个奇特的属性，它的倍数（并非全部）的数位加起来还是 9：例如，18（9×2）的数位相加（1 + 8）等于 9，还有 72（9×8），81（9×9），等等。"9"还可以象征孕育（人类的怀孕期是九个月），引申意义是完成创造性的任务。

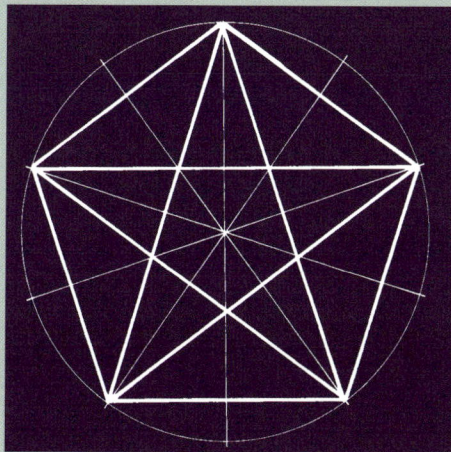

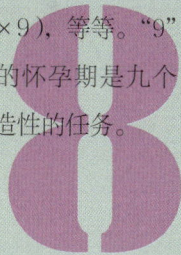

"10"

对犹太人和基督徒而言，"10"可以联想到上帝传达给摩西的《十诫》，因此象征道德准则和法律。印度教中惩恶扬善的毗湿奴用十个化身下凡救世。在梦里，"10"也可以代表满分。

"11"

"11"代表新的旅途，提醒做梦者新的开始（1）并不用抛弃已经学到的东西（10）。把各个数位拆开（1 + 1），"11"也可以代表2。

"12"

"12"代表新的精神秩序。基督有十二门徒，以色列人有十二部落，占星术中黄道有十二宫。在梦里，"12"象征真理。自然界中的生命十二个月一循环，也许是在鼓励做梦者迎接未来。

"13"

"13"在西方文化中是忌讳的数字，在最后的晚餐中，出卖基督的门徒犹大是第十三位客人。尽管如此，"13"出现在梦里也有乐观意义，因为第十三个月是新一年的开端，"13"也是原始的十二门徒的数量，加上使徒保罗。

"0"

"0"代表无限、虚空、无形。在梦里可以联想到藏传佛教的曼荼罗或完整的圆形。"0"放在其他数字的右边就是十倍，因此暗示着富足与丰收。它也可以代表女性原则、神秘主义或圆满感。

"1000"

"1000"象征时间和空间的浩瀚无垠。它还可以让人想到千禧年和圆满。

圆形

圆没有开始也没有结束，象征完美、圆满和无限。有的人感觉在圆形里面很安全，戴着手镯或戒指当作护身符，有的人感觉被圆形包围像被监禁。对荣格而言，圆形是原型符号，象征完整的精神，方形象征身体。弗洛伊德认为，圆形暗示着阴道，用这种方法解析，圆球也是性符号，暗示着睾丸或乳房。

正方形

正方形象征物质世界，既是整体又有

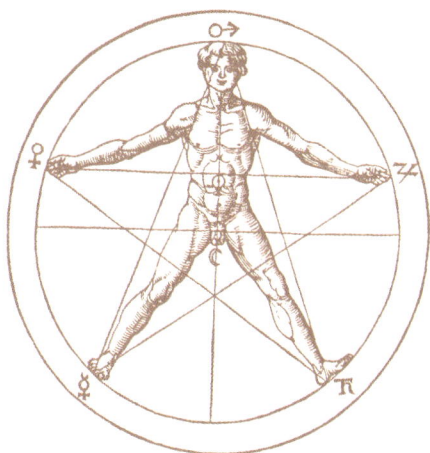

边界。就像房子或城堡的四面墙一样，正方形象征稳定、限制、停滞、抑制。荣格认为，圆形里面有方形，或方形里面有圆形，都象征物质与精神的结合。

三角形

三角形是数字3的几何代表，因此也可联想到三位一体：父亲、母亲、孩子；身、心、灵；圣父、圣子、圣灵。三角形的顶点向上代表善，三角形的顶点向下代表恶。弗洛伊德认为，三角形象征性器官，向上代表男性，向下代表女性。

长方形

长方形在梦里代表黄金分割，完美比例的几何图形，象征着人间与天堂的和谐关系。更具体地讲，在第二层梦里，长方形可能象征运动场或游泳池。长方形也可

以联想到正方形的某些意义。

螺旋形

螺旋形是生命力的动态符号，代表能量、活动与创造力。在梦里它可能表现为楼梯、蛇、旋涡、锥形贝壳或银河星系，或者只是空虚的翻腾。螺旋形既可以象征性交，也可以象征精神进步。有些解梦理论认为顺时针的螺旋形象征更好的理想或精神追求，逆时针的螺旋形象征向下进入无意识。更实际地讲，螺旋形可能暗示着做梦者的焦虑，现实生活中某些情况逐渐失去了控制。

十字形

如今十字架主要用于基督教，但是，

十字形在耶稣基督出现之前早已存在。在全世界很多地方的宗教传统中都出现过十字形，古埃及有象征生命的十字章，古印度的吉祥标志是卐字饰。在普遍意义上，十字形象征人间与天堂、人类与神祇、大地与天空的结合。它也可以代表四个方向或月相的四个阶段。对基督徒而言，梦里出现十字架可能是在提醒为了信仰必须做出牺牲，类似于耶稣为救赎世界牺牲了自己。

立方形

立方形是方形的立体，更加突出了稳定性和圆满感。如果梦里的立方体特别牢固或沉重，象征着精神上或知识上的固定。这个形状也会让人想到骰子，暗示着机会的随意性。

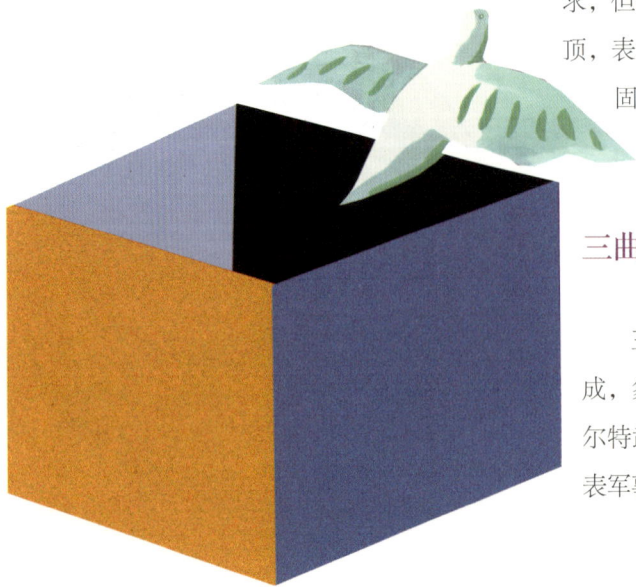

星形

星形在梦里可能是五角星或六角星。六芒星由两个三角形叠加而成，象征善与恶或男与女的双性结合。五角星通常被称为五芒星或五角形，代表基督被钉上十字架时的五个伤口，或者四大要素加上第五元素即精神。有些人认为尖角向下的五芒星象征现实世界控制了精神世界。中世界的巫师认为五芒星象征传说中所罗门王对自然和精神世界的统治权。

金字塔形

在弗洛伊德的理论中，金字塔形是阴茎符号。金字塔本身是古埃及法老的陵墓，通向永生的入口，法老死后灵魂上天为神。因此金字塔象征超脱世俗的精神追求，但是金字塔的构造是方形底座支撑尖顶，表示做梦者追求精神超脱时需要有牢固的情感或物质基础。

三曲腿图

三曲腿图由三条弯曲的腿旋转而成，象征动力。这个图形在古希腊和凯尔特武士的盾牌上经常出现，因此也代表军事技能。

颜色

在快速眼动睡眠中醒来的人们几乎一致反映正在做有颜色的梦。各种颜色是梦中幻象最明显的特征之一，在全世界主要的符号系统中也是关键元素。

与梦里其他的象征符号一样，某种颜色的意义因人而异，取决于每个人无意识中的相关联想，但是每个颜色也有普遍的象征意义。红、黄、蓝三原色通常是意义最丰富的。紫罗兰色是红色和蓝色的混合，有一种特别神秘的属性，象征着宇宙背后两种创造力之间既有结合也有冲突。

在传统中，金色和银色代表太阳和月亮、男性和女性、白天和黑夜。对荣格而言，颜色代表意识与无意识，不同颜色的合并象征通向精神完整的途径。

红色

红色代表活力、热情、愤怒和性欲。红酒经常让人想到越轨行为和感官享受，在更深的层面上象征意识的变动状态，可以联想到酒神狄俄尼索斯，掌管众神的狂欢。红色在传统中也是恶魔和魔鬼的颜色，象征无意识里隐藏的低级冲动。红色的混乱能量并不总是负面的，毕竟，火和血是生命本身的象征符号。

黄色

在中国的符号系统中，黄色在古代是帝王专用的颜色，因此在梦里象征明智使用权威和权力。相反地，佛教中和尚的黄袍象征谦逊和服务精神。黄色还可以代表阳光、热情和快乐，淡黄色有时代表生病和衰败。在西方文化中，黄色还可以联想到懦弱和欺骗，英语中用"黄肚子"形容胆小鬼，宗教绘画中背叛基督的犹大身穿黄色布袍。

棕色

棕色代表土壤、大地和丰收，也会让人想起秋天忧伤的落叶或腐叶。在弗洛伊德的理论中，棕色代表排泄，因此象征肛欲期固结和强迫性秩序。

绿色

绿色代表大自然、要素和再生力，从老生命的死亡中萌发出新的生命。绿叶、青草和春天的嫩芽象征希望和新的开始。但是，人们说某个人"嫩"，指的是太天真或不成熟，如果绿色在梦里占主导，可能是在反映做梦者对新责任或新职位的焦虑。绿色也可以联想到嫉妒，在梦里"两眼发绿"或被"绿眼怪兽"吃掉，都象征着做梦者正在经历这种毁灭性的情感。更加复杂的是，绿色也代表生病和衰败，象征对死亡或衰老的恐惧。

橙色

结合了象征精神的黄色和象征性欲的红色，橙色象征生育、希望、新的开始和精神开悟。这种颜色会刺激人的活力甚至胃口。橙色也是落叶的颜色，代表过渡和变化。

蓝色

蓝色在梦里经常象征精神，无边无际的天空和太空是蓝色的，圣母玛利亚通常衣着蓝袍，耶稣也经常身披蓝袍，印度教中的克利须那神全身是蓝色的皮肤。因此，清澈的天蓝色象征智慧和开明的理智，深蓝色更可能象征无意识的深渊。蓝色也代表忧郁，人们常说"郁郁不乐"。和绿色一样，蓝色蕴含的意义相当矛盾，具体的解析取决于梦里的语境。如果你试图用记忆中的特定色度解析整个梦，这种方法是不可靠的。

黑白

黑色代表虚空，宇宙起源于黑暗中的虚空，在梦里象征着无穷的创造潜力。黑色让人想到死亡、丧服、夜晚和邪恶，但是也可以代表魅力和神秘。神职人员穿着黑袍，因此黑色也暗示禁欲。白色是没有颜色的颜色，象征幽灵般的荒凉或枯燥。在东方尤其是中国，白色最常用于丧服。但是在西方社会中，白色通常代表纯洁和贞洁。

紫色

紫色是皇室贵族的颜色，代表华丽和庄严。在梦里紫色暗示着做梦者向往奢华和奢侈，或者希望控制别人。

粉色

粉色让人想到女性和儿童，以及人肉的颜色。梦到被柔和的粉色包围暗示怀旧心理，象征着做梦者渴望婴儿般的安全和舒适。

声音

解梦时不要忽视梦里的声音。音乐尤其有象征意义。也许梦里的旋律与个人有联系，也许是曲名或歌词富含意义。如果在梦里听不出或醒后想不起来是什么旋律，可能音乐是在传达更普遍的信息，比如预示诱人的危险，就像古希腊神话中潘神吹奏的芦笛，引诱凡人失去理智进入原始的自然世界。在梦里听到古怪的、含混不清的说话声，象征着内心智慧的鼓励。

嘈杂的说话声

当做梦者承受沉重的压力时，在梦里可能会听到嘈杂的说话声，虽然听不清但语气很愤怒。因为听不懂别人说的是什么，做梦者会感到挫败甚至气愤。仔细回想什么导致了这种感觉，看看你能采取什么补救措施。

叫你的名字

在梦里听到有人叫你的名字，象征着你将受到公众的关注，比如，要在重要的会议上演讲，或者要参加好朋友的婚礼。梦也可能是在为你信仰的某个事业表达支持。

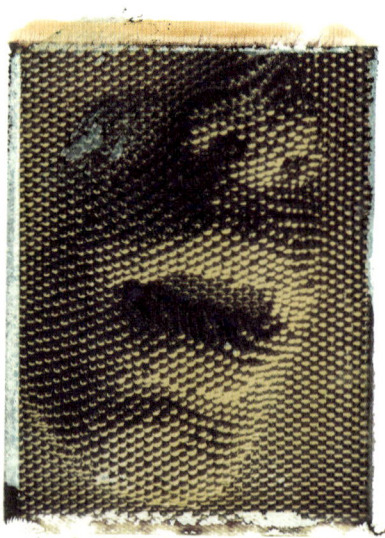

闹钟

在梦里突然听到闹钟响，也许是现实中设定的闹钟在叫人起床，也许是想象中的闹钟，象征时间紧迫或最后期限。可能做梦者担心来不及完成被分派的任务或达到某个个人目标，因此而感到压力和焦虑。

军乐队

听到远处传来军乐队的声音，象征着做梦者感觉自己被孤立了，可能是在生活的团体中被排挤了。鼓和横笛的声音也可能让人想到多年以前的军队征兵，象征着职责的使命感或逼近的冲突感。

笑声

笑声可以表达很多感情，快乐、轻蔑、解脱、尴尬等。如果自己尴尬地笑或心虚地笑，梦是在泄露良心上的内疚。如果梦到被人包围嘲笑，可能做梦者感觉自己被迫害了。

说话声

听到说话声却看不到人，象征着内心的本性在要求关注。可能做梦者为日常生活的各种事情分心太多，听不到来自内心深处的督促，但是聆听内心的声音对于心理和身体健康至关重要。在梦里听到天使或神祇的声音，象征着更高的精神召唤；听到家人或朋友的声音，暗示着良心上的内疚，也许做梦者没有重视这些亲近的人。

旋律

音乐是象征个人创作的常见符号，梦里萦绕着某种旋律，即使醒后想不起来曲调，也象征着梦在邀请做梦者开发创作潜力。

枪声

枪声代表死刑、暴力、战争或犯罪。在梦里听到一声枪声可能会让人想到比赛开始的发令枪，象征着备受压力的境况或最后期限即将到达。或者枪声可能反映了做梦者想消灭对手的愿望：也许做梦者正在和别人竞争同一个伴侣的喜爱或工作上的晋升机会。

脏话

脏话通常在表达愤怒、恐惧或挫败，梦可能是在用脏话让做梦者关注未被表达的感情。如果做梦者在日常生活中不骂脏话，梦可能是在鼓励做梦者要更加公开地表达自己。

公鸡打鸣

梦到公鸡打鸣，在字面意义上是叫人起床，在比喻意义上象征着抓住眼前的机会。鸡鸣也象征精神顿悟，或者梦是在告诫做梦者应该抛弃空虚的幻想，开始认真做好手头的工作。基督徒由鸡鸣可以联想到基督的门徒彼得三次不认主，这样的梦是在提醒做梦者自己信赖的人有时也会畏缩。

耳语

耳语象征内心的声音：梦可能是在反映做梦者对某件事或某个计划中的行动的疑虑，或者可能是在督促做梦者要根据本能采取行动。

空袭警报

对于经历过第二次世界大战的做梦者，梦到空袭警报会让人想起不一样的时代，或者近似于噩梦。对于没有战争记忆的人们，在电影或电视里也看过空袭警报，象征死亡或毁灭的预兆。梦可能是在警告即将到来的情感风暴。

婴儿啼哭

梦到婴儿啼哭象征着本性中的某一部分被忽视了。可能做梦者放弃了创作天赋而去追逐获利更加丰厚的职业，或者可能放弃了以前的志向。对于女性做梦者而言，听到婴儿的哭声直接就是在表达母性，虽然也可能掺杂着不同程度的愧疚。

水壶鸣叫

水壶在火炉上鸣叫是在提醒人水烧开了。在梦里，这个声音象征着事情已经"达到沸点"，时机已经成熟应该采取行动了。

呼喊

呼喊可能是警告或呼吁，或者也可能只是在提醒我们别人的存在，比如，和朋友约好见面，朋友在拥挤的人群里向我们呼喊。在梦里呼喊没有明显的象征意义，也许做梦者没有给予别人足够的关注，或者梦是在警告做梦者停止正在做的事情。

鬼魂与魔鬼

女巫、狼人、幽灵等在孩子的梦里通常象征本性中的某些方面，孩子无法理解或无法整合进自己的世界观。

如果童年梦里的怪物跟进了成年之后的梦里，说明上述理解和整合还没有完成。做梦者害怕那些意识之外的力量，仍然在试图把现实控制在安全和可预见的范围之内。

噩梦类似，这种梦的目的是督促做梦者转身面对紧追不舍的黑暗力量，然后就会明白是自己的恐惧把它们变成了怪物。只有承认并接受这些精神中的能量，才能及时了解自己的无意识，生命的大部分奥秘都隐藏在里面。

西藏人经常把梦里的怪物视为愤怒的恶魔和保护神，本性里面的这些力量只要恰当利用，就可以制止并毁灭无知、幻想和错误的动机。19世纪的一本解梦书甚至说明，梦里的鬼魂和幽灵是吉兆，预示着将从远方传来好消息。当常规解析无效时，试着把怪物看成可能有利的力量，有时也有助于解梦。

鬼魂与幽灵

梦到鬼魂这种虚幻的存在，表示做梦者需要充实知识并加强意识的控制。这样的形象也代表对死亡的恐惧或者害怕失去感官和感情的死后世界。梦到鬼魂盘旋在睡着的身体上空，可以联想到灵魂出窍，也就是做梦者的"灵魂"或梦体摆脱了肉体。梦到去世的亲友化为鬼魂，表示做梦者还在悼念他们；还需要一段时间才能从悲痛中康复。鬼魂也可以象征生命中的神秘领域。

怪物

怪物经常代表隐藏的冲动，它们让清醒的意识感到厌恶，于是在梦里投射成这种怪异可怕的生物，象征着做梦者在否认对它们的责任，并试图把它们分离出自己的本性。

魔鬼

魔鬼通常象征黑暗的无意识，令人不安的低级冲动。梦里的魔鬼经常有原型属性，这样的梦特别生动并且戏剧化。做梦者可能会发现自己被困在善恶大战中，黑暗势力控制了地球，自己没有足够的时间和资源拯救世界或心爱的人。在荣格的解析理论中，魔鬼是阴影原型的一种化身，重要的是整合而不是拒绝本性中的这些黑暗面，不能因为它们"邪恶"而坚持做无谓的斗争。

精灵

在传统的民间传说中，精灵可以是男性也可以是女性，但是出现在梦里的一般都是仙女。对于男性做梦者来说，仙女象征阿尼玛原型，或者被压抑的同性恋冲动。

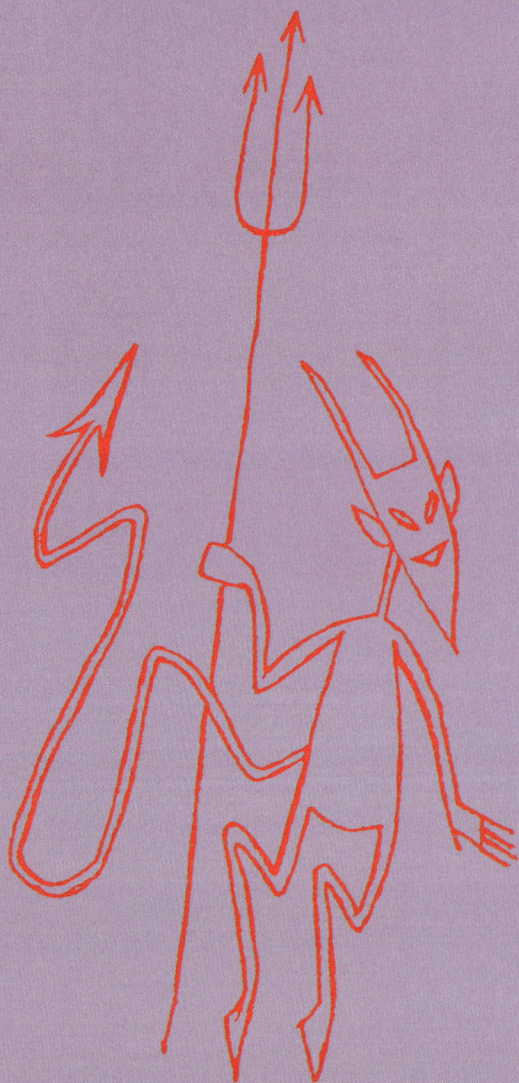

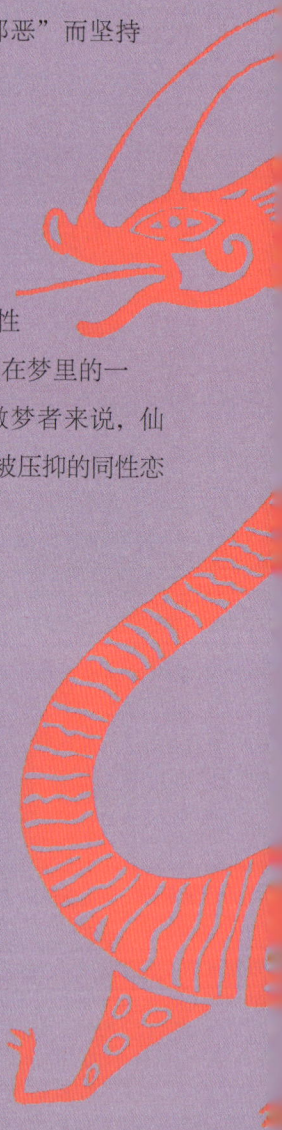

吸血鬼

梦到吸血鬼象征着某个人或某件事正在耗尽做梦者的能量。可能做梦者感觉工作的重责正在吸干自己的生命，或者被困在一段令自己精疲力竭的关系中。

恶魔

恶魔象征"内心的魔鬼"，无意识里的黑暗冲动或无法解决的冲突把人逼得愤怒、上瘾或抑郁。这些恶魔也可能象征颠覆性的内心声音，鼓励做梦者违背社会规范，这个声音可能也是有道理的。

僵尸

在梦里绝望地逃离或打退僵尸，象征着做梦者在现实生活中想要逃离或需要面对的任何情况，即使只是微不足道的困境，因为梦经常夸大事实。

变形

我们生活的世界中变化才是常态，虽然变化的速度极为缓慢，可能我们都察觉不到。周而复始的四季交替、年复一年的地球围绕太阳公转、年轻人慢慢变老、现在融入过去，人生的本质就是变化。

我们对这个不停变化的世界的看法同样变化莫测。同一个物品，我们每一次看都有微妙的不同，取决于视线的角度、当时的情绪、注意力是否集中以及光线引起

的错觉。这种变化模式也会影响我们对自己和别人的看法，尤其是对别人的性格和价值的判断。

因此，变形在梦里有重要作用并不奇怪。变形经常是一种简略，在一个主题和下一个主题之间充当桥梁通道，像电影里的淡入淡出一样把各个画面联系起来。同样地，变形本身也很有象征意义，让我们注意到生活的不同方面之间的关系，以及无意识关注的各种事物之间的联系。有时候整个场景会变成另一个场景，像是魔法师变出来的幻象。做梦者自己变形也很常见，比如，从年轻人变成老年人，或者从施害者变成受害者。梦的场景也不稳定，安全的地方突然变得危险，客厅里刮起了龙卷风。

语言变成画面

弗洛伊德曾经把病人梦里的大象解析为双关语，英语中的"象鼻"在法语中的发音所对应的单词是"欺骗"。梦会利用这种双关语让形容人或事物的语言变成画面。

一个东西变成另一个东西

梦里的变形反映了做梦者改变自己的愿望，并为具体改变哪一方面提供宝贵的线索。例如，滑板变成了房子，可能表示做梦者希望更加稳定。

做梦者变成植物

梦到自己变成一棵植物（或一棵树，像古希腊神话中达芙妮变成月桂树一样）通常象征培育和整合，但对于有些做梦者来说，不能移动也很有象征意义。梦可能是在警告做梦者的观念或常规生活太根深蒂固。相反地，从一棵植物变成能移动的生物象征醒悟，做梦者要摆脱惯性采取积极行动。

房子变成车

我们已经知道，房子是象征自己的经典符号。因此，房子变成了别的东西很可能是在评论做梦者的精神状态。房子变成车表示重要的是移动和进步，但是也可能是在警告生活中失去了牢固的根基。或者，

这样的梦是在暗示做梦者正在失去人性，在执着追求个人或职业目标的过程中变得机械、专横或残酷无情。

动物变成人

动物变成人象征着做梦者战胜了原始本能；人变成动物象征着下降到更原始的兽性水平，或者重新发现了自然、自发的感情。半人半兽的混合生物，比如，野猪的头长在人身上，象征着不可能根除人身上的动物本能或低级冲动。梦可能是在鼓励做梦者停止否认本性里的这些方面，开始学会接受它们并把它们整合进完整的本性。

变形施动者

变形施动者，比如巫师、魔术师或萨满，都可能成为梦里的角色。他们存在于理性社会之外，却有特殊的能力改变世界。这样的人物可能是恶精灵原型的一种化身，经常出现在自我由于判断失误或道德过失而陷入危险时。魔术师也象征着影响变化的一种方法，虽然梦也可能是在警告做梦者，不要依赖别人改变任何事情，

也许需要自己采取行动。

季节变化

四季更迭（就像在浪漫电影里看到的画面更替）、从白天到黑夜、从黑夜到白天经常象征着做梦者与时间和潜力的联系。冬天变成春天代表新想法或新希望，可能做梦者刚经历了情感的艰难时期，也许是一段时间的抑郁，也许是一段关系痛苦地结束了。春天变成夏天的梦是在鼓励做梦者享受现在。冬天的来临象征着现在需要反思并储存能量。

神话

在古希腊，神话（英语中"神话"的词根来源于希腊语）最初的意思是"言语""说法"或"故事"，后来变成了"虚构"甚至"虚假"，相对于历史学家使用的"逻辑"或"真实"。但是，人们现在认为神话中也有一定的事实，很多共通事实跨越了时间和空间，在人类内心深处引发了深刻的共鸣和意义。如果正如荣格所说，梦和神话来自同一个根源，即人类的集体无意识，那么这些神话元素出现在梦里也不足为奇，即使人们与神话最近的直接联系是遥远的校园学习记忆。

荣格建议用整个神话体系作为相似物的参照，可以帮助做梦者深入研究梦的意义，这就是放大的过程。第三层梦比较容易使用放大解析，因为梦里的材料包含明确的神话主题：这些主题代表集体无意识里的原型能量的个人化身，并且象征着原型能量与做梦者的特定生活状况的关系。

原型在梦里的普遍化身会让西方人想到古希腊、古埃及和基督教里的人物，人们最熟悉的神话故事。复活的上帝、英雄、救世主、恶精灵、智慧老人和少女，都是反复出现的主题。有时候神话内容直接表现：比如，梦到公主被关在高塔里面，毫无疑问是传说中的角色。但是，间接联想更加常见，比如英雄表现为某个电影明星，或者在现代语境中出手相助的人（也许帮忙修理出故障的汽车、卡车或家用电器）。

美人鱼

美人鱼是鱼和女性的结合，这个强烈的意象代表让男性难忘又着迷的神秘异性。在梦里，美人鱼是阿尼玛的典型化身，

带来神秘的智慧，同时也是勾引男人的女人，引诱意识里开放积极的男性力量进入无意识的无底深渊。

宙斯或朱庇特

作为"众神和众生的主宰"，宙斯（古罗马神话中称为朱庇特）在古希腊诸神中是至高的统治者。他在梦里可能象征强硬的父亲，或者反映了做梦者面对其他令人敬畏的权威人物的焦虑感。宙斯被触怒时会发射雷电，因此也可以象征压抑的愤怒或家长的严格。他的滥情闻名于世，在梦里也暗示着渴望冒险的性行为，也许是寻找一位新伴侣。

奥丁

与宙斯类似，奥丁是北欧神话中的众神之王，在梦里象征父亲的权威。他是一个充满矛盾的神话人物：诗人、漫游者、战神、风暴之神。他有一个著名的故事，为了喝智慧井里的水，不惜牺牲了右眼，因此暗示着做梦者必须付出代价才能在精神上或知识上有所进步。

阿喀琉斯

和圆桌骑士兰斯洛特一样，阿喀琉斯是一位有缺点的英雄。他不顾人类的差耻，会发作怒火、嫉妒和报复心，但他是半人半神。他个人性格上的弱点对应着身体上脆弱的脚踵，他出生后被母亲握住脚踵倒浸入冥河水中，从此周身刀枪不入，只有脚踵是唯一的弱点，在特洛伊战争中被射中脚踵而死。在梦里，"阿喀琉斯之踵"象征致命的弱点，警告做梦者不要自满。

赫拉克勒斯或赫丘利

大力神赫拉克勒斯（古罗马神话中称为赫丘利）象征蛮力的优势与缺点，根据梦里的语境暗示着做梦者在前进时需要更多或更少攻击性。他最著名的壮举是完成了一系列明显不可能的任务。梦可能是在表达问题永远解决不完的挫败感。

狄俄尼索斯或巴克斯

酒神狄俄尼索斯（古罗马神话中称为巴克斯）可以联想到自然、葡萄酒、丰收和众神的狂欢。他的追随者是一群四处游荡的狂野女人，被称为女祭司或狂女，在酒醉后跳舞发疯，把野兽撕碎生吃。在梦

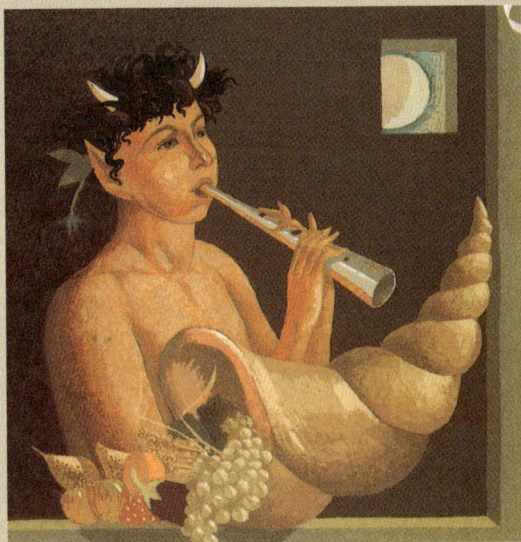

里，狄俄尼索斯象征提高的意识，或者应该承认内心深处本能的原始能量，以及需要冒险才能开发全部潜力。半人半羊的潘神也有类似的象征意义：他代表本能的自然，在梦里象征自然的美丽、男性性能力与成长的力量。

弥诺陶洛斯

半人半牛的弥诺陶洛斯也被称为牛头人，被困在克里特岛上的一个迷宫中，最后被年轻的英雄忒修斯杀死。在梦里牛头人象征无意识里的黑暗冲动。

波塞冬或尼普顿

波塞冬（古罗马神话中称为尼普顿）是古希腊神话中的海神。他手持三叉戟掌

管暴风雨，他出现在梦里象征着无意识深处的混乱。或者，他狂暴的性格反映了做梦者的情绪容易大起大落，或者预示着创作灵感的突然闪现。

阿尔忒弥斯或狄安娜

古希腊神话中的狩猎女神阿尔忒弥斯（古罗马神话中称为狄安娜）是一位高傲独立的女性，有时也有报复心。对于女性做梦者，她象征着渴望控制力，摆脱传统的女性概念。对于男性做梦者，她象征专横的母亲。

美杜莎

美杜莎是戈耳工三女妖之一，生有一头蛇发和可怕的眼睛，任何人看见她的眼睛都会马上被变成石头。在梦里她象征负面的自我形象，或者毁灭性的冲动被发现却不被理解的危险。

阿芙洛狄忒或维纳斯

阿芙洛狄忒（古罗马神话中称为维纳斯）是爱与美的女神。她象征热情和性欲，鼓励女性做梦者更自在地享受自己的性别和身体。男性做梦者觉得她很性感却又有威胁。

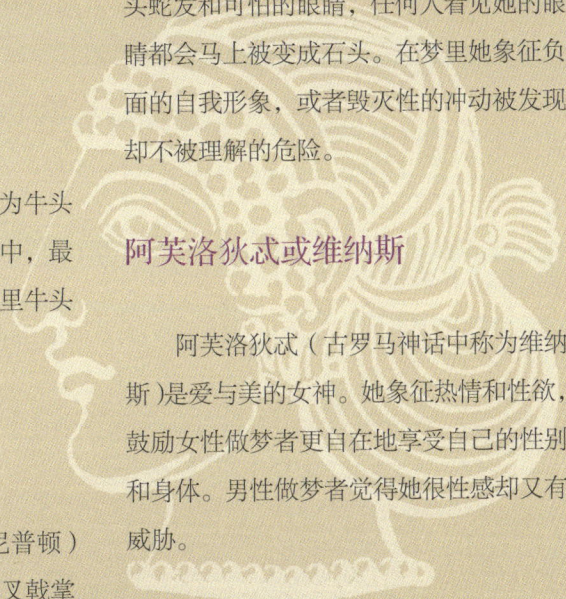

丘比特或厄洛斯

阿芙洛狄忒的儿子是小爱神厄洛斯（古罗马神话中称为丘比特），代表贪坑、性欲和爱情的痛苦，因为他用金箭射中人心会让人产生爱情，用铅箭射中人心会让人憎恶爱情。

伊阿宋和金羊毛

伊阿宋寻找金羊毛的神话故事适合于用荣格的理论解析。伊阿宋是英雄原型的化身，他必须杀死从不睡觉的恶龙才能获取金羊毛，象征着必须消灭无意识里的冲动才能达到精神满足和纯洁。但是，他没能杀死恶龙，只是用魔药让它入睡——象征着精神探索最终妥协了，无意识里的冲动蛰伏起来。这个神话故事说明精神追求需要全身性的投入。

那耳喀索斯

在古希腊神话中，那耳喀索斯是一位无比英俊的美少年，他爱上了自己在水中的倒影，终日趴在水边最终憔悴而死。这个故事警告做梦者虚荣的危险，不要太在意自己的外表。

迈达斯王

酒神狄俄尼索斯准许迈达斯王提出一个愿望，他要求碰过的所有东西都变成黄金。结果这个礼物变成了诅咒，因为魔咒也涵盖了食物，他几乎饿死。梦到迈达斯王是在警告贪婪的危险，以及把物质世界过度理想化的危险。

独角兽

神话中的独角兽通身纯白色，额前凸出一只角，据说只有处女才能驯服独角兽。到了中世纪，它被认为象征婚姻中的忠贞和忠诚。独角兽在基督教中是圣母玛利亚的符号，她以处女之身领受圣灵孕育出了基督，圣母和独角兽在宗教艺术中也是常见的主题。

龙

龙是一种原型符号，象征权力、主导或创造。在东方，龙是令人敬畏但是善良的生物，象征皇帝、上天的力量、原始的能量和好运。

圣杯

圣杯是耶稣在最后的晚餐中亲自用过的杯子，后来被钉上十字架时用来接他的血。圣杯通常象征追求精神完美，也可以代表对即将开始的某种追求的高度重视。圣杯在弗洛伊德的理论中暗示女性性器官。

神剑

神剑被牢牢嵌入石头中，只有大不列颠未来的国王才能把它拔出来，最终亚瑟王拔出了神剑。在梦里神剑象征做梦者应该展示给世界的证据，证明自己值得受赞誉或承担更高的责任。

超人

超人是英雄原型的一种化身，是记者克拉克·肯特的第二自我，用自己的行动保护世界战胜邪恶。超人一直保持纯洁，避开了路易斯·莱恩的追求，虽然事实上克拉克·肯特爱着她。因此，超人（与圆桌骑士兰斯洛特爵士有相似之处）象征着做梦者的内疚，为世俗事务分心太多而影响了精神追求。或者，超人的双重自我反映了做梦者在生活中的双面性，在朋友或同事面前展示出来的可能与自我形象有区别。

被困的少女

被困的少女在神话和传说中是常见的符号，最后为勇敢的英雄所救，通常是王子或骑士。这些英雄象征无意识的崇高、永不妥协的一面——不受传统智慧束缚，勇于出发寻找真理。少女通常被专断的父亲或被拒绝的求婚者囚禁在城堡里，这种化身象征着无意识的智慧被顽固的理智压抑了。

刻耳柏洛斯

刻耳柏洛斯是古希腊神话中看守冥界入口的三头犬。在梦里它象征着潜藏在无意识里的令人不安的本能，阻止做梦者探索本性里未知的方面。

喀迈拉

喀迈拉是刻耳柏洛斯的姐妹，是多种动物混合而成的怪物。它有三个头——狮、羊、蟒，象征着做梦者察觉到自己性格里的缺点，比如骄傲、好色、狡诈。梦也有可能是在用双关语，现代英语中用"喀迈拉"形容妄想或空想，也许梦是在暗示做梦者爱做白日梦。

小妖精

爱尔兰传说中顽皮的小妖精可能是荣格的恶精灵原型的一种化身。试图抓住小妖精或偷他们的金罐很少成功：梦是在提醒做梦者在自我发展的过程中不要走捷径。

恒星与行星

在人类历史的不同文化中，人们都在试图夜观天象预测命运。天体的运行令人着迷，每一种主要的文化都发展出一套方法，由天体联想到决定命运的神秘力量。

第三层梦里的天体经常在表达永恒不变的终极真理。人类生存在一颗星球上，融入了无边无际的宇宙之中。

即使在第一层梦和第二层梦里，恒星与行星也很少有负面含义，虽然有些做梦者解析为在浩瀚宇宙中巨大的客观力量面前，更加凸显了人类的渺小。

天体通常单个出现在梦里，如果出现了不止一个，它们的并置更加重要。太阳与月亮象征意识与无意识、理性与非理性之间的关系；火星与金星象征男性与女性的关系。

梦的谜语充满了矛盾，既要向外看也要向内看。因此，凝视夜空也可以象征检视无意识，想象力的无限可能性使意识每天关心的事显得微不足道。

星星

星星象征命运和天上的力量，也可以象征做梦者更高的意识。一颗星比其他星星更加闪亮，表示做梦者在与别人的竞争中获得成功，同时也在提醒做梦者能力越大责任越大。最亮的星也是最接近毁灭的星。在北半球的夜空中北极星是导航星，在梦里象征探索个人或宇宙奥秘的向导。

月亮

月亮是夜晚的女王，经常象征女性和隐藏的神秘。月亮还可以联想到水（因为月亮的引力影响地球的潮汐）、想象力和时间的流逝。月相的变化还可以象征自然进化。满月代表安宁和平静，象征着做梦者有潜力在沉思中获得回报，或者象征着情感上或精神上的圆满。新月明显象征新的开始。

太阳

太阳强烈代指男性、阳界、意识、理智和父亲。在梦里，炙热的太阳暗示着理智的力量会让情感生活变成沙漠。相反地，太阳被云遮住暗示着情感拒绝了理智。日食象征着麻烦的事情或情感干扰了创造力或精神发展。

地球

梦到离开地球反映了做梦者害怕死亡或感觉与朋友或家人疏远了。梦到从太空看地球象征着孤立或孤独感。

火星

火星以古罗马神话中的战神马尔斯命名，这颗红色的行星象征愤怒、热情和攻击性。或者，因为火星是距离地球最近的行星，很多科学家都希望在火星上发现生命，它出现在梦里可能暗示着做梦者渴望或向往陪伴。

金星

金星以古罗马神话中的爱神维纳斯命名，因此可以有色情联想。更普通地讲，它的亮度在日落后或日出前达到最高，在傍晚被称为"长庚"，在清晨被称为"启

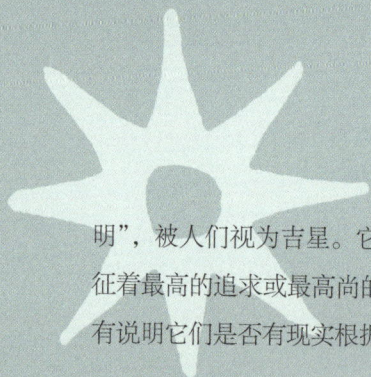

明"，被人们视为吉星。它出现在梦里象征着最高的追求或最高尚的志向，虽然没有说明它们是否有现实根据。

彗星

虽然彗星以前被人们视为灾星，如今

彗星出现在梦里是一种警告，象征绚烂却短暂的成功，接下来是快速下降并最终陨落。彗星也可以象征来自无意识的灵光一闪，或者生活突然转向激动人心的方向。

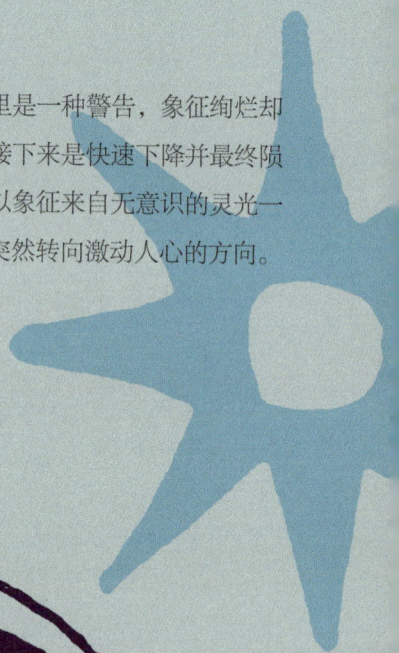

出品人：许 永
出版统筹：海 云
责任编辑：许宗华
特邀编辑：王颖越
　　　　　何青泓
装帧设计：海 云
印制总监：蒋 波
发行总监：田峰峥

投稿信箱：cmsdbj@163.com
发　　行：北京创美汇品图书有限公司
发行热线：010-59799930